U0204190

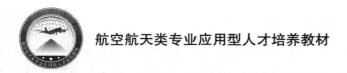

航空航天类专业应用型人才培养教材

无人机导航与飞行控制技术

高宏建　　薛九天　　苏小东　　编著

北京航空航天大学出版社

内 容 简 介

本书系统地介绍了固定翼无人机和多旋翼无人机导航与飞行控制技术相关内容,共分 7 章,包括无人机动力学数学模型、作为执行结构的舵系统、无刷直流电动机及电子调速器、各类传感器、固定翼无人机飞行控制回路、多旋翼无人机飞行控制回路,以及常用导航方法等,基础理论推导详细,内容丰富全面。

本书可以用作飞行器导航、制导与控制专业的教材,也可为从事飞行控制系统设计的技术人员提供参考。

图书在版编目(CIP)数据

无人机导航与飞行控制技术 / 高宏建,薛九天,苏
小东编著. -- 北京 : 北京航空航天大学出版社,2023.8
ISBN 978 - 7 - 5124 - 4115 - 6

Ⅰ.①无… Ⅱ.①高… ②薛… ③苏… Ⅲ.①无人驾
驶飞机-无线电导航②无人驾驶飞机-飞行控制 Ⅳ.
①V279

中国国家版本馆 CIP 数据核字(2023)第 120942 号

版权所有,侵权必究。

无人机导航与飞行控制技术
高宏建 薛九天 苏小东 编著
策划编辑 李晓琳 责任编辑 龚雪 赵延永
*
北京航空航天大学出版社出版发行
北京市海淀区学院路 37 号(邮编 100191) http://www.buaapress.com.cn
发行部电话:(010)82317024 传真:(010)82328026
读者信箱:goodtextbook@126.com 邮购电话:(010)82316936
北京宏伟双华印刷有限公司印装 各地书店经销
*
开本:787×1 092 1/16 印张:13.75 字数:352 千字
2023 年 8 月第 1 版 2024 年 1 月第 2 次印刷 印数:301~2 000 册
ISBN 978 - 7 - 5124 - 4115 - 6 定价:49.00 元

若本书有倒页、脱页、缺页等印装质量问题,请与本社发行部联系调换。 联系电话:(010)82317024

航空航天类专业应用型人才培养教材
编 委 会

主　　任：蔡国飙

副主任：郑　耀　廖文和　杨智春　刘　莉　梁国柱

委　　员（按姓氏笔画为序排列）：

马贵春　王　振　王　琦　王细洋　艾延廷

孙　刚　李　志　邱福生　张彦军　陈仁良

陈霖周廷　赵延永　贾宝惠　钱占森　高为民

董彦非

前　言

世界上第一架无人机诞生至今已有一百多年的历史。无人机最早主要用作靶机和武器投射平台，经过两次世界大战，到随后的冷战时期，迅速转向了侦察和诱饵任务。得益于微电子、通信、新材料及航空推进等技术的发展和应用，无人机在20世纪90年代以来的几场局部战争中得到了成功应用。

近些年，无人机产业发展迅猛，除军用无人机外，民用无人机也占了相当大的比例，致使世界各国越来越重视无人机技术的探索和研究。各类无人机系统大量出现，无人作战正在深刻改变战争面貌。我国自20世纪50年代后期进入无人机的研究领域后，无人机技术得到了快速发展。党的二十大报告指出要大力度推进国防现代化建设，开创国防现代化新局面，并提出加快建设航天强国的目标。

现代无人机要完成的任务越来越复杂，作为无人机的重要组成部分，导航与飞行控制系统也面临着巨大的挑战。本书主要针对固定翼无人机和多旋翼无人机，系统地介绍与之相关的内容，旨在使学生全面理解导航与飞行控制系统的基本原理。

全书共分为7章。第1章概述，主要介绍无人机基本概念及其发展历程，并简要阐述飞行控制系统和导航系统概念。第2章基础知识，包括数学基础、机体结构布局、空气动力学和自动控制原理基础等相关知识的介绍。第3章无人机运动方程，首先介绍常用坐标系以及坐标系之间的转换，分别针对固定翼无人机和多旋翼无人机介绍作用在无人机上的力和力矩，推导建立无人机运动方程组。第4章执行机构，包括作为固定翼无人机的常用执行机构即舵机与舵回路，作为多旋翼无人机的常用执行机构即无刷直流电动机和电子调速器。第5章传感器，包括陀螺仪、加速度计、大气数据系统及其他常用传感器等。第6章无人机飞行控制系统，介绍飞行控制系统的基本设计方法、固定翼无人机飞行控制系统以及多旋翼无人机飞行控制系统，并以一个四旋翼无人机飞行控制回路作为设计实例展示其设计结果。第7章导航系统，主要阐述惯性导航和卫星导航原理，并简要介绍其他常用导航方法。

全书由薛九天（第1章）、高宏建（第2章、第3章、第4章、第6章）、苏小东

（第 5 章、第 7 章）编写，高宏建主编。

本书在编写过程中，参考并引用了大量国内外文献资料，从中汲取了丰富的营养，在此对撰写这些文献的中外专家、学者表示崇高敬意。作者尤其要感谢出版社的领导和编辑们的大力支持。

鉴于编者水平有限，书中难免有疏漏之处，敬请广大读者指正。

编　者

2023 年 4 月

目　　录

第1章 概 述

1.1 无人机系统概述

1.1.1 基本概念

无人机是无人驾驶飞行器的统称,其英文缩写为 UAV(Unmanned Aerial Vehicle)。历史上,无人机的名称发生了多次变化,飞机制造商、民航以及军方对其有不同的称呼,如航空鱼雷(Aerial Torpedoes)、无线电控制飞行器(Radio Controlled Vehicle)、遥控驾驶平台(Remotely Piloted Vehicle)、无人平台(Pilotless Vehicle)、无飞行员的遥控飞机(Drone)以及空中无人平台(即发展为无人机,Unmanned Aerial Vehicle,UAVs)等。迄今为止,"无人机"一词还没有一个公认和统一的定义。一般认为,无人机是一种机上无人操纵、由动力驱动、依靠空气动力提供升力、能够自主飞行、能携带多种任务设备、执行多种任务、可一次性或多次重复使用的航空器。

从系统的角度来说,"无人机"一词主要是指无人飞行器平台或飞行器。无人机系统则是由无人机平台、任务载荷、控制站(含其他遥控站)、通信分系统、发射和回收分系统、运输分系统、保障与维护分系统等组成,能完成特定任务的一组装备。一套无人机系统可以包含若干架无人机。

无人机系统中,飞行器是在空中飞行的部分,包括机体结构、推进装置、飞行控制和电气系统等。飞行数据终端安装在飞行器上,是通信数据链路的机载部分。任务载荷也安装在飞行器上,但它是一个独立的子系统,通常情况下易于在不同飞行器间互换使用,并且是为完成一项或多项具体任务而特别设计的。飞行器可以是固定翼无人机、旋翼类无人机或无人直升机等。

任务载荷包含执行任务时所需携带的传感器、发射物和外挂物等,有时也称为有效载荷。携带任务载荷是拥有和使用无人机系统的根本原因。任务载荷通常包括用于侦察和监视任务的成像装置、雷达传感器等,用于电子战的干扰设备,执行通信中继任务的无线通信基站设备,军用无人机携带的武器如炸弹、火箭或者导弹等,民用无人机携带的农药、灭火剂等。

控制站是无人机系统的操作控制中心,从飞行器上传来的视频、命令和遥测数据在这里处理和显示。在控制站上,操控员通过通信分系统的上行链路向无人机发布"命令",控制飞行航路或更新预规划的飞行过程,并对无人机携带的各种任务载荷进行直接控制。无人机通过通信分系统的下行数据链实时或按指令要求回传信息和图像给操控员,回传信息通常包括任务载荷获得的数据、无人机上各子系统的状态(监控数据)、飞行高度、空速和相对地面位置等。控制站通常装有通信分系统,还能与其他外部系统进行通信。

无人机的发射方式有很多种,有的复杂,有的简单,有些借鉴的是大型飞机的发射经验,也有一些是小型无人机所特有的。对于可垂直起降的无人机,发射和回收相对简单,只需要一小块适合起降的区域。而对于固定翼无人机,如果没有合适的跑道,则必须有专门的发射和回收设备。发射通常通过在倾斜滑轨上利用推力加速到飞行所需速度,回收则多采用降落伞回收。对于一些小型无人机,可以直接通过手抛发射。

无人机按照用途可分为军用无人机、民用无人机。军用无人机对于灵敏度、飞行高度和速度、智能化等有着更高的要求,是技术水平最高的无人机,包括侦察、诱饵、电子对抗、通信中继、靶机和无人战斗机等机型。无人机以其生存概率高、机载配置多样化、滞空时间长、操作灵活、经济实用、训练维修成本低、武器平台性能不受人类生理条件限制等优点,在侦察、对地攻击、战场毁伤评估、干扰、欺骗(诱饵)、信息中继、对地支援等诸多军事领域得到了成功的运用,并受到了世界各国的青睐。世界各国纷纷发展自己的无人机产业,各有自己的特点,促进了种类繁多的无人机快速发展。民用无人机是从事民用领域飞行活动的无机载驾驶员操纵的航空器,对飞行器的飞行速度、高度和航程等要求较低,但对于无人机系统的综合成本及操作人员的培训有较高要求,因此需要形成成熟的产业链,提供尽可能低价的零部件和技术服务。民用无人机可细分为工业级和消费级两种。消费级无人机是被大众熟知的类型,这类无人机一般是旋翼机,也就是多旋翼无人机,体积不大,续航能力、飞行距离非常有限,价位一般在几千元到几万元不等,主要用于娱乐和航拍,如市面上常见的大疆无人机。工业级无人机相较于消费级无人机有更高的技术门槛,是针对企业、政府公共服务用的无人机,用于警务、消防、气象、农林植保、电力巡线、快递业务、摄影和广告等。为了满足行业需要,要求无人机有更长的续航能力、更远的飞行距离、更大的任务载荷、更可靠的安全保障等。

近些年,固定翼无人机在军事领域得到了成功运用,而多旋翼无人机在民用领域的应用范围和应用场合也在不断拓展。鉴于此,本书主要对固定翼无人机和多旋翼无人机的导航与飞行控制技术展开介绍,其中的导航与飞行控制方法也可应用到其他类型的无人机。

1.1.2 无人机发展历程

无人机起源于第一次世界大战期间,一般认为世界上第一架无人机是诞生于1917年美国海军的斯佩里(Sperry)航空鱼雷无人机。航空鱼雷从未服役和投产,而由查尔斯·凯特琳(Charles Kettering)发明的航空炸弹则是第一种大规模投产的无人机。虽然生产出来为时已晚,未能在第一次世界大战中投入使用,但在战后12~18个月期间仍然在测试中发挥了积极作用。

第一次世界大战后,世界上大多数无人机研究工作主要集中在无人靶机(Target Drone)的技术应用上,无人靶机在检验空战理论方面发挥了关键作用。20世纪30年代末,美国海军研究实验室研制出了"柯蒂斯"N2C-2无人靶机。这种靶机采用径向引擎和双翼设计,在解决如何确定海军防空高炮威力不足这一问题上发挥了积极作用。英国皇家空军将"费尔雷童子军"-111F(Fairey Scout)有人机改装为陀螺稳定的无线电遥控飞机,开发出第一种实用的靶机,现称为"女王"(Queen)。之后将"费尔雷"飞行控制系统与具有高稳定性的德哈维兰"舞毒蛾"(Gypsy Moth)相结合,组装成现称为"费尔雷蜂后"(Fairey Queen Bee)的无人靶机。经验证,这种靶机比先前的"女王"可靠性更强。英国皇家空军共订购了420架"费尔雷蜂后"无人靶机。

第二次世界大战期间,最具有代表性的无人机是德国的 V-1 飞弹。该机在脉动喷气发动机的基础上,将先进可靠的轻型三轴陀螺稳定自动驾驶仪、能准确提供发射点数据的基础无线电信号系统,以及可防战斗损伤的坚固钢制机身集成为一体。V-1 是第一种投入批量生产的巡航导弹型无人机,其构型对战后许多无人机的设计产生了深远影响。美国海军借鉴 N2C-2 无人靶机的经验,利用有人机控制无人机飞行的技术,开发了一种大型无人攻击机(Assault Drone)。该无人机第一次在机头安装了电视摄像机作为探测传感器,从而使遥控人员可以从防区外对其实施更准确的末制导。

从无人机诞生到第二次世界大战期间,无人机主要用作靶机和武器投射平台。在随后的冷战时期,无人机的发展迅速转向了侦察和诱饵任务,这一趋势一直延续至今。无人机未在第二次世界大战期间用于侦察的主要原因更多地与成像技术和导航的要求有关。战后,随着雷达测绘的出现、无线电导航技术的改进,以及罗兰型网络和惯性导航系统的运用,无人侦察机应运而生。第一架无人侦察机是 CAM-67,以涡喷发动机为动力,但此无人机因航程太短和成本过高而被取消。

在 20 世纪 60 年代至 70 年代初的越南战争中,美国空军为了对雷达实施欺骗,开发了一系列无人机用于诱骗敌人的防空导弹。数量最多的雷达诱饵(Radar Decoys)是麦道公司(McDonnell)生产的 ADM-20"鹌鹑"(Quail)。它可模仿 B-52 的速度和机动特征。美国空军研制出的第一种投入大规模生产的远程高速无人机为 AQM-34"萤火虫"(Firefly)系列,是根据瑞安飞机公司一款早期靶机设计的,安装有一台涡喷发动机,采用了低阻机翼和机身构型,用于执行电子信号情报搜集、照相侦察、发射雷达诱饵信号等任务。

1982 年,以色列航空工业公司首创使用无人机进行侦察、情报搜集、跟踪和通信等活动的理念。而后美国和以色列在局部战争中多次使用军事无人机,引发全球对无人机的关注,世界各国开始进入无人机研发领域。

海湾战争之后,无人机真正进入高速发展、广泛运用阶段。这主要得益于微电子、通信、新材料及推进系统等技术的成熟和应用,加之 20 世纪 90 年代以来的几场局部战争中使用无人机的成功战例,使以美国为首的西方国家充分认识到无人机在战争中的作用,竞相把高新技术应用到无人机的研制与发展上,不仅增加了续航时间,提高了图像和数字化传输速度,而且还使用了先进的自动驾驶仪。20 世纪 90 年代,通用原子公司(General Atomics)发明了 RQ-1 "捕食者"(RQ-1 Predator),预示着无人机系统发展迈入了现代化时期。"捕食者"无人机以长航时和执行侦察任务为指标而设计,可以远程导航,且装备了武器系统,可在发现目标后发动攻击,极大地缩短了处理数据的时间,提高了效率。"捕食者"无人机首先应用于伊拉克战场,并在阿富汗战场成为情报搜集的主要工具。进入 21 世纪,军用无人机的性能得到了大幅提升,出现了可在世界范围内完成任务的"全球鹰"无人机;"捕食者"B 型无人机的航程和航时较过去均有所提高;小型便携的军用无人机也开始装备部队,如美国的 RQ-11 "渡鸦"无人机,其质量为 2 kg,便于组装、拆卸,步兵可通过其侦察周围的环境,预知危险并及时处理。

我国从 20 世纪 60 年代才开始进入无人机研究领域,但是发展速度较快。近年来,中国的无人机技术进步很大,市场份额也在不断扩大。

1.2 飞行控制系统概述

1.2.1 飞行控制系统的基本任务

对于飞行器,飞行安全是其设计的最高目标。在民用航空领域中,把乘客安全地送达目的地是最为重要的目标,其他诸如经济性、舒适性等则处于次要地位。在军用领域中,除飞行安全性目标要求之外,还有完成飞行任务的目标要求。

飞行控制技术是在有人机的基础上发展起来的。随着无人机的出现,飞行控制技术在无人机上得到了广泛的应用。为了满足飞行安全性和完成飞行任务的目标要求,无人机飞行控制系统的基本任务可大致分为以下三类:

(1)改善飞行品质

① 改善固有运动特性,如改善俯仰、滚转和偏航通道的固有阻尼特性和固有频率特性等性能;

② 改善操纵(控制)特性,改善飞行器对操纵(控制)输入信号的响应特性;

③ 改善扰动特性,主要是改善飞行器对大气紊流的响应特性。

(2)稳定可控飞行

① 当无人机在空中受到干扰时保持无人机姿态与航迹的稳定;

② 按地面无线传输指令的要求,改变无人机的姿态与航迹,并完成导航计算、遥测数据传送、任务控制与管理等。

(3)完成自主飞行

要求无人机能够完成地面滑行、地面防撞、自主起飞、爬升、航路巡航、拐弯和机动、自主降落、着陆等环节,并对以上环节可能出现的紧急情况进行处置。

1.2.2 飞行控制技术的发展

自莱特兄弟的有动力、可操纵的世界上第一架飞机问世以来,不论是性能优异的无人机,还是能在月球上准确着陆的载人飞船,或者是能在宇宙空间精准翱翔、准确探测行星的空间探测器,都有一个明显的共同特点:既能飞行又能被控制。人们能够对它们施加影响,使其按照人们的要求飞行。从有人驾驶飞行器的控制技术发展过程可以一览飞行控制系统的过去和未来。

自飞机诞生之后,随着飞机性能的不断提高和飞行任务的日益复杂,对于自动控制飞行的要求不断增加,人们希望有一套能代替驾驶员的自动飞行控制设备。无人驾驶的飞行器就更需要自动飞行控制装置来完成飞行任务。第二次世界大战期间,美国成功研制电气式自动驾驶仪,其敏感元件是电动陀螺,采用电子管放大器和电动舵机。二战后,飞机自动驾驶仪逐渐与机上其他装置耦合以控制航迹,既能稳定飞机的姿态、航向和高度,又能控制飞机沿预定航迹飞行。当时,仅靠气动布局设计所得到的自身稳定性已能满足当时飞行任务要求,对飞行控制的需求并不迫切。随着飞机突破声障及飞行包线的扩大,飞机自身的稳定性恶化,因此要求在机上安装包括增稳功能的飞行控制系统,以改善飞机的稳定性。20 世纪 60 年代,自动驾驶仪功能扩展,发展成为飞行自动控制系统(Automatic Flight Control System,AFCS),其能够稳定和控制姿态、航向、飞行轨迹、速度等运动参数,实现巡航、转弯、爬升、下滑的自动控制。同一时期,产生了随控布局飞行器设计的思想,即在设计飞机之初就考虑飞行控制系统的设计,达到气动布局、机体机构设计、发动机设计和自动控制四个方面的协调配合,这种采用随控布局思想设计的飞机称为随控布局飞行器(Control Configured Vehicle,CCV)。为提高飞机的操控性,一些高性能飞机的机体采用放宽静稳定性设计,飞机的稳定性由飞行控制系统来保证,这时飞行控制系统已成为飞机不可缺少的组成部分,飞行控制系统是否可靠直接关系到飞机能否安全飞行。为提高飞行控制系统的可靠性,采用了余度技术和容错控制等新技术,把用于 CCV 的控制技术称为主动控制技术(Active Control Technology,ACT)。目前大多数固定翼无人机的飞行速度较小、飞行高度不大,一般都不追求高机动性,即一般不采用放宽稳定性设计。

数字计算机的迅速发展,使实现复杂而完美的控制功能成为可能。20 世纪 70 年代,数字式飞行控制系统和电传操纵系统的出现,使飞行控制系统更便于和机上其他系统(如导航系统、火控系统等)相交联,这样,飞行控制系统就发展成为驾驶员始终参与系统工作,由人控制和自动控制相结合的主动式飞行控制系统。20 世纪 80 年代以来,飞行控制系统向着航空综合化系统的方向发展,出现了综合航空电子系统,在军用飞机上出现了综合航空电子火控系统。这一综合化技术把飞行控制系统、火控系统、导航系统、显示系统等耦合成综合飞行控制与管理系统,使这些系统能更好地协同工作,完成飞行任务。随着航空技术的发展、集成工艺技术的提高、电子和计算机技术的日渐完善,可以预见,在新型控制理论、新型数字计算机和高性能飞机结构布局结合下,将会出现越来越多性能好、可靠性高、综合化能力强的新型控制系统。

1.2.3 无人机飞行控制技术

由于没有驾驶员直接进行驾驶操纵,无人机的控制方式只能是遥控、程序控制或这二者的组合。程序控制是无人机按预先确定的航路飞行,并按输入的任务规划信息对任务载荷进行控制。执行遥控需要无人机地面站与无人机之间进行连续或者间隙通信。遥控方式主要有指令控制、姿态遥控和舵面遥控等。指令控制是飞行操控人员通过地面站向无人机发送爬升、下降、左转弯、右转弯等指令,机上飞行控制系统根据指令控制无人机操纵面,以稳定或控制无人机的飞行状态。在姿态遥控模式下,飞行操控人员通过地面站遥控手柄、旋钮等装置发出姿态、航向的控制量(期望的姿态、航向),通过机上飞行控制系统相应回路实现对无人机姿态、航向的控制。在舵面遥控方式下,无人机操控人员可像有人机驾驶员一样直接操纵无人机的操纵面,改变无人机的飞行状态;不过,由于数据、指令的传输存在延时,采用舵面遥控方式很难安全、准确地操控无人机飞行,因此一般只在无人机飞行控制系统发生故障或机体受损时使用。在这里,通信链路的可靠和畅通无疑是整个技术环节的关键。

随着无人机功能、任务的拓展及无人机集群出动执行任务需求的出现,希望无人机具有自主控制能力,即无人机在线感知环境和态势,并按确定的使命、原则在飞行中进行动态决策并自主执行任务。人工智能(Artificial Intelligence,AI)是解决无人机自主控制问题的重要手段,自主控制水平的高低也依赖于智能技术的发展。当然,获得信息的完整和准确程度对 AI

系统感知形势、解释环境和做出反应的能力和效果有很大影响。自主控制的挑战就是在不确定性的条件下,实时或近乎实时地解决一系列最优化的求解问题,并且不需要人的干预。

面对不确定性的自主决策是自动控制从内回路控制、自动驾驶仪到飞行管理、多飞行器管理,再到任务管理的一种逻辑层次的进步,也是自动控制从连续反应的控制层面到离散事件驱动的决策层面的延伸。针对这种在时间尺度和技术层次存在自然分割的大系统问题,采用层阶分解的控制结构和控制技术是目前较为广泛的技术选择。"人在回路"是遥控和自主控制相结合的控制方式之一,主要解决无人机在线自主决策能力不足的问题。在存在诸多不确定性的条件下,如果飞行中任务规划和在线决策问题的复杂程度超过机载 AI 的自主能力,直接利用训练有素的人的适应能力、分析能力和决策能力,无疑是一个有效和经济的手段。此外,在进行关键任务分配、目标精确识别和分配以及武器投放时,将人的智能直接嵌入到飞行控制的大问题上,可以大大降低任务风险和成本,提高无人机的综合效能。

1.3 导航系统概述

1.3.1 基本概念

导航(Navigation)是指将运动物体从一个位置引导到另一个位置的过程。运动物体通常包括飞机、舰船、导弹、太空飞行器、各种车辆等,统称为载体。根据不同的应用范围,导航分为航空导航、航海导航、航天导航、陆上导航或车辆导航等。

完成导航任务的整套设备称为导航系统(Navigation System)。以航空导航为例,确定飞行器位置并引导其按预定航线飞行的整套设备(包括飞行器上和飞行器外的设备)称为飞行器的导航系统。

一架无人机从机场起飞,要按时准确地飞到另一个机场(或某一目的地)或按一定的航线飞行,除了要知道起始点和目的地(或航路点——预定航线上的某些关键点)的位置之外,还必须知道无人机航行的当前位置(称为即时位置)。只有确定了无人机的即时位置,才能将无人机控制到下一个目标点。无人机导航的主要工作就是确定无人机在空中任一时刻的地理位置。可见,导航对载体的运动是非常重要的。

导航的方法可大致分为三大类:几何定位、航位推算和匹配导航。几何定位是测量飞行器相对于基准点的位置,然后采用几何方法计算出飞行器位置的方法。航位推算导航方法是根据已知的前一时刻飞行器的位置和测得的相关参数,推算出飞行器当前位置的方法。匹配导航是通过将当前测量信息与存储的相应信息(包括图像、地形、地磁场、重力场等信息)进行比对,从而确定出飞行器位置的方法,人工目视导航是最早的匹配导航。

导航系统有两种工作状态:一种是导航系统提供导航信息,飞行员根据这些信息操纵飞机,使飞机沿着预定的航线飞行并到达目的地;另一种是导航系统提供信息给飞行控制系统(或自动驾驶仪),飞行控制系统控制无人机(或其他飞行器)沿着预定航线飞行,这时的导航系统相当于一个测量装置。前者称为导航系统的指示状态,后者称为导航系统的自动导航状态。显然,无人机一般都工作在自动导航状态。

在实际应用中,有必要把导航和制导(Guidance)加以区分。一般来说,制导系统包括引导部分和控制部分,其功能包括:

① 建立所需航程的参数,如预定速度、航向、预定位置等,作为飞行的参考基准;

② 测量载体的实际运动,确定载体的位置、速度、航向等参数,进而确定出载体实际运动与飞行参考基准之间的偏差;

③ 产生校正指令并传输给载体的控制系统,相应地改变载体的飞行,以消除(或减小)实际运动状态与参考基准之间的偏差。

从功能来看,制导系统与导航系统的自动导航工作状态相同。习惯上把无人操纵的载体(如弹道式导弹、有翼导弹、运载火箭等)上的自动导航系统称为制导系统,而把有人操纵的载体(如各种有人机)上的导航设备(无论工作于指示状态还是自动导航状态)称为导航系统。尽管无人机是一种机上无人操纵的飞行器,但习惯上仍把无人机的导航设备称为导航系统,而不是与飞行控制设备一起称为制导系统。导航系统是无人机实现自主起降和自主飞行的基础。

在有人机或无人机的飞行控制中,有时也用制导或导引这一概念,表示根据导航系统测量的运动参数生成并输送给飞行控制系统内回路的指令,以控制飞机飞向预定航线或预定位置的过程,相应的算法称为制导律或导引律。

无人机导航系统与有人机导航系统在原理上是相同的,只是在具体组成和功能上有一定差异。有人机的导航系统在机上有供飞行员操作、向飞行员显示导航信息的装置(一般称为导航系统的控制显示单元),而无人机在机上没有导航系统的显示、控制装置,这些功能是通过地面站实现的。对无人机而言,导航系统是飞行控制系统的一个重要传感器,它把各种导航信息通过数据总线直接传送给飞行控制计算机,以实现对无人机飞行的控制。同时,这些导航信息也通过数据链传送到地面站,操控人员可通过地面站对导航系统进行操作(如初始对准、选择组合导航方式等)。

1.3.2　导航技术的发展

早期的舰船、车辆、飞机等主要靠目视导航,最早的导航仪器是我国发明的指南针。20 世纪 20 年代开始发展飞机导航仪表,飞机上有了简单的仪表,但是飞机飞行的位置要靠人工计算得出。20 世纪 30 年代开始出现无线电导航,首先使用的是中波四航道无线电信标和无线电罗盘。20 世纪 40 年代初开始研制超短波的伏尔导航系统(VOR Navigation System),这是一种近程导航系统,全名为甚高频全向方位导航系统。20 世纪 50 年代初,以牛顿力学定律为基础而设计的惯性导航系统(Inertial Navigation System)开始用于无人机导航。20 世纪 50 年代末,出现多普勒导航系统(Doppler Navigation System),它是一种利用多普勒效应实现无线电导航的机载系统。20 世纪 60 年代,开始使用一种双曲线无线电导航系统——罗兰 C 导航系统(Loran-C Navigation System)。罗兰的全称是远程导航,它的作用距离达 2 000 km。在 20 世纪 60 年代,还研制出塔康导航系统(Tacan Navigation System)和奥米加导航系统(Omega Navigation System)。塔康导航系统是一种近程极坐标式无线电导航系统,奥米加导航系统则是一种超远程双曲线无线电导航系统,其作用距离已达 10 000 km。卫星导航系统(Satellite Navigation System)从 20 世纪 60 年代开始研制,20 世纪 70 年代后逐步发展成为全球定位(导航)系统(Global Position System)。在各种导航系统的发展过程中,为发挥不同导航系统的优点,出现了组合导航系统(Integrated Navigation System)。随着科学技术的发展,20 世纪 80 年代出现了飞行管理系统和飞行综合控制系统,其能在任务和地理、气象情况改变的条件下自动计算出最优的飞行路径,并将飞行控制系统和导航系统组合在一起完成飞行任务。这种系统对导航系统的准确性和可靠性提出了更高的要求,促使导航系统向综合化和容错化发展,即发展以惯性导航系统为主体的各种组合导航系统和容错组合导航系统。

国外已装机应用的组合导航系统有天文/惯性组合导航系统、VOR/DME/惯性组合导航系统、多普勒/惯性组合导航系统和罗兰/惯性组合导航系统等。20 世纪 70 年代发展起来的全球定位系统(GPS),具有全球性、高精度实时三维定位能力,具有优越的性能,是导航技术的新突破。它和惯导组合的导航系统是很长时间以来比较理想的导航系统。我国的北斗卫星导航系统已于 2020 年全面建成并投入使用,已成为一种重要的高精度导航手段。

随着计算机视觉相关技术的发展,视觉导航逐渐成为无人机(尤其是小型无人机)的一种导航手段。视觉导航利用摄像头和计算机来模拟人的视觉功能,从客观事物的图像中提取有价值的信息,对其进行识别和理解,进而获取载体的相关导航参数。视觉导航计算的是飞行器相对参照物或目标的运动状态,在参照物位置已知时可进一步获得飞行器的位置。在不能使用卫星导航的条件下,视觉导航是一种能够抑制惯性导航定位误差的有效手段。视觉导航的精度与飞行器到参照物的距离有关,一般来说距离越近精度越高,因此视觉导航在无人机自动着陆或着舰过程中有广泛应用。

思考题

1. 阐述无人机独有的特点和优势。
2. 简述无人机的定义。
3. 无人机系统由哪些分系统构成?各分系统的功能和作用是什么?
4. 无人机飞行控制系统的基本任务是什么?
5. 通过查阅资料,简述无人机飞行控制技术的发展历史。
6. 无人机导航系统的特点有哪些?

第 2 章　基础知识

2.1　数学基础

2.1.1　微分方程

函数是客观事物的内部联系在数量方面的反映,利用函数关系又可以对客观事物的规律性进行研究。因此,寻求函数关系在实践中具有重要意义。在许多问题中,往往不能直接找出所需要的函数关系,但是根据问题所提供的情况,有时可以列出含有要找的函数及其导数的关系式,这样的关系式就是所谓的微分方程。微分方程建立以后,对它进行研究,找出未知函数来,就是解微分方程。

1. 基本概念

一般地,凡表示未知函数、未知函数的导数与自变量之间关系的方程,称为微分方程,有时也简称方程。微分方程中所出现的未知函数的最高阶导数的阶数,称为微分方程的阶。

一般地,n 阶微分方程的形式是

$$F(x,y,y',\cdots,y^{(n)})=0 \tag{2-1}$$

需要指出的是,在方程(2-1)中,$y^{(n)}$ 是必须出现的,而 $x,y,y',\cdots,y^{(n-1)}$ 等变量则可以不出现。例如,n 阶微分方程

$$y^{(n)}+1=0 \tag{2-2}$$

中,除 $y^{(n)}$ 外,其他变量都没有出现。

在研究某些实际问题时,首先要建立微分方程,然后找出满足微分方程的函数(解微分方程),就是说,找出这样的函数,把这个函数代入微分方程能使该方程成为恒等式,这个函数就称作该微分方程的解。确切地说,设函数 $y=\varphi(x)$ 在区间 I 上有 n 阶连续导数,如果在区间 I 上,有

$$F[x,\varphi(x),\varphi'(x),\cdots,\varphi^{(n)}(x)]\equiv 0 \tag{2-3}$$

那么函数 $y=\varphi(x)$ 就称作微分方程(2-1)在区间 I 上的解。

如果微分方程的解中含有任意常数,且任意常数的个数与微分方程的阶数相同,这样的解称作微分方程的通解。由于通解中含有任意常数,所以它还不能完全确定地反映某一客观事物的规律性。要完全确定地反映客观事物的规律性,必须确定这些常数的值。为此,要根据问题的实际情况,提出确定这些常数的条件,即初值条件。根据初值条件确定了通解中的任意常数以后,就得到微分方程的特解。

现实世界中的一切实际动态系统,严格地说都属于非线性系统,要用非线性微分方程描述其特性,真正的线性系统在现实世界中是不存在的。但是,对于很大一部分实际系统,它们的某些主要关系特性可以在一定范围内足够精确地用线性系统来加以近似地代表。并且,实际系统与其理想化线性系统间的差别,相对于所研究的问题而言已经小到无关紧要的程度时则

可予以忽略。因此，从这个意义上说，线性系统或者线性化系统在实际问题中又是大量存在的。故而在工程技术的许多实际问题中应用较多的是线性微分方程。

形如

$$\frac{\mathrm{d}y}{\mathrm{d}x} + R(x)y = f(x) \tag{2-4}$$

的方程叫作一阶线性微分方程，它对于未知函数 y 及其导数是一次方程。

二阶线性微分方程的形式为

$$\frac{\mathrm{d}^2 y}{\mathrm{d}x^2} + P(x)\frac{\mathrm{d}y}{\mathrm{d}x} + Q(x)y = f(x) \tag{2-5}$$

n 阶线性微分方程的形式为

$$y^{(n)} + a_1(x)y^{(n-1)} + \cdots + a_{n-1}(x)y' + a_n(x)y = f(x) \tag{2-6}$$

式（2-4）～式（2-6）中，如果 $f(x)=0$，则称方程为齐次的；如果 $f(x)\neq 0$，则称方程为非齐次的。

2. 微分方程线性化

前述已经指出，现实世界中的一切实际系统严格地说都属于非线性系统，线性系统只是实际系统在忽略次要非线性因素后所导出的理想化模型。但是，同时也要指出，完全可以把相当多的实际系统按照线性系统对待和处理，其在简化分析后所得的结果可在足够的精度下吻合于实际运动状态。

下面，分别针对非线性函数和非线性微分方程组，给出非线性系统化为线性系统的泰勒展开方法。

（1）非线性函数的线性化

设连续变化的非线性函数为 $y=f(x)$。取某平衡状态 $y_0=f(x_0)$ 为工作点。当 $x=x_0+\Delta x$ 时，有 $y=y_0+\Delta y$。设函数 $y=f(x)$ 在 (x_0,y_0) 点连续可微，则将它在该点附近用泰勒公式展开为

$$y=f(x)=f(x_0)+\left(\frac{\mathrm{d}f(x)}{\mathrm{d}x}\right)_{x_0}(x-x_0)+\frac{1}{2!}\left(\frac{\mathrm{d}^2 f(x)}{\mathrm{d}x^2}\right)_{x_0}(x-x_0)^2+\cdots \tag{2-7}$$

当增量 $x-x_0$ 很小时，略去其高次幂项，则有

$$y-y_0=f(x)-f(x_0)=\left(\frac{\mathrm{d}f(x)}{\mathrm{d}x}\right)_{x_0}(x-x_0) \tag{2-8}$$

令 $\Delta y=y-y_0=f(x)-f(x_0)$，$\Delta x=x-x_0$，$K=(\mathrm{d}f(x)/\mathrm{d}x)_{x_0}$，则线性化方程可简记为 $\Delta y=K\Delta x$。略去增量符号 Δ，便得函数 $y=f(x)$ 在工作点 (x_0,y_0) 附近的线性化方程为 $y=Kx$。式中，$K=(\mathrm{d}f(x)/\mathrm{d}x)_{x_0}$ 是比例系数，是函数 $f(x)$ 在工作点 (x_0,y_0) 的切线斜率。

对于有两个自变量 x_1，x_2 的非线性函数 $y=f(x_1,x_2)$，同样可在某工作点 (x_{10},x_{20}) 附近用泰勒公式展开为

$$y=f(x_1,x_2)=f(x_{10},x_{20})+\left[\left(\frac{\partial f}{\partial x_1}\right)_{x_{10},x_{20}}(x_1-x_{10})+\left(\frac{\partial f}{\partial x_2}\right)_{x_{10},x_{20}}(x_2-x_{20})\right]+$$

$$\frac{1}{2!}\left[\left(\frac{\partial^2 f}{\partial x_1^2}\right)_{x_{10},x_{20}}(x_1-x_{10})^2+2\left(\frac{\partial^2 f}{\partial x_1 \partial x_2}\right)_{x_{10},x_{20}}(x_1-x_{10})(x_2-x_{20})+\right.$$

$$\left.\left(\frac{\partial^2 f}{\partial x_2^2}\right)_{x_{10},x_{20}}(x_2-x_{20})^2\right]+\cdots \tag{2-9}$$

略去二阶以上导数项,并令 $\Delta y = y - f(x_{10}, x_{20})$,$\Delta x_1 = x_1 - x_{10}$,$\Delta x_2 = x_2 - x_{20}$,可得增量线性化方程为

$$\Delta y = \left(\frac{\partial f}{\partial x_1}\right)_{x_{10}, x_{20}} \Delta x_1 + \left(\frac{\partial f}{\partial x_2}\right)_{x_{10}, x_{20}} \Delta x_2 = K_1 \Delta x_1 + K_2 \Delta x_2 \tag{2-10}$$

式中,$K_1 = (\partial f / \partial x_1)_{x_{10}, x_{20}}$,$K_2 = (\partial f / \partial x_2)_{x_{10}, x_{20}}$。

同理,对于依赖 n 个自变量 $x_1, x_2, \cdots, x_n$ 的非线性函数 $y = f(x_1, x_2, \cdots, x_n)$,同样可在某工作点 $x_0 = (x_{10}, x_{20}, \cdots, x_{n0})$ 附近用泰勒公式展开。当忽略二阶以上导数项后,可得增量线性化方程为

$$\Delta y = \left(\frac{\partial f}{\partial x_1}\right)_{x_0} \Delta x_1 + \left(\frac{\partial f}{\partial x_2}\right)_{x_0} \Delta x_2 + \cdots + \left(\frac{\partial f}{\partial x_n}\right)_{x_0} \Delta x_n \tag{2-11}$$

式中,$\Delta y = y - f(x_{10}, x_{20}, \cdots, x_{n0})$,$\Delta x_1 = x_1 - x_{10}$,$\Delta x_2 = x_2 - x_{20}$,$\cdots$,$\Delta x_n = x_n - x_{n0}$。

(2)非线性微分方程组的线性化

非线性微分方程组形式如下:

$$\left. \begin{array}{l} f_1(x_1, x_2, \cdots, x_n) \dfrac{\mathrm{d}x_1}{\mathrm{d}t} = F_1(x_1, x_2, \cdots, x_n) \\[2mm] f_2(x_1, x_2, \cdots, x_n) \dfrac{\mathrm{d}x_2}{\mathrm{d}t} = F_2(x_1, x_2, \cdots, x_n) \\[2mm] \qquad\qquad\qquad \vdots \\[2mm] f_i(x_1, x_2, \cdots, x_n) \dfrac{\mathrm{d}x_i}{\mathrm{d}t} = F_i(x_1, x_2, \cdots, x_n) \\[2mm] \qquad\qquad\qquad \vdots \\[2mm] f_n(x_1, x_2, \cdots, x_n) \dfrac{\mathrm{d}x_n}{\mathrm{d}t} = F_n(x_1, x_2, \cdots, x_n) \end{array} \right\} \tag{2-12}$$

式中,$f_i(x_1, x_2, \cdots, x_n)$ 和 $F_i(x_1, x_2, \cdots, x_n)$ 是 $x_1, x_2, \cdots, x_n$ 的非线性函数。

以方程组(2-12)中第 i 个方程为例进行线性化处理,省略下标"i",则

$$f(x_1, x_2, \cdots, x_n) \frac{\mathrm{d}x}{\mathrm{d}t} = F(x_1, x_2, \cdots, x_n), \quad \text{记为} \quad f \frac{\mathrm{d}x}{\mathrm{d}t} = F \tag{2-13}$$

在某一平衡点 $x_0 = (x_{10}, x_{20}, \cdots, x_{n0})$(对应于未扰动运动)处,有

$$f(x_{10}, x_{20}, \cdots, x_{n0}) \frac{\mathrm{d}x_0}{\mathrm{d}t} = F(x_{10}, x_{20}, \cdots, x_{n0}), \text{记为} \quad f_0 \frac{\mathrm{d}x_0}{\mathrm{d}t} = F_0 \tag{2-14}$$

将上述两式相减可得偏量形式的运动方程

$$f \frac{\mathrm{d}x}{\mathrm{d}t} - f_0 \frac{\mathrm{d}x_0}{\mathrm{d}t} = F - F_0 \tag{2-15}$$

对式(2-15)进行处理

$$f \frac{\mathrm{d}x}{\mathrm{d}t} - f_0 \frac{\mathrm{d}x_0}{\mathrm{d}t} + f \frac{\mathrm{d}x_0}{\mathrm{d}t} - f \frac{\mathrm{d}x_0}{\mathrm{d}t} = (f_0 + \Delta f) \frac{\mathrm{d}\Delta x}{\mathrm{d}t} + \Delta f \frac{\mathrm{d}x_0}{\mathrm{d}t} = F - F_0 \tag{2-16}$$

式中,Δx、Δf 表示偏量,即 $\Delta x = x - x_0$,$\Delta f = f - f_0$。

记偏量 $\Delta F = F - F_0$,式(2-16)中略去高于一阶的小量 $\Delta f \dfrac{\mathrm{d}\Delta x}{\mathrm{d}t}$,则偏量形式的运动方程可写为

$$f_0 \frac{\mathrm{d}\Delta x}{\mathrm{d}t} + \Delta f \frac{\mathrm{d}x_0}{\mathrm{d}t} = \Delta F \tag{2-17}$$

由式(2-11),可以将非线性函数 $F(x_1, x_2, \cdots, x_n)$ 线性化为

$$\Delta F = \left(\frac{\partial F}{\partial x_1}\right)_{x_0} \Delta x_1 + \left(\frac{\partial F}{\partial x_2}\right)_{x_0} \Delta x_2 + \cdots \left(\frac{\partial F}{\partial x_i}\right)_{x_0} \Delta x_i \cdots + \left(\frac{\partial F}{\partial x_n}\right)_{x_0} \Delta x_n \qquad (2-18)$$

同理可将非线性函数 $f(x_1, x_2, \cdots, x_n)$ 线性化为

$$\Delta f = \left(\frac{\partial f}{\partial x_1}\right)_{x_0} \Delta x_1 + \left(\frac{\partial f}{\partial x_2}\right)_{x_0} \Delta x_2 + \cdots \left(\frac{\partial f}{\partial x_i}\right)_{x_0} \Delta x_i \cdots + \left(\frac{\partial f}{\partial x_n}\right)_{x_0} \Delta x_n \qquad (2-19)$$

将 ΔF 和 Δf 带入式(2-17)可得

$$f_0 \frac{\mathrm{d}\Delta x}{\mathrm{d}t} + \left[\left(\frac{\partial f}{\partial x_1}\right)_{x_0} \Delta x_1 + \left(\frac{\partial f}{\partial x_2}\right)_{x_0} \Delta x_2 + \cdots \left(\frac{\partial f}{\partial x_i}\right)_{x_0} \Delta x_i \cdots + \left(\frac{\partial f}{\partial x_n}\right)_{x_0} \Delta x_n\right] \frac{\mathrm{d}x_0}{\mathrm{d}t}$$
$$= \left(\frac{\partial F}{\partial x_1}\right)_{x_0} \Delta x_1 + \left(\frac{\partial F}{\partial x_2}\right)_{x_0} \Delta x_2 + \cdots \left(\frac{\partial F}{\partial x_i}\right)_{x_0} \Delta x_i \cdots + \left(\frac{\partial F}{\partial x_n}\right)_{x_0} \Delta x_n \qquad (2-20)$$

合并化简后有

$$f_0 \frac{\mathrm{d}\Delta x}{\mathrm{d}t} = \left[\left(\frac{\partial F}{\partial x_1}\right)_{x_0} - \left(\frac{\partial f}{\partial x_1}\right)_{x_0} \frac{\mathrm{d}x_0}{\mathrm{d}t}\right] \Delta x_1 + \left[\left(\frac{\partial F}{\partial x_2}\right)_{x_0} - \left(\frac{\partial f}{\partial x_2}\right)_{x_0} \frac{\mathrm{d}x_0}{\mathrm{d}t}\right] \Delta x_2$$
$$+ \cdots + \left[\left(\frac{\partial F}{\partial x_n}\right)_{x_0} - \left(\frac{\partial f}{\partial x_n}\right)_{x_0} \frac{\mathrm{d}x_0}{\mathrm{d}t}\right] \Delta x_n \qquad (2-21)$$

上式写上下标"i"后,即为

$$f_{i0} \frac{\mathrm{d}\Delta x_i}{\mathrm{d}t} = \left[\left(\frac{\partial F_i}{\partial x_1}\right)_{x_0} - \left(\frac{\partial f_i}{\partial x_1}\right)_{x_0} \frac{\mathrm{d}x_{i0}}{\mathrm{d}t}\right] \Delta x_1 + \left[\left(\frac{\partial F_i}{\partial x_2}\right)_{x_0} - \left(\frac{\partial f_i}{\partial x_2}\right)_{x_0} \frac{\mathrm{d}x_{i0}}{\mathrm{d}t}\right] \Delta x_2$$
$$+ \cdots + \left[\left(\frac{\partial F_i}{\partial x_n}\right)_{x_0} - \left(\frac{\partial f_i}{\partial x_n}\right)_{x_0} \frac{\mathrm{d}x_{i0}}{\mathrm{d}t}\right] \Delta x_n \qquad (2-22)$$

利用上式,即可将式(2-12)中每一个非线性微分方程处理为偏量的线性微分方程,因为包含在方程中的新变量 $\Delta x_1, \Delta x_2, \cdots, \Delta x_n$ 只是一阶的,并且没有这些变量的乘积。

应当指出,对一个具体的实际系统可否按线性系统来加以研究,一般难以给出普适的和绝对的判断准则,需要就具体系统进行具体的分析。这里,不仅需要考虑系统本身的因素,而且需要考虑系统所研究的问题因素,只有从这两个方面综合加以权衡,才能比较合理地确定可否把一个实际系统当成线性系统来进行研究。对于大多数常见的实际工程系统,这种判断通常并不是一件复杂的事情。

3. 线性系统的基本特征

线性系统的一个基本特征是其模型方程具有线性属性即满足叠加原理。系统定义为线性是针对系统的激励和响应而言的。一般来说,一个线性系统存在的必要条件可以用激励 $x(t)$ 和响应 $y(t)$ 来表述。当激励 $x_1(t)$ 作用于自由状态下的系统时,响应是 $y_1(t)$;当激励 $x_2(t)$ 作用于自由状态下的系统时,响应是 $y_2(t)$。对于一个线性系统来说,当 a_1 和 a_2 为任意两个非零有限常数时,激励 $a_1 x_1(t) + a_2 x_2(t)$ 必然得出响应 $a_1 y_1(t) + a_2 y_2(t)$,这通常被称为叠加原理。

现举例说明。设有线性微分方程

$$\frac{\mathrm{d}^2 y(t)}{\mathrm{d}t^2} + \frac{\mathrm{d}y(t)}{\mathrm{d}t} + y(t) = x(t) \qquad (2-23)$$

当 $x(t) = x_1(t)$ 时,上述方程的解为 $y_1(t)$;当 $x(t) = x_2(t)$ 时,其解为 $y_2(t)$。如果 $x(t) = x_1(t) + x_2(t)$,

容易验证,方程的解必为 $y(t)=y_1(t)+y_2(t)$,这是可叠加性。而当 $x(t)=a_1x_1(t)$ 时,式中 a_1 为常数,则方程的解必为 $y(t)=a_1y_1(t)$,这就是齐次性。

线性系统的叠加原理表明,两个外作用同时加于系统所产生的总输出,等于各个外作用单独作用时分别产生的输出之和,且外作用的数值增大若干倍时,其输出亦相应增大同样的倍数。因此,对线性系统进行分析和设计时,如果有几个外作用同时加于系统,则可以将它们分别处理,依次求出各个外作用单独加入时系统的输出,然后将它们叠加。此外,每个外作用在数值上可只取单位值,从而大大简化线性系统的研究工作。

2.1.2　傅里叶变换和拉普拉斯变换

傅里叶变换(简称傅氏变换)和拉普拉斯变换(简称拉氏变换),是工程实践中用来求解线性常微分方程的简便工具,同时也是建立系统在复数域和频率域数学模型(传递函数和频率特性)的数学基础。

傅氏变换和拉氏变换有其内在的联系。但一般来说,对一个函数进行傅氏变换时,要求它满足的条件较高,因此有些函数就不能进行傅氏变换;而拉氏变换就比傅氏变换易于实现,所以拉氏变换的应用更为广泛。

1. 傅里叶级数

周期函数的傅里叶级数(简称傅氏级数)是由正弦和余弦项组成的三角级数。

周期为 T 的任一函数 $f(t)$,若满足下列狄利克雷条件:

① 在一个周期内只有有限个不连续点,

② 在一个周期内只有有限个极大和极小值,

③ 积分 $\int_{-T/2}^{T/2}|f(t)|\,\mathrm{d}t$ 存在,

则 $f(t)$ 可展开为如下的傅氏级数:

$$f(t)=\frac{1}{2}a_0+\sum_{n=1}^{\infty}(a_n\cos n\omega t+b_n\sin n\omega t) \tag{2-24}$$

式中,系数 a_n 和 b_n 由下式给出:

$$a_n=\frac{2}{T}\int_{-T/2}^{T/2}f(t)\cos n\omega t\,\mathrm{d}t \qquad n=0,1,2,\cdots,\infty \tag{2-25}$$

$$b_n=\frac{2}{T}\int_{-T/2}^{T/2}f(t)\sin n\omega t\,\mathrm{d}t \qquad n=0,1,2,\cdots,\infty \tag{2-26}$$

式中,$\omega=2\pi/T$ 称为角频率。

周期函数 $f(t)$ 的傅氏级数还可以写为复数形式(或指数形式):

$$f(t)=\sum_{n=-\infty}^{\infty}a_n\mathrm{e}^{jn\omega t} \tag{2-27}$$

式中系数

$$a_n=\frac{1}{T}\int_{-T/2}^{T/2}f(t)\mathrm{e}^{-jn\omega t}\,\mathrm{d}t \tag{2-28}$$

2. 傅里叶积分和傅里叶变换

任一周期函数,只要满足狄利克雷条件,便可展开为傅氏级数。对于非周期函数,因为其

周期 T 趋于无穷大,不能直接用傅氏级数展开式,所以要做某些修改,这样就引出了傅里叶积分式。

若 $f(t)$ 为非周期函数,则可视其为周期 T 趋于无穷大,角频率($\omega_0 = 2\pi/T$)趋于零的周期函数。这时,在傅氏级数展开式(2-24)～式(2-28)中,各个相邻的谐波频率之差 $\Delta\omega = (n+1)\omega_0 - n\omega_0 = \omega_0$ 便很小,谐波频率 $n\omega_0$ 须用一个变量 ω 代替(此处的 ω 不同于(2-24)中的角频率)。这样,式(2-27)和式(2-28)可改写为

$$f(t) = \sum_{\omega=-\infty}^{\infty} a_\omega \mathrm{e}^{\mathrm{j}\omega t} \tag{2-29}$$

$$a_\omega = \frac{\Delta\omega}{2\pi}\int_{-T/2}^{T/2} f(t)\mathrm{e}^{-\mathrm{j}\omega t}\,\mathrm{d}t \tag{2-30}$$

将式(2-30)代入式(2-29),可得

$$f(t) = \sum_{\omega=-\infty}^{\infty}\left[\frac{\Delta\omega}{2\pi}\int_{-T/2}^{T/2} f(t)\mathrm{e}^{-\mathrm{j}\omega t}\,\mathrm{d}t\right]\mathrm{e}^{\mathrm{j}\omega t}$$

$$= \frac{1}{2\pi}\sum_{\omega=-\infty}^{\infty}\left[\int_{-T/2}^{T/2} f(t)\mathrm{e}^{-\mathrm{j}\omega t}\,\mathrm{d}t\right]\mathrm{e}^{\mathrm{j}\omega t}\Delta\omega \tag{2-31}$$

当 $T\to\infty$ 时,$\Delta\omega\to\mathrm{d}\omega$,求和式变为积分式,式(2-31)可写为

$$f(t) = \frac{1}{2\pi}\int_{-\infty}^{\infty}\left[\int_{-\infty}^{\infty} f(t)\mathrm{e}^{-\mathrm{j}\omega t}\,\mathrm{d}t\right]\mathrm{e}^{\mathrm{j}\omega t}\,\mathrm{d}\omega \tag{2-32}$$

式(2-32)是非周期函数 $f(t)$ 的傅里叶积分形式之一。

在式(2-32)中,若令

$$F(\omega) = \int_{-\infty}^{\infty} f(t)\mathrm{e}^{-\mathrm{j}\omega t}\,\mathrm{d}t \tag{2-33}$$

则式(2-32)可写为

$$f(t) = \frac{1}{2\pi}\int_{-\infty}^{\infty} F(\omega)\mathrm{e}^{\mathrm{j}\omega t}\,\mathrm{d}\omega \tag{2-34}$$

式(2-33)和式(2-34)给出的两个积分式称为傅里叶(简称傅式)变换对,$F(\omega)$ 称为 $f(t)$ 的傅氏变换,记为 $\mathscr{F}(\omega) = F[f(t)]$,而 $f(t)$ 称为 $F(\omega)$ 的傅氏反变换,记为 $f(t) = \mathscr{F}^{-1}[F(\omega)]$。

非周期函数 $f(t)$ 必须满足狄利克雷条件才可进行傅氏变换,而且狄利克雷的第三条件这时应修改为积分 $\int_{-\infty}^{\infty} |f(t)|\,\mathrm{d}t$ 存在。

工程技术上常用傅里叶方法分析线性系统,因为任何周期函数都可展开为含有许多正弦分量或余弦分量的傅氏级数,而任何非周期函数都可表示为傅氏积分,从而可将一个时间域的函数变换为频率域的函数。在研究输入为非正弦函数的线性系统时,应用傅氏级数和傅氏变换的这个性质,可以通过系统对各种频率正弦波的响应特性来了解系统对非正弦输入的响应特性。自动控制系统的频率域方法,就是建立在这个基础之上的。

3. 拉普拉斯变换

工程实践中常用的一些函数,如阶跃函数,往往不能满足傅氏变换的条件,但如果对这种函数稍加处理,一般都能进行傅氏变换,于是就引入了拉普拉斯变换。例如,对于单位阶跃函

数 $f(t)=1(t)$ 的傅氏变换,由式(2-33)可求得为

$$F(\omega)=\mathscr{F}\left[f(t)\right]=\int_{-\infty}^{\infty}f(t)\mathrm{e}^{-\mathrm{j}\omega t}\mathrm{d}t=\int_{-\infty}^{\infty}\mathrm{e}^{-\mathrm{j}\omega t}\mathrm{d}t$$

$$=\frac{1}{\omega}(\sin\omega t+\mathrm{j}\cos\omega t)\Big|_{0}^{\infty} \qquad (2-35)$$

显然,$F(\omega)$ 无法计算出来,因为单位阶跃函数不满足狄利克雷的第三条件, 即 $\int_{-\infty}^{\infty}\left|f(t)\right|\mathrm{d}t$ 不存在。

为了解决这个困难,我们用指数衰减函数 $\mathrm{e}^{-\sigma t}1(t)$ 代替 $1(t)$,因为当 $\sigma\rightarrow0$ 时,$\mathrm{e}^{-\sigma t}1(t)$ 趋于 $1(t)$。$\mathrm{e}^{-\sigma t}1(t)$ 可表示为

$$\mathrm{e}^{-\sigma t}1(t)=\begin{cases}\mathrm{e}^{-\sigma t}, & t>0(\sigma>0)\\ 0, & t<0\end{cases} \qquad (2-36)$$

将这个函数代入式(2-33),求得它的傅氏变换为

$$F(\omega)=\mathscr{F}\left[\mathrm{e}^{-\sigma t}1(t)\right]=\int_{-\infty}^{\infty}\mathrm{e}^{-\sigma t}1(t)\mathrm{e}^{-\mathrm{j}\omega t}\mathrm{d}t=\int_{0}^{\infty}\mathrm{e}^{-\sigma t}\mathrm{e}^{-\mathrm{j}\omega t}\mathrm{d}t=\frac{1}{\sigma+\mathrm{j}\omega} \qquad (2-37)$$

上式说明,单位阶跃函数乘以因子 $\mathrm{e}^{-\sigma t}$ 后,便可以进行傅氏变换,这时,由于进行变换的函数已经过处理,而且只考虑 $t>0$ 的时间区间,因此称之为单边广义傅里叶变换。

对于任意函数 $f(t)$,如果不满足狄利克雷第三条件,一般是因为当 $t\rightarrow\infty$ 时,$f(t)$ 衰减太慢。仿照单位阶跃函数的处理方法,也用因子 $\mathrm{e}^{-\sigma t}$ 乘以 $f(t)$,则当 $t\rightarrow\infty$ 时,衰减就快得多。通常把 $\mathrm{e}^{-\sigma t}$ 叫作收敛因子。但由于它在 $t\rightarrow-\infty$ 时起相反作用,因此,假设 $t<0$ 时,$f(t)=0$。这个假设在实际上是可以做到的,因为总可以把外作用加到系统上的开始瞬间选为 $t=0$,而 $t<0$ 时的行为,即外作用加到系统之前的行为,可以在初始条件内考虑。这样,对函数 $f(t)$ 的研究,就变为在时间 $t=0\rightarrow\infty$ 区间对函数 $f(t)\mathrm{e}^{-\sigma t}$ 的研究,并称之为 $f(t)$ 的广义函数,它的傅里叶变换为单边傅氏变换,即

$$F_{\sigma}(\omega)=\int_{0}^{\infty}f(t)\mathrm{e}^{-\sigma t}\mathrm{e}^{-\mathrm{j}\omega t}\mathrm{d}t=\int_{0}^{\infty}f(t)\mathrm{e}^{-(\sigma+\mathrm{j}\omega)t}\mathrm{d}t \qquad (2-38)$$

若令 $s=\sigma+\mathrm{j}\omega$,则上式可写为

$$F_{\sigma}\left(\frac{s-\sigma}{j}\right)=F(s)=\int_{0}^{\infty}f(t)\mathrm{e}^{-st}\mathrm{d}t \qquad (2-39)$$

而 $F_{\sigma}(\omega)$ 的傅氏反变换则由式(2-34)有

$$f(t)\mathrm{e}^{-\sigma t}=\mathscr{F}^{-1}\left[F_{\sigma}(\omega)\right]=\frac{1}{2\pi}\int_{-\infty}^{\infty}F_{\sigma}(\omega)\mathrm{e}^{\mathrm{j}\omega t}\mathrm{d}\omega \qquad (2-40)$$

等式两边同乘以 $\mathrm{e}^{\sigma t}$,得

$$f(t)=\mathscr{F}^{-1}\left[F_{\sigma}(\omega)\right]=\frac{1}{2\pi}\int_{-\infty}^{\infty}F_{\sigma}(\omega)\mathrm{e}^{(\sigma+\mathrm{j}\omega)t}\mathrm{d}\omega \qquad (2-41)$$

以 $s=\sigma+\mathrm{j}\omega$ 代之,可得

$$f(t)=\frac{1}{2\pi\mathrm{j}}\int_{\sigma-\mathrm{j}\infty}^{\sigma+\mathrm{j}\infty}F(s)\mathrm{e}^{st}\mathrm{d}s \qquad (2-42)$$

在式(2-39)和式(2-42)中,$s=\sigma+\mathrm{j}\omega$ 是复数,只要其实部 $\sigma>0$ 足够大,式(2-42)的积分就存在。式(2-39)和式(2-42)的两个积分式称为拉氏变换对。$F(s)$ 称作 $f(t)$ 的拉氏变换,

也称象函数，记为 $F(s)=\mathscr{L}[f(t)]$；$f(t)$ 称作 $F(s)$ 的拉氏反变换，也称原函数，记为 $f(t)=\mathscr{L}^{-1}[F(s)]$。

常用的拉氏变换定理汇总如下，以供查阅。

（1）线性性质

设 $F_1(s)=\mathscr{L}[f_1(t)]$，$F_2(s)=\mathscr{L}[f_2(t)]$，$a$ 和 b 为常数，则有

$$\mathscr{L}[af_1(t)+bf_2(t)]=a\mathscr{L}[f_1(t)]+bL[bf_2(t)]=aF_1(s)+bF_2(s)$$

（2）微分定理

设 $F(s)=\mathscr{L}[f(t)]$，则有

$$\mathscr{L}\left[\frac{\mathrm{d}f(t)}{\mathrm{d}t}\right]=sF(s)-f(0)$$

式中，$f(0)$ 是函数 $f(t)$ 在 $t=0$ 时的值。

（3）积分定理

设 $F(s)=\mathscr{L}[f(t)]$，则有

$$\mathscr{L}\left[\int f(t)\mathrm{d}t\right]=\frac{1}{s}F(s)+\frac{1}{s}f^{(-1)}(0)$$

式中，$f^{(-1)}(0)$ 是 $\int f(t)\mathrm{d}t$ 在 $t=0$ 时的值。

（4）初值定理

若函数 $f(t)$ 及其一阶导数都是可拉氏变换的，则函数 $f(t)$ 的初值为

$$f(0_+)=\lim_{t\to 0_+}f(t)=\lim_{s\to\infty}sF(s)$$

即原函数 $f(t)$ 在自变量趋于零（从正向趋于零）时的极限值，取决于其象函数 $F(s)$ 在自变量趋于无穷大时的极限值。

（5）终值定理

若函数 $f(t)$ 及其一阶导数都是可拉氏变换的，则函数 $f(t)$ 的终值为

$$f(\infty)=\lim_{t\to\infty}f(t)=\lim_{s\to 0}sF(s)$$

即原函数 $f(t)$ 在自变量趋于无穷大时的极限值，取决于象函数 $F(s)$ 在自变量趋于零时的极限值。

（6）位移定理

设 $F(s)=L[f(t)]$，则有

$$\mathscr{L}[f(t-\tau_0)]=\mathrm{e}^{-\tau_0 s}F(s)$$

和

$$\mathscr{L}[\mathrm{e}^{\alpha t}f(t)]=F(s-\alpha)$$

它们分别表示实域中的位移定理和复域中的位移定理。

（7）相似定理

设 $F(s)=L[f(t)]$，则有

$$\mathscr{L}\left[f\left(\frac{t}{a}\right)\right]=aF(as)$$

式中，a 为实常数。

上式表示，原函数 $f(t)$ 自变量 t 的比例尺改变时，其象函数 $F(s)$ 具有类似的形式。

（8）卷积定理

设 $F_1(s)=\mathscr{L}\left[f_1(t)\right]$，$F_2(s)=\mathscr{L}\left[f_2(t)\right]$，则有

$$F_1(s)F_2(s)=\mathscr{L}\left[\int_0^t f_1(t-\tau)f_2(\tau)\mathrm{d}\tau\right]$$

式中，$\int_0^t f_1(t-\tau)f_2(\tau)\mathrm{d}\tau$ 叫作 $f_1(t)$ 和 $f_2(t)$ 的卷积，可写为 $f_1(t)*f_2(t)$。因此，此式表示，两个原函数卷积的拉氏变换等于它们象函数的乘积。

表 2.1 列出了常用函数的拉氏变换式，可供查用。

表 2.1　常用函数拉普拉斯变换对照表

序　号	原函数 $f(t)$	象函数 $F(s)$
1	$\delta(t)$	1
2	$1(t)$	$\dfrac{1}{s}$
3	t	$\dfrac{1}{s^2}$
4	$t^n(n=1,2,3,\cdots)$	$\dfrac{n!}{s^{n+1}}$
5	e^{-at}	$\dfrac{1}{s+a}$
6	$t\mathrm{e}^{-at}$	$\dfrac{1}{(s+a)^2}$
7	$t^n\mathrm{e}^{-at}(n=1,2,3,\cdots)$	$\dfrac{n!}{(s+a)^{n+1}}$
8	$\sin\omega t$	$\dfrac{\omega}{s^2+\omega^2}$
9	$\cos\omega t$	$\dfrac{s}{s^2+\omega^2}$
10	$\mathrm{e}^{-at}\sin\omega t$	$\dfrac{\omega}{(s+a)^2+\omega^2}$
11	$\mathrm{e}^{-at}\cos\omega t$	$\dfrac{s+a}{(s+a)^2+\omega^2}$
12	$t\sin\omega t$	$\dfrac{2\omega s}{(s^2+\omega^2)^2}$
13	$t\cos\omega t$	$\dfrac{s^2-\omega^2}{(s^2+\omega^2)^2}$

由象函数 $F(s)$ 求原函数 $f(t)$，可根据式（2-42）拉氏反变换公式计算。对于简单的象函数，可直接应用拉氏变换对照表 2.1，查出相应的原函数。工程实践中，求复杂象函数的原函数时，通常先用部分分式展开法将复杂函数展成简单函数的和，再应用拉氏变换对照表。

2.1.3　四元数

1. 四元数定义

四元数是由四个元构成的数，即

$$\boldsymbol{Q}(q_0,q_1,q_2,q_3)=q_0+q_1\boldsymbol{i}+q_2\boldsymbol{j}+q_3\boldsymbol{k} \qquad (2-43)$$

其中，q_0, q_1, q_2, q_3 是实数，i, j, k 既是相互正交的单位向量，又是虚单位 $\sqrt{-1}$，具体规定体现在如下四元数乘法关系中：

$$
\left.
\begin{array}{lll}
i \otimes i = -1, & j \otimes j = -1, & k \otimes k = -1 \\
i \otimes j = k, & j \otimes k = i, & k \otimes i = j \\
j \otimes i = -k, & k \otimes j = -i, & i \otimes k = -j
\end{array}
\right\}
\tag{2-44}
$$

式中，$\otimes$ 表示四元数乘法。

上述关系可叙述为：相同单位向量作四元数乘时呈虚单位特性；相异单位向量四元数乘时呈单位向量叉乘特性。所以四元数既可看作四维空间中的一个向量，又可看作一个超复数。

2. 四元数的表达方式

（1）矢量式

$$
Q = q_0 + q
\tag{2-45}
$$

式中，q_0 称四元数 Q 的标量部分，q 称四元数 Q 的矢量部分。对照式（2-43），可看出 q 是三维空间中的一个向量。

（2）复数式

$$
Q = q_0 + q_1 i + q_2 j + q_3 k
\tag{2-46}
$$

可视为一个超复数，Q 的共轭复数记为

$$
Q^* = q_0 - q_1 i - q_2 j - q_3 k
\tag{2-47}
$$

Q^* 称为 Q 的共轭四元数。

（3）三角式

$$
Q = \cos\frac{\theta}{2} + u\sin\frac{\theta}{2}
\tag{2-48}
$$

式中，θ 为实数，u 为单位向量。

（4）指数式

$$
Q = e^{u\frac{\theta}{2}}
\tag{2-49}
$$

θ 和 u 同上。

（5）矩阵式

$$
Q = \begin{bmatrix} q_0 \\ q_1 \\ q_2 \\ q_3 \end{bmatrix}
\tag{2-50}
$$

3. 四元数的大小——范数

四元数的大小用四元数的范数来表示：

$$
\|Q\| = \sqrt{q_0^2 + q_1^2 + q_2^2 + q_3^2}
\tag{2-51}
$$

若 $\|Q\| = 1$，则 Q 称为规范化四元数。

4. 四元数的运算——加减乘除

（1）加法和减法

$$
Q = q_0 + q_1 i + q_2 j + q_3 k
\tag{2-52}
$$

$$\boldsymbol{P}=p_0+p_1\boldsymbol{i}+p_2\boldsymbol{j}+p_3\boldsymbol{k} \tag{2-53}$$

则

$$\boldsymbol{Q}\pm\boldsymbol{P}=(q_0\pm p_0)+(q_1\pm p_1)\boldsymbol{i}+(q_2\pm p_2)\boldsymbol{j}+(q_3\pm p_3)\boldsymbol{k} \tag{2-54}$$

（2）乘法

$$a\boldsymbol{Q}=aq_0+aq_1\boldsymbol{i}+aq_2\boldsymbol{j}+aq_3\boldsymbol{k} \tag{2-55}$$

其中，a 为标量。

$$\begin{aligned}
\boldsymbol{P}\otimes\boldsymbol{Q} &=(p_0+p_1\boldsymbol{i}+p_2\boldsymbol{j}+p_3\boldsymbol{k})\otimes(q_0+q_1\boldsymbol{i}+q_2\boldsymbol{j}+q_3\boldsymbol{k})\\
&=p_0q_0-p_1q_1-p_2q_2-p_3q_3+(p_0q_1+p_1q_0+p_2q_3-p_3q_2)\boldsymbol{i}+\\
&\quad(p_0q_2-p_1q_3+p_2q_0+p_3q_1)\boldsymbol{j}+(p_0q_3+p_1q_2-p_2q_1+p_3q_0)\boldsymbol{k}\\
&=r_0+r_1\boldsymbol{i}+r_2\boldsymbol{j}+r_3\boldsymbol{k}
\end{aligned} \tag{2-56}$$

上式写成矩阵形式：

$$\begin{bmatrix}r_0\\r_1\\r_2\\r_3\end{bmatrix}=\begin{bmatrix}p_0&-p_1&-p_2&-p_3\\p_1&p_0&-p_3&p_2\\p_2&p_3&p_0&-p_1\\p_3&-p_2&p_1&p_0\end{bmatrix}\begin{bmatrix}q_0\\q_1\\q_2\\q_3\end{bmatrix}=\boldsymbol{M}(\boldsymbol{P})\boldsymbol{Q} \tag{2-57}$$

或

$$\begin{bmatrix}r_0\\r_1\\r_2\\r_3\end{bmatrix}=\begin{bmatrix}q_0&-q_1&-q_2&-q_3\\q_1&q_0&q_3&-q_2\\q_2&-q_3&q_0&q_1\\q_3&q_2&-q_1&q_0\end{bmatrix}\begin{bmatrix}p_0\\p_1\\p_2\\p_3\end{bmatrix}=\boldsymbol{M}'(\boldsymbol{Q})\boldsymbol{P} \tag{2-58}$$

其中，$\boldsymbol{M}(\boldsymbol{P})$ 的构成形式为：第一列是四元数 $\boldsymbol{P}$ 本身，第一行是 $\boldsymbol{P}$ 的共轭四元数 $\boldsymbol{P}^*$ 的转置，划去第一行和第一列余下的部分得

$$\boldsymbol{V}_P=\begin{bmatrix}p_0&-p_3&p_2\\p_3&p_0&-p_1\\-p_2&p_1&p_0\end{bmatrix} \tag{2-59}$$

$\boldsymbol{V}_P$ 称为 $\boldsymbol{M}(\boldsymbol{P})$ 的核，是由四元数 $\boldsymbol{P}$ 的元构成的反对称矩阵。同理 $\boldsymbol{M}'(\boldsymbol{Q})$ 的核为

$$\boldsymbol{V}'_Q=\begin{bmatrix}q_0&q_3&-q_2\\-q_3&q_0&q_1\\q_2&-q_1&q_0\end{bmatrix} \tag{2-60}$$

可见 $\boldsymbol{M}'(\boldsymbol{Q})$ 与 $\boldsymbol{M}(\boldsymbol{Q})$ 构成相似，但核不同。

由式（2-57）和式（2-58），得四元数乘法的矩阵表示形式为

$$\boldsymbol{P}\otimes\boldsymbol{Q}=\boldsymbol{M}(\boldsymbol{P})\boldsymbol{Q} \tag{2-61}$$

$$\boldsymbol{P}\otimes\boldsymbol{Q}=\boldsymbol{M}'(\boldsymbol{Q})\boldsymbol{P} \tag{2-62}$$

因为 $\boldsymbol{M}(\boldsymbol{P})$ 与 $\boldsymbol{M}'(\boldsymbol{P})$ 的核不同，所以

$$\boldsymbol{P}\otimes\boldsymbol{Q}=\boldsymbol{M}(\boldsymbol{P})\boldsymbol{Q}\neq\boldsymbol{M}'(\boldsymbol{P})\boldsymbol{Q}=\boldsymbol{Q}\otimes\boldsymbol{P} \tag{2-63}$$

说明四元数乘法不满足交换律。

四元数乘法满足分配律和结合律，即

$$\boldsymbol{P}\otimes(\boldsymbol{Q}+\boldsymbol{R})=\boldsymbol{P}\otimes\boldsymbol{Q}+\boldsymbol{P}\otimes\boldsymbol{R} \tag{2-64}$$

$$P \otimes Q \otimes R = (P \otimes Q) \otimes R = P \otimes (Q \otimes R) \tag{2-65}$$

（3）乘法——求逆

$$Q = \cos\frac{\theta}{2} + u\sin\frac{\theta}{2} \tag{2-66}$$

式中，θ 为实数，u 为单位向量。

如果 $P \otimes R = 1$，则称 R 为 P 的逆，记为 $R = P^{-1}$，或称 P 为 R 的逆，记为 $P = R^{-1}$。

根据范数定义和式(2-56)，有

$$
\begin{aligned}
P \otimes P^* &= (p_0 + p_1 i + p_2 j + p_3 k) \otimes (p_0 - p_1 i - p_2 j - p_3 k) \\
&= p_0^2 + p_1^2 + p_2^2 + p_3^2 \\
&= \|P\|
\end{aligned} \tag{2-67}
$$

所以，$P \otimes \dfrac{P^*}{\|P\|} = 1$，根据上述关于逆的定义，$\dfrac{P^*}{\|P\|}$ 即为 P 的逆，即

$$P^{-1} = \frac{P^*}{\|P\|} \tag{2-68}$$

2.2　机体结构布局

可用于无人机的结构布局种类有很多，根据无人机的起飞和着陆方式，其机体结构布局可分为三类：

① HTOL 即水平起降结构布局；

② VTOL 即垂直起降结构布局；

③ 混合式结构布局，它综合以上两类飞机的特点。

2.2.1　水平起降结构布局

水平起降飞机结构布局主要取决于飞机的升力/重力平衡和稳定与控制方法。经过有人机多年的发展，水平起降飞机结构布局主要有三种基本类型，即"后置水平安定面""前置水平安定面"和"无水平安定面"，其外形如图 2.1 所示。

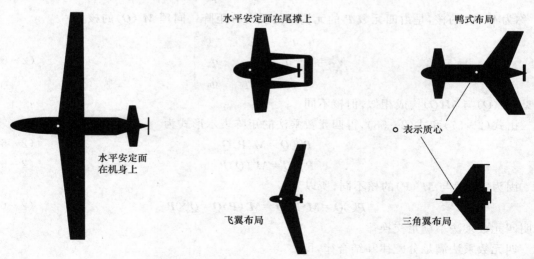

图 2.1　水平起降飞机结构布局

将动力系统安置在机身后部,可释放飞行器的前部空间,方便任务载荷的安装,不会阻挡任务载荷的前向视场。

从空气动力学观点来看,如果使用螺旋桨推进,后置螺旋桨之前的被诱导空气的速度不会增加与机身产生的摩擦阻力,不像前置牵引螺旋桨的气流那样产生较大摩擦阻力。

1. 主翼在前,控制面在后

这是一种传统的布局,目前在飞机中应用十分普遍。飞机的质心在机翼升力中心前面,由水平安定面上的向下载荷平衡,保证了水平方向上空气动力学速度和姿态的稳定。垂直尾翼保证航向方向的稳定,机翼上反角保证了横滚方向的稳定。这种成熟的飞机布局是其他布局的对照标准。这类飞机之间的区别主要在于尾翼的安装,即单尾撑或双尾撑,以及使用发动机的数量。

当前的高空长航时和中空长航时无人机,即远程无人机都在机身后部安装了尾翼。这是因为要携带大量设备和燃料完成所赋予的任务,需要较长机身提供这样的空间。

双尾撑布局在中程和近程无人机中较常见。这样,发动机作为推进系统安装在机翼后面,方便任务载荷安装在机身前部。这也对发动机和螺旋桨起到了一定的保护作用。这种布局具有空气动力方面的优点,发动机和螺旋桨在飞机质心之后并接近重心,减小了飞机在俯仰和偏航方向上的惯性。螺旋桨接近尾翼,提高了气流流过升降舵和方向舵时的操控效能,并且惯性小,飞机对俯仰和偏航控制响应敏捷。这些优点使这种布局更流行。

2. 鸭式布局

鸭式布局飞机在机翼前面安装有水平安定翼或水平稳定器。飞机的质心位于机翼之前,依靠前舵面产生向上的升力保持平衡,实现飞机水平方向气动稳定。鸭式布局的优点在于前后安定面都产生向上的升力,这比"后置水平安定面"飞机的气动效率更高。另一个优点是前舵面的仰角比主翼的要大,这样前舵面会在主翼之前失速,与"后置水平安定面"飞机失速的情况相比,仅造成小部分的升力损失,产生轻微的低头俯仰运动,通过降低少量高度就可恢复原飞行状态。

鸭式布局的缺点在于方向稳定性不容易获得,这是由于飞机的质心越靠后,尾翼的杠杆作用就越不明显。为了延长尾翼力臂,多数鸭翼布局飞机用后掠式机翼,翼尖安装有垂翼。

鸭式布局飞机的推进系统大多采用后置的涡轮喷气式或螺旋桨式发动机。

3. 飞翼或无尾布局

飞翼或无尾布局包括三角翼飞机,与上面布局的飞机一样,都有一个有效的尾翼。机翼为后掠式的,翼尖的迎角比内侧翼面的迎角要小得多,这确保当机头抬升时,机翼升力中心向后移,使飞机返回原飞行姿态。

这些飞机与鸭式布局飞机类似,后掠式机翼增加了方向稳定性,但尾翼在俯仰轴和偏航轴上的效率比较低。

4. 三角翼布局

三角翼布局飞机具有强硬的机体,没有轻质、脆弱的尾翼,便于采用滑翔或降落伞着陆。与其他水平起降飞行相比,因为其展弦比小,所以阵风响应较小。与飞翼布局飞机一样,其升力分布不均衡。且较大的翼展载荷导致诱导阻力更大。

与鸭式布局和三角翼布局飞机一样,最常用的推进系统是采用后置形式的涡轮喷气式或螺旋桨式发动机。

2.2.2 垂直起降结构布局

根据旋翼转矩平衡手段的不同,垂直起降飞机的布局有很多不同的类型,如图 2.2 所示。

1. 单主旋翼

主旋翼转矩会使机体向与主旋翼旋转方向相反的方向转动,通常用一个较小的、产生侧向推力的尾旋翼进行平衡,这个尾旋翼将使主旋翼的功率需求增加 10%。该型布局有一缺点是飞机在所有面上都是极不对称的,增加了控制的耦合性和飞行控制系统算法的复杂性,相对而言,在碰及地面物品时,尾旋翼易损坏,尤其是较小尺寸的飞机更是如此。

该布局是有人直升机最常见的布局,因为这种布局最适合重量在 600～1 500 kg 的飞机,且该型飞机覆盖了大多数应用需求。

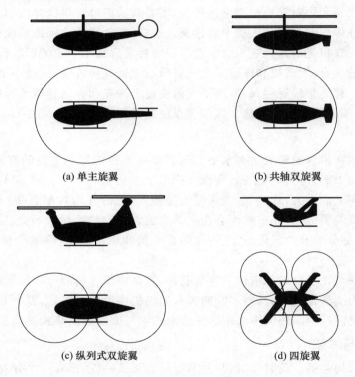

(a) 单主旋翼   (b) 共轴双旋翼

(c) 纵列式双旋翼   (d) 四旋翼

图 2.2 垂直起降飞机结构布局

2. 纵列式双旋翼

直升机旋翼有一个很强的比例效应,飞机要求越重,旋翼尺寸越大,旋翼质量升力比迅速增加。对于起飞总质量大于一定量的飞机,安装两个小的旋翼比安装一个大的效率高。

即使纵列式双旋翼布局相对单主旋翼在控制上更具对称性,但其并不适合动力利用率更高的情形,如果不考虑其垂直起降的起飞总质量,这种布局并不适合在无人机上应用。

另外,起飞总质量小的飞行器,装载的任务载荷体积小,不需要长的机体,这样旋翼就需要安装在伸出的支架上,在结构上效率低。

3. 共轴双旋翼

由于采用该布局的飞机高度比其他类型的要高,因此在维护和储存方面存在要求较高的缺点。对于无人机而言,由于飞机又小又轻,以上不足不再是该布局的缺点。

该布局的优点包括飞机具有近乎完美的空气动力对称性,紧凑(没有易损坏的尾旋翼)、动力效率高,以及针对不同用途,机体设计具有多样性。虽然要求每个旋翼使用相同的动力单元、传动装置和控制子系统,但是飞行控制律也不比典型垂直起降飞机的复杂。

另外,在所有类型的直升机中,共轴双旋翼布局飞机由于其对称性,气流干扰的影响最小,在多数飞行模式下,几乎不受气流干扰的影响。

4. 四旋翼

四旋翼是一种简单的微小型或微型垂直起降无人机。

前面所讨论的所有类型布局都是利用旋翼方向控制系统,周期性或协同性地改变桨叶的倾斜来控制飞行的。设计四旋翼飞机的目的在于简化这种复杂性,去掉机械传动系统。具体思想是将所有旋桨的倾斜角固定,通过改变每个旋翼的旋转速度来改变推力大小。每个旋翼由安装在其上的电动机单独驱动。例如飞机前移,后两个旋翼的转速增加,使飞机低头,推力矢量指向前方,与此同时总的推力必须增加,以防掉高。一旦进入前向飞行,旋翼转速必须再次进行协同。

考虑旋翼间的空气动力之间的干扰模式变化,要获得这样的控制效果,其控制律是复杂的。每个旋翼的速度变化都会有时间延迟,但对于小型飞机,由于其惯性小,问题不很严重。

这种布局比其他布局对阵风的干扰更敏感。另外,任何一个单独的旋翼动力系统出现故障,都会导致飞机立即失控坠地。

2.2.3　混合式结构布局

对于悬停飞行,直升机是重于空气的飞行器中效率最高的,而其后倾桨叶的失速限制了其巡航速度在 370 km/h 以下。为了完成远程任务,要求飞行器必须以较快的巡航速度飞行,以获得满意的对目标或者指定区域监视的反应时间。垂直起飞和降落是一大优势,因此希望能够综合垂直起降和水平起降两者的优点。多年来,人们不断尝试,通过多种手段实现了这样的目标。

1. 可转换式旋翼

在水平起降飞机的每个主翼的端部安装一组旋翼。在垂直飞行时旋翼是水平的,但在巡航飞行时,向前倾斜90°作为推进器使用。可转换旋翼飞机有两种主要转换方式。

一种是倾转旋翼飞机,其机翼相对机身保持水平固定,旋翼及其支架相对机翼倾斜,如图 2.3(a)所示;另一种是将机翼、发动机和旋翼组装为一体,安装在机身上部,称为倾转机翼飞机,如图 2.3(b)所示。

对于倾转旋翼飞机,发动机的安装有两种选择方案。一种是在每个旋翼支架上安装一台发动机,并随旋翼倾转;另一种方法是将发动机安装在机翼上或机身内。

对于倾转机翼飞机,类似的两种安装方案都是可行的,通常是将发动机与机翼和旋翼固定组装为一体,一起倾转。还可以将发动机固定安装在机身内,通过齿轮传动系统驱动旋翼,它同轴地穿过机翼旋转轴。

无论是倾转旋翼还是倾转机翼,要求发动机在至少倾斜 90°的范围内能够正常工作,这增加了油路系统的复杂性。

如图 2.3(c)所示的倾转机翼机体布局,在理论上可以倾转整个飞机机身。

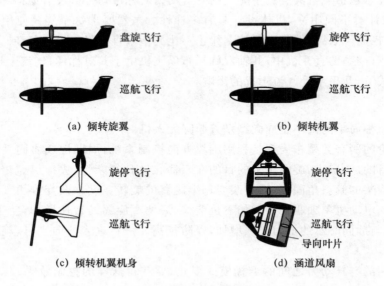

图 2.3 混合式飞机布局

2. 涵道风扇式

涵道风扇式布局中,推进器包围在涵道内。推进器称为"风扇",有半径约束,具有高"充实度",即桨叶面积与桨盘面积之比。该风扇多是由两个逆向旋转单元构成的,以实现机体在不期望转矩作用下转动最小。它不能对桨叶总倾斜或周期性倾斜进行控制,可通过风扇转速的变化改变推力,通过滑流中可倾斜的舵面进行机体姿态角的控制。

这样的布局不可避免地导致风扇的桨盘载荷大、流出气流的速度高(达到 100 km/h),这使得飞行器在垂直起降与巡航飞行之间转换比较容易。

2.3 自动控制理论基础

自动控制理论是研究自动控制共同规律的一门学科。在现代科学技术的众多领域中,自动控制技术起着越来越重要的作用。飞行控制技术伴随着飞行器技术的发展而发展,是现代飞行器设计中的关键技术之一。随着自动控制理论和计算机技术的飞速发展,飞行控制系统日臻完善,为更好地完成复杂飞行任务提供了可靠保证。特别是对无人机,能够实现自动飞行的飞行控制系统更为重要,也是无人机区别于一般航模的重要标志。自动控制理论不仅运用于飞行控制系统,一些导航系统(如惯性导航系统和以惯性导航系统为核心的组合导航系统)在一定条件下也可视作特殊的自动控制系统进行分析和设计。

所谓自动控制,是指在没有人直接参与的情况下,利用外加的设备或装置(称控制装置或控制器),使机器、设备或生产过程(统称被控对象)的某个工作状态或参数(即被控量)自动地按照预定的规律运行。

为了实现各种复杂的控制任务,首先要将被控对象和控制装置按照一定的方式连接起来,组成一个有机总体,这就是自动控制系统。在自动控制系统中,被控对象的输出量即被控量是要求严格加以控制的物理量,它可以要求保持为某一恒定值,如温度、压力、液位等,也可以要求按照某个给定规律运行,如飞行航迹,记录曲线等;而控制装置则是对被控对象施加控制作用的机构的总体,它可以采用不同的原理和方式对被控对象进行控制,但最基本的一种是基于反馈控制原理组成的反馈控制系统。

2.3.1　反馈的概念

反馈控制理论与技术在自动控制科学与技术的发展中占据了极其重要的地位。

在反馈控制系统中,控制装置对被控对象施加的控制作用,取自被控量的反馈信息,用来不断修正被控量与输入量之间的偏差,从而实现对被控对象进行控制的任务,这就是反馈控制的原理。

将输出量送回到输入端,并与输入信号相比较产生偏差信号的过程,称为反馈。若反馈的信号与输入信号相减,产生的偏差越来越小,则称为负反馈;反之,则称为正反馈。反馈控制就是采用负反馈并利用偏差进行控制的过程,而且,由于引入了被控量的反馈信息,整个控制过程成为闭合过程,因此反馈控制也称闭环控制。

2.3.2　自动控制系统的组成

自动控制系统包含被控对象和控制装置两大部分。在工程实践中,为了实现对被控对象的反馈控制,系统中必须配置相关设备,以便用来对被控量进行连续的测量、反馈和比较,并按偏差进行控制。这些设备依其功能分别称为测量元件、比较元件和执行元件,并统称为控制装置。

图 2.4 所示为典型自动控制系统的组成方框图,信号从输入端沿箭头方向到达输出端的传输通路称为前向通道,系统输出量反馈到输入端的传输通路称为反馈通道。只有一条反馈通道的闭环控制系统称为单回路控制系统,有两条以上反馈通道的闭环控制系统称为多回路控制系统。

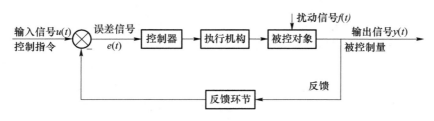

图 2.4　自动控制系统的组成

图 2.4 所示主要环节的基本作用如下:

① 被控对象:自动控制系统中需要进行控制的机器、设备或生产过程。

② 比较装置:也称综合器,图中用符号"$\otimes$"表示,其作用是把测量元件检测的被控量实际值与输入量进行比较,求出它们之间的偏差。

③ 控制器:也称校正装置,根据比较装置综合后的信号,按给定控制律进行计算,得出控制信号,用于驱动执行机构动作。控制器可以是电路、机械装置或数字计算机。

④ 执行机构:在控制信号驱动下,直接推动被控对象,使其被控量发生变化。常用来作为执行机构的有阀、电动机、液压马达等。

⑤ 反馈环节(测量环节):主要用于对系统输出量及其他物理量进行测量,也称为敏感元件或传感器。

一般地,加到反馈控制系统上的外作用有两种类型,一种是有用输入,一种是扰动。有用输入决定系统被控量的变化规律,如输入量;而扰动是系统不希望有的外作用,它破坏有用输入对系统的控制。在实际系统中,扰动总是不可避免的,而且它可以作用于系统中的任何元部件上,也可能一个系统同时受到几种扰动作用。电源电压的波动,环境温度、压力以及负载的变化,飞行中气流的冲击,航海中的波浪等,都是现实中存在的扰动。应当指出,通常所说的系统输入信号一般指有用信号。

2.3.3　自动控制系统的基本控制方式

反馈控制是自动控制系统最基本的控制方式,也是应用最广泛的一种控制方式。除此之外,还有开环控制方式和复合控制方式,它们都有其各自的特点和不同的适用场合。

1. 反馈控制方式

如前所述,反馈控制方式是按偏差进行控制的,其特点是不论什么原因当被控量偏离期望值而出现偏差时,必定会产生一个相应的控制作用去减小或消除这个偏差,使被控量与期望值趋于一致。可以说,按反馈控制方式组成的反馈控制系统,具有抑制任何内、外扰动对被控量产生影响的能力,有较高的控制精度。反馈控制是一种重要且并被广泛应用的控制方式,自动控制理论主要的研究对象就是以这种控制方式组成的系统。

2. 开环控制方式

开环控制方式是指控制装置与被控对象之间只有顺向作用而没有反向联系的控制过程,按这种方式组成的系统称为开环控制系统,其特点是系统的输出量不会对系统的控制作用产生影响。开环控制系统可以按给定量控制方式组成,也可以按扰动控制方式组成。

按给定量控制的开环控制系统,其控制作用直接由系统的输入量产生,给定一个输入量,就有一个输出量与之相对应,控制精度完全取决于所用的元件及校准的精度。这种开环控制方式没有自动修正偏差的能力,抗扰动性较差。但由于其结构简单、调整方便、成本低,在精度要求不高或扰动影响较小的情况下有一定的实用价值。

按扰动控制的开环控制系统,是利用可测量的扰动量,产生一种补偿作用,以减小或抵消扰动对输出量的影响的系统,这种控制方式也称顺馈控制。这种按扰动控制的开环控制方式直接从扰动取得信息,并据此改变被控量,因此,其抗扰动性好,控制精度也较高,但它只适用于扰动可测量的场合。

3. 复合控制方式

虽然按扰动控制方式在技术上较按偏差控制方式简单,但它只适用于扰动可测量的场合,而且一个补偿装置只能补偿一种扰动因素,对其余扰动均不起补偿作用。因此,比较合理的一种控制方式是把按偏差控制与按扰动控制结合起来,对于主要扰动采用适当的补偿装置实现按扰动控制,同时,再组成反馈控制系统实现按偏差控制,以消除其余扰动产生的偏差。这样,系统的主要扰动已被补偿,反馈控制系统就比较容易设计,控制效果也会更好。这种按偏差控制和按扰动控制相结合的控制方式称为复合控制方式。

2.3.4　对自动控制系统的基本要求

尽管自动控制系统有不同的类型,对每个系统也都有特殊的要求,但对于各类系统来说,在已知系统的结构和参数时,我们感兴趣的都是系统在某种典型输入信号下,其被控量变化的全过程。例如,对恒值控制系统研究的是扰动作用引起被控量变化的全过程;对随动系统研究的是被控量如何克服扰动影响并跟随输入量变化的全过程。但是,对每一类系统被控量变化全过程提出的基本要求都是一样的,且可以归结为稳定性、快速性和准确性,即稳、准、快的要求。

1. 稳定性

稳定性是保证控制系统正常工作的先决条件。一个稳定的控制系统,当系统受到扰动或有输入量时,其被控量偏离期望值的初始偏差应随时间的增长逐渐减小并趋于零。具体来说,对于稳定的恒值控制系统,被控量因扰动而偏离期望值后,经过一个过渡过程时间,被控量应恢复到原来的期望值状态;对于稳定的随动系统,被控量应能始终跟踪输入量的变化。反之,不稳定的控制系统,当系统受到扰动或有输入量时,其被控量偏离期望值的初始偏差将随时间的增长而发散,因此,不稳定的控制系统无法实现预定的控制任务。线性自动控制系统的稳定性是由系统结构所决定的,与外界因素无关。

2. 快速性

当系统受到扰动或有输入量时,控制过程不会立即完成,而是有一定的延缓。这就使得被控量恢复期望值或跟踪输入量有一个时间过程,这个过程称为过渡过程或暂态过程。

为了完成控制任务,控制系统仅仅满足稳定性要求是不够的,还必须对其过渡过程的形式和快慢提出要求,一般称为动态性能。通常对控制系统过渡过程的时间(即快速性)和最大振荡幅度(即超调量)都有具体要求。

3. 准确性

理想情况下,当过渡过程结束后,被控量达到的稳态值(即平衡状态)应与期望值一致。但实际上,由于系统结构,外作用形式以及摩擦、间隙等非线性因素的影响,被控量的稳态值与期望值之间会有误差存在,该误差称为稳态误差。稳态误差是衡量控制系统控制精度的重要标志,在技术指标中一般都有具体要求。

2.3.5　控制系统的数学模型

在控制系统的分析和设计中,首先要建立系统的数学模型。控制系统的数学模型是运用数理逻辑方法和数学语言建立的描述系统内部物理量(或变量)之间关系的模型,可以用数学公式或结构图等形式表达。在静态条件下(即变量各阶导数为零),描述变量之间关系的代数方程称为静态数学模型;而描述变量各阶导数之间关系的微分方程称为动态数学模型。由于微分方程中各变量的导数反映了它们随时间变化的特性,例如在运动过程中,一阶导数表示速度,二阶导数表示加速度等,因此微分方程完全可以描述系统的动态特性。如果已知输入量及变量的初始条件,对微分方程求解,就可以得到系统输出量的表达式,并由此可对系统进行性能分析。

建立合理的系统数学模型是一项极为重要的工作,它直接关系到控制系统能否实现给定任务。对于一个控制系统来说,合理的数学模型是指能够以最简化的形式正确地表示被控对象或系统动态特性的数学模型。在建立数学模型的过程中,根据系统要处理的问题、系统要求达到的精度或系统的工作范围等方面的不同,可以得到不同形式的数学模型。通常,根据系统的实际结构、参数及精度等,可以暂时先忽略一些比较次要的物理因素(如系统中存在的分布参数、随时间变化的参数、非线性因素等)而得到简化的数学模型,这样的数学模型既能准确地反映系统的动态本质,又能简化分析计算工作。简化的数学模型必须是合理的,否则对系统进行理论分析的结果会与实验研究结果和系统的实际工作情况有很大出入。现实中的大多数系统都可以简化为线性定常系统。

在自动控制理论中,数学模型有多种形式,包括时域数学模型、复数域数学模型、结构图以及信号流图等。时域数学模型是一个或一组描述系统输入量、输出量以及内部各物理量(或变量)之间关系的数学表达式,是在时间域描述系统的动态过程。时域中常用的数学模型有微分方程、差分方程和状态方程。复数域数学模型是由微分方程表达式的时域数学模型,在零初始条件下经过拉普拉斯变换(简称拉式变换)后得到的以复数变量为自变量的表达式,是输出的拉氏变换与输入的拉氏变换之比。复数域中有传递函数、结构图,以及频域中的频率特性。传递函数是分析、设计一个控制系统用到的主要数学模型,由传递函数可以方便地得到系统在各种典型输入作用下的输出,还可以根据传递函数的零点和极点分析系统的动态特性和稳定性。控制系统的结构图也是系统的一种数学模型,是描述系统各组成元部件之间信号传递关系的数学模型,它表示了系统输入变量与输出变量之间的因果关系及对系统中各变量所进行的运算,是控制工程中描述复杂系统的一种简便方法。

1. 用常微分方程描述的时域数学模型

很多常见系统的输出量和输入量之间的关系都可以用一个微分方程来表示,方程中含有系统的输出量、输入量及它们对时间 t 的导数或积分。这种微分方程又称作系统的动态方程或运动方程。

建立系统的微分方程表达的数学模型,就是要根据系统各个元件所遵循的物理化学规律和运动机理,如力学中的牛顿定律,热力学中的热力学定律以及电学中的基尔霍夫定律等,列写出的微分方程。

对于单变量线性定常系统,微分方程为

$$a_0 \frac{\mathrm{d}^n c(t)}{\mathrm{d}t^n} + a_1 \frac{\mathrm{d}^{n-1} c(t)}{\mathrm{d}t^{n-1}} + \cdots + a_{n-1} \frac{\mathrm{d}c(t)}{\mathrm{d}t} + a_n c(t)$$

$$= b_0 \frac{\mathrm{d}^m r(t)}{\mathrm{d}t^m} + b_1 \frac{\mathrm{d}^{m-1} r(t)}{\mathrm{d}t^{m-1}} + \cdots + b_{m-1} \frac{\mathrm{d}r(t)}{\mathrm{d}t} + b_m r(t) \qquad (2-69)$$

式中, $r(t)$ 是输入信号; $c(t)$ 是输出信号; $a_1, a_2, \cdots, a_n$ 和 $b_1, b_2, \cdots, b_m$ 都是由系统结构参数决定的系数。可以看出,微分方程式是对物理系统的输入与输出的外部描述。

2. 用状态空间方程描述的时域数学模型

状态空间方程描述了输入、状态、输出等各种变量间的因果关系,不但反映了系统输入和输出间的外部特性,而且揭示了系统内部的结构特性。

在状态空间分析中涉及输入变量、输出变量和状态变量,它们包含在系统的模型中。系统的状态空间方程由状态方程和输出方程组合而成。把描述系统的状态变量及其和系统输入量之间关系的一阶微分方程组称为系统的状态方程。把描述系统的输出变量与状态变量之间函数关系的代数方程称为系统的输出方程。

一般的,对于单变量的系统,状态方程表示成如下形式:

$$\left.\begin{aligned} \dot{x}_1 &= a_{11}x_1 + a_{12}x_2 + \cdots + a_{1n}x_n + b_1 u \\ \dot{x}_2 &= a_{21}x_1 + a_{22}x_2 + \cdots + a_{2n}x_n + b_2 u \\ &\vdots \\ \dot{x}_n &= a_{n1}x_1 + a_{n2}x_2 + \cdots + a_{nn}x_n + b_n u \end{aligned}\right\} \tag{2-70}$$

输出方程为

$$y = c_1 x_1 + c_{12}x_2 + \cdots + c_{1n}x_n + du \tag{2-71}$$

写成矩阵形式为

$$\left.\begin{aligned} \dot{\boldsymbol{X}} &= \boldsymbol{A}\boldsymbol{X} + \boldsymbol{B}u \\ y &= \boldsymbol{C}\boldsymbol{X} + du \end{aligned}\right\} \tag{2-72}$$

式中,$\boldsymbol{X} = \begin{bmatrix} x_1(t) & x_2(t) & \cdots & x_n(t) \end{bmatrix}^{\mathrm{T}}$ 表示 n 维状态向量;$\boldsymbol{A} = a_{ij}$ 表示系统内部状态的系数矩阵,其中 $i=1,2,3,\cdots,n, j=1,2,3,\cdots,n$;$\boldsymbol{B} = \begin{bmatrix} b_1 & b_2 & \cdots & b_n \end{bmatrix}^{\mathrm{T}}$ 表示输入 u 对系统状态作用的输入矩阵;$\boldsymbol{C} = \begin{bmatrix} c_1 & c_2 & \cdots & c_n \end{bmatrix}$ 表示输出 y 与状态关系的输出矩阵;d 为直接联系输入量与输出量的直接传递系数。

对于多输入、多输出线性定常系统,它的状态方程和输出方程仍旧具有式(2-72)的相同形式,即

$$\left.\begin{aligned} \dot{\boldsymbol{X}} &= \boldsymbol{A}\boldsymbol{X} + \boldsymbol{B}\boldsymbol{U} \\ \boldsymbol{Y} &= \boldsymbol{C}\boldsymbol{X} + \boldsymbol{D}\boldsymbol{U} \end{aligned}\right\} \tag{2-73}$$

式中,$\boldsymbol{X} = \begin{bmatrix} x_1(t) & x_2(t) & \cdots & x_n(t) \end{bmatrix}^{\mathrm{T}}$;$\boldsymbol{U} = \begin{bmatrix} u_1(t) & u_2(t) & \cdots & u_m(t) \end{bmatrix}^{\mathrm{T}}$;$\boldsymbol{Y} = \begin{bmatrix} y_1(t) & y_2(t) & \cdots & y_r(t) \end{bmatrix}^{\mathrm{T}}$;$\boldsymbol{A} = a_{ij}, \boldsymbol{B} = b_{iq}, \boldsymbol{C} = c_{st}, \boldsymbol{D} = d_{sq}$,且 $i=1,2,3,\cdots,n, j=1,2,3,\cdots,n, q=1,2,3,\cdots,m, s=1,2,3,\cdots,r, t=1,2,3,\cdots,n$。

3. 传递函数

(1) 传递函数定义

在零初始条件下,对式(2-69)两端取拉普拉斯变换得

$$(a_0 s^n + a_1 s^{n-1} + \cdots + a_{n-1}s + a_n)C(s) = (b_0 s^m + b_1 s^{m-1} + \cdots + b_{m-1}s + b_m)R(s) \tag{2-74}$$

整理得到

$$\frac{C(s)}{R(s)} = \frac{b_0 s^m + b_1 s^{m-1} + \cdots + b_{m-1}s + b_m}{a_0 s^n + a_1 s^{n-1} + \cdots + a_{n-1}s + a_n} \tag{2-75}$$

由式(2-75)可见,输出信号的拉普拉斯变换 $C(s)$ 和输入信号的拉普拉斯变换 $R(s)$ 之比是一个仅取决于系统结构或参数的函数。因此,引入传递函数的定义。

在初始条件为零时,线性定常系统或元件输出信号的拉普拉斯变换 $C(s)$ 与输入信号的拉普拉斯变换 $R(s)$ 之比,称为该系统或元件的传递函数,记作 $G(s)$,即

$$G(s) = \frac{C(s)}{R(s)} \tag{2-76}$$

并且有

$$C(s)=G(s)R(s) \tag{2-77}$$

式(2-75)在零初始条件下由微分方程的拉普拉斯变换得到,与微分方程相对应,表达了系统在复频域中输出与输入的关系,是系统在复频域的一种外部描述模型。从描述系统输出的完整性来讲,传递函数只能反映由输入引起的那部分响应,不能完全表征系统的动态过程。

（2）传递函数的零点和极点

用 $N(s)$ 和 $D(s)$ 分别表示传递函数的分子和分母,即

$$\left.\begin{array}{l}N(s)=b_0 s^m+b_1 s^{m-1}+\cdots+b_{m-1}s+b_m \\ D(s)=a_0 s^n+a_1 s^{n-1}+\cdots+a_{n-1}s+a_n\end{array}\right\} \tag{2-78}$$

对 $N(s)$ 和 $D(s)$ 进行因式分解后,传递函数可以写成如下形式:

$$G(s)=\frac{b_0(s-z_1)(s-z_2)\cdots(s-z_m)}{a_0(s-p_1)(s-p_2)\cdots(s-p_n)}=K\frac{\sum_{i=1}^{m}(s-z_i)}{\sum_{j=1}^{n}(s-p_n)} \tag{2-79}$$

式中,$z_i(i=1,2,\cdots,m)$ 是分子多项式的零点,称为传递函数的零点;$p_j(j=1,2,\cdots,n)$ 是分母多项式的零点,称为传递函数的极点;系数 $K=b_0/a_0$ 称为传递系数或者根轨迹增益。传递函数的零点和极点可以是实数,也可以是复数。传递函数的极点决定了所描述系统自由运动的模态,而零点会影响各模态在响应中所占的比重。

（3）典型环节的传递函数

比例环节:$G(s)=K$。

积分环节:$G(s)=\dfrac{1}{s}$。

微分环节:$G(s)=s$。

(一阶)惯性环节:$G(s)=\dfrac{1}{Ts+1}$,T 为时间常数。

(二阶)振荡环节:$G(s)=\dfrac{1}{T^2 s^2+2\xi Ts+1}$,或 $G(s)=\dfrac{1}{s^2+2\xi\omega_n s+\omega_n^2}$,$T>0,\xi>0,\omega_n=1/T$,$T$ 为振荡环节时间常数,ξ 为系统阻尼比,ω_n 为系统无阻尼自然振荡频率。

延迟环节:$G(s)=e^{-\tau s}$。

4. 结构图

系统的结构图由对信号进行单向运算的方框和连线组成,包括 4 个基本单元。

（1）信号线:信号线由表示信号输入和输出的通路及箭头组成,具有方向性,如图 2.5(a)所示。

（2）引出点:信号在传递过程中由一路分成多路,这个点叫作引出点。引出点的特点是引出点前后各点的信号都相等,如图 2.5(b)所示。

（3）比较点(综合点):信号在该点处进行比较运算,如图 2.5(c)所示。

（4）方框(环节):方框两侧为输入量和输出量,框内为输入与输出之间的传递函数,如图 2.5(d)所示。

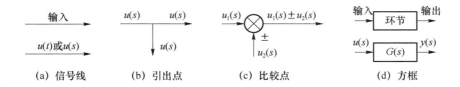

(a) 信号线　　　(b) 引出点　　　(c) 比较点　　　(d) 方框

图 2.5　结构图基本单元

在控制工程实践中,常常碰到一些含有多个反馈回路的控制系统,它们的系统结构图比较复杂。对于这类系统,为方便系统分析和计算,需要将系统结构图中的一些环节进行等效变换,简化复杂的系统结构图。系统结构图化简应遵循变换前后数学关系保持不变的原则。

2.3.6　控制系统的分析工具

在经典控制理论中,常用时域分析法、频域分析法和根轨迹法等方法来分析线性时不变系统的性能。这些方法的分析手段不同,适用范围也不一样。

时域分析法是一种直接在时间域中对控制系统的稳定性、暂态性能和稳态精度进行分析的方法,具有直观、准确的优点,并且可以提供系统时间响应的全部信息。但是在可变参数较多的情况下进行综合系统分析时,时域分析法往往难于简便地确定变动哪些参数才能满足系统的性能要求。

控制系统的性能用阶跃响应分析,可以求出输出量随时间变化的全过程,因而比较直观、准确。但是,在系统比较复杂时,求解计算的工作量大而且烦琐,特别是当需要改变系统的某些参数或需要加进某些环节改变系统结构来改变系统性能时,就得重新计算才能知道结果,因而使用时域阶跃响应直接求解的方法用于工程实际并不方便。同时在分析系统的过程中,也不一定要把输出量的变化过程全部准确地计算出来,于是提出了分析和研究控制系统的频率特性法。频域分析法是应用频率特性研究自动控制系统的一种经典方法,又称为频率响应法。

系统零极点:一个控制系统的性能是否满足要求,要通过解的特征来评价。传递函数是一个函数,所以显得比微分方程紧凑,处理也方便,可以利用微分方程的解与闭环传递函数特征根的对应关系,在 S 域进行分析评价。对于线性时不变系统来说,当传递函数为有理真分数式时,系统的全部信息几乎都集中表现为它的极点、零点和传递函数。一方面,传递函数的极点决定系统的稳定性、灵敏度。当极点具有负的实部或为负实数时,对应的系统运动模态一定是收敛的,对应于零极点分布图上,若全部的极点都在复平面的左侧,则系统是稳定的。模态在随着时间逐步增加,收敛的速度体现了系统过渡过程的时间长短或快慢,反映了系统的输出跟踪输入的速度即灵敏度的问题。另一方面,系统传递函数的零点决定运动模态的比重。传递函数的零点不形成自由运动的模态,但却影响各模态在系统响应输出中所占的比重,影响响应曲线的形状。零点距离极点较远时,模态所占比重较大,零点逐步地靠近极点时,相应的模态在响应中所占的比重逐渐地变小,直至零极点相互抵消时,相应的模态也就消失。

频域分析法:由于闭环频率特性徒手作图困难,需要借助于计算机以及专用格式的表格,因此近年来应用逐渐减少。而系统的开环频率特性能够比较容易地绘制出,且可以利用所做出的开环频率特性曲线对系统进行分析。开环频率特性可以表示成典型环节连乘的形式,利用相应典型环节幅频特性和相频特性的表达式来表示开环幅频特性和相频特性。在工程分析和设计中,通常把线性系统的频率特性画成曲线,再运用图解法进行研究。常用的开环频率特性曲线有幅相频率特性曲线和对数频率特性曲线。幅相频率特性曲线又简称为幅相曲线或极坐标图,亦即 Nyquist 曲线,其将幅频特性和相频特性以极坐标图的形式绘制出来;对数频率特性曲线又称为伯德曲线或伯德图,由对数幅频曲线和对数相频曲线两组曲线组成,是工程中广泛使用的一组曲线。

根轨迹法是分析和设计线性定常控制系统的图解方法,使用十分简便,特别在进行多回路系统的分析时,应用根轨迹法比用其他方法更为方便,因此在工程实践中获得了广泛应用。根轨迹是开环系统某一参数从零变到无穷时,闭环系统特征方程式的根在 S 平面上变化的轨迹。根轨迹法由 W. R. 伊万斯于 1948 年在"控制系统的图解分析"一文中提出。因为系统的稳定性由系统闭环极点唯一确定,而系统的稳态性能和动态性能又与闭环零、极点在 S 平面上的位置密切相关,所以根轨迹图不仅可以直接给出闭环系统时间响应的全部信息,而且可以指明开环零、极点应该怎样变化才能满足给定的闭环系统的性能指标要求。除此而外,用根轨迹法求解高阶代数方程的根,比用其他近似求根法简便。

2.3.7　PID 原理

在工程实践中应用最为广泛的控制规律是比例、积分、微分控制,简称 PID 控制。PID 控制问世至今,以结构简明、操作便捷、性能优越成为工业控制的主要技术之一。为了实现期望的控制效果,PID 控制中既可以 P、PI、PD、PID 的形式出现,也有一些其他的变形。在很多情况下,并不一定需要全部 3 个单元,可以取其中的 1～2 个单元,但比例控制单元是必不可少的。在算法实现方面,可以用硬件制造,而在直接数字控制、集散控制系统或在嵌入式系统中,则是计算 PID 解析表达式的一段软件程序。人们已经注意到,PID 算式与人类在早期使用电阻、电容和电感 3 种基本模拟器件所能制造出的最简单电子线路有对应关系,反映了当时的科学技术水平和人类控制人造技术过程的思想。与目前基于过程模型的各类高级控制算法不同,PID 采用了一类相对固定的结构,通过调整三参数以适应各种各样的受控对象。它由于用途广泛,经历了气动、电动(模拟器件、集成电路、软件程序、嵌入式)等不同的发展时期,因此已有成熟的系列化产品。

1. PID 控制组成

PID 控制系统组成如图 2.6 所示,其中的 PID 控制器就是根据系统的误差,利用比例、积分、微分计算出控制量进行控制的。PID 控制器由比例单元 P、积分单元 I 和微分单元 D 组成。其输入 $e(t)=r(t)-y(t)$ 与输出 $u(t)$ 的关系为

$$u(t) = K_\mathrm{p}\left[e(t) + \frac{1}{T_\mathrm{i}}\int_0^t e(\tau)\mathrm{d}\tau + T_\mathrm{d}\frac{\mathrm{d}}{\mathrm{d}t}e(t)\right] \tag{2-80}$$

或

$$u(t) = K_\mathrm{p}e(t) + K_\mathrm{i}\int_0^t e(\tau)\mathrm{d}\tau + K_\mathrm{d}\frac{\mathrm{d}}{\mathrm{d}t}e(t) \tag{2-81}$$

零初条件下其传递函数为

$$\frac{U(s)}{E(s)} = K_\mathrm{p} + \frac{1}{T_\mathrm{i}s} + T_\mathrm{d}s = K_\mathrm{p} + K_\mathrm{i}\frac{1}{s} + K_\mathrm{d}s \tag{2-82}$$

式中,T_i 是积分时间常数;T_d 是微分时间常数。其中比例项直接产生与当前偏差值成比例的

控制信号；积分作用代表对过去一段时间内偏差变化求平均值，与历史有关，调节有滞后；微分动作则可理解为用线性外推方法对偏差值的未来变化给出预报，调节具有超前性。

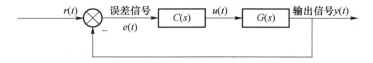

图 2.6　PID 控制系统组成

（1）比例（P）控制

比例控制是一种最基本的控制方式，其控制器的输出与输入误差信号成比例关系。当仅采用比例控制作用时，在阶跃信号作用下系统输出存在稳态误差，即不可能达到期望的设定值。

在图 2.6 中，参考输入到误差信号之间的误差传递函数为

$$G_e(s) = \frac{1}{1 + C(s)G(s)} \qquad (2-83)$$

控制器采用比例控制即 $C(s) = K_p$，则有

$$G_e(s) = \frac{1}{1 + K_p G(s)} \qquad (2-84)$$

由终值定理，系统在单位阶跃输入作用下的稳态误差为

$$e(\infty) = \lim_{s \to 0} sE(s) = \lim_{s \to 0} s \times \frac{1}{1 + K_p G(s)} \times \frac{1}{s} = \frac{1}{1 + K_p G(0)} \qquad (2-85)$$

从上式中，可以看到当 K_p 增加时，稳态误差将减小，但一直有差。显然仅靠比例作用不可能实现无静差跟踪。要想彻底获得稳态无差性能，需要在比例控制作用的基础上引入偏置项 $u(t) = K_p e(t) + u_b$，这就导致了后述的 PI 控制规律。

（2）积分（I）控制

在积分控制中，控制器的输出与过去一段时间内输入误差信号的积分成正比关系。对一个自动控制系统，如果在进入稳态后存在稳态误差，则称这个控制系统是有稳态误差的或简称有差系统。为了消除稳态误差，在控制器中必须引入"积分项"。随着时间的增加，积分项会增大，这样，即便误差很小，积分项也会随着时间的增加而加大，它推动控制器的输出增大使稳态误差进一步减小，直到等于零。因此，比例＋积分（PI）控制器，可以使系统在进入稳态后无稳态误差。

（3）微分（D）控制

在微分控制中，控制器的输出与输入误差信号的微分（即误差的变化率）成正比关系，即

$$u(t) = K_p\left[e(t) + T_d \frac{\mathrm{d}}{\mathrm{d}t}e(t)\right] = K_p e(t) + K_d \frac{\mathrm{d}}{\mathrm{d}t}e(t) \qquad (2-86)$$

当受控过程含有较大的惯性环节时，控制器发出的控制信号要经过一定时间后其影响效果才能反馈回来，这样自动控制系统在克服误差的调节过程中可能会出现振荡甚至失稳。解决的办法是使克服误差作用的变化"超前"，即误差变化较大时，加强克服误差的作用，在误差接近零时，减小克服误差的作用。这样的构想，仅靠比例控制作用往往不够，比例项的作用仅是放大误差的幅值，需要增加的是"微分项"，它反映了误差变化的趋势。这样，具有比例＋微

分(PD)的控制器,就能够提前使抑制误差的控制作用等于零,甚至为负值,从而避免了被控量严重偏离设定值情形的出现。微分作用能够改善闭环控制系统的动态特性,但当在控制回路中存在噪声干扰时,微分作用的控制效果并不好。

2. PID 参数整定

PID 控制器成功应用的关键是根据受控对象特性整定好 3 个参数。用理论方法确定 PID 参数往往要事先知道过程模型,但是在实际的应用中,更多的是通过凑试法来确定 PID 的参数。在工业实践中一些半理论、半经验的方法一直在使用,其中 1940 年 Ziegler - Nichols 提出的两种关于 PID 控制器参数整定的方法一直沿用至今。其主要思想是向开环稳定的受控过程施加一个简单的试验信号,通过观察过程的输出响应提取其中的动态特征,并据此确定 PID 控制器参数的初始值。

一种方法是基于系统的开环阶跃响应。让系统处于开环稳定状态,手动改变调节阀的开度,记录输出变化数据,然后绘制图 2.7 所示的阶跃响应曲线,从图上量出两个参数 τ 和 a。其中 τ 是系统滞后时间的近似,a/τ 代表了阶跃响应曲线最大的斜率。有了这两个特征数据,就可以依据表 2.2 确定 PID 控制器的 3 个参数。表中 T 是从 τ 开始输出达到稳态值 63% 所花费的时间,T_p 是闭环系统衰减振荡周期的估计。

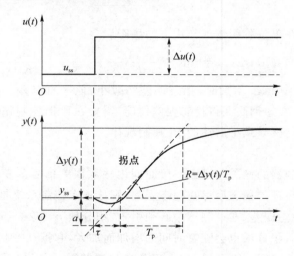

图 2.7 阶跃响应法整定参数

表 2.2 响应曲线法整定 PID 参数

PID 控制器形式	aK_p	T_i/τ	T_d/τ	T_p/τ
P	1			4
PI	0.9	3		5.7
PID	1.2	2	$T/2$	3.4

另一种方法是基于纯比例控制下系统闭环响应特征。调整增益使得闭环系统出现等幅临界振荡,记录下输出数据并作图,计算出振荡周期 T_c,对应的临界增益用 k_c 表示,则可以依据表 2.3 整定 PID 控制器的 3 个参数。

表 2.3　临界振荡法整定 PID 参数

PID 控制器形式	K_p/k_c	T_i/T_c	T_d/T_c
P	0.5		
PI	0.4	0.8	
PID	0.6	0.5	0.125

除了工程实践中这些人工整定方法外,还有许多 PID 参数的自整定方法,也有一些专用的计算 PID 参数的软件工具,这些都为 PID 成功应用提供了支撑工具,可灵活选用。

思 考 题

1. 简述固定翼无人机和多旋翼无人机各自的优缺点有哪些。
2. 常用的无人机机体结构布局有哪些?
3. 各举出 3 个现实生活中开环和闭环控制系统的应用实例,说明它们的控制原理。
4. 阐述自动控制系统的基本要求有哪些?
5. 自动控制理论中常用的数学模型有哪些形式?

第3章　无人机运动方程

3.1　常用坐标系及转换

刚体飞行器的空间运动可以分为两部分:质心运动和绕着质心的运动。描述无人机任意时刻的空间运动需要六个自由度:三个质心运动和三个角运动。当无人机在大气中飞行时,其上作用着重力、推力以及空气动力和气动力矩,这些作用力及其相应力矩的产生原因是各不相同的。因此,如何选择合适的坐标系来方便确切地描述无人机的空间运动状态是非常重要的。例如,选择地面坐标系来描述无人机的重力是比较方便的,推力在机体坐标系中描述是很合适的,而空气动力在气流坐标系中描述就非常方便。

由此可见,合理地选择不同的坐标系来定义和描述无人机的各类运动参数,是建立无人机运动模型进行飞行控制系统分析和设计的重要环节之一。在通常情况下,由于无人机运动模型的参数是定义在不同坐标系上的,那么在建模过程中通过坐标系变换进行向量的投影分解是不可避免的。因此,本节将首先定义和讨论必要的坐标系以及坐标系之间的转换方法。

一般情况下,由于无人机均在大气层内飞行,其飞行高度有限,为了简化所研究问题的复杂性,有必要进行下列的合理假设:

① 忽略地球曲率,即采用所谓的"平板地球假设";

② 认为地面坐标系为惯性坐标系。

3.1.1　常用坐标系定义

1. 右手定则

在定义坐标系前先介绍右手定则。将右手置于原点 O 位置,使大拇指、食指和中指互成直角,大拇指指向 OX 轴正方向,食指指向 OY 轴正方向时,中指所指方向即为 OZ 轴正方向。进一步,要确定旋转正方向,用右手大拇指指向旋转轴正方向,弯曲四指,四指所指方向即为旋转正方向。

本文定义的坐标系和角度正方向均采用右手定则。

2. 地面坐标系 S_g——$O_g x_g y_g z_g$

地面坐标系(见图3.1)的原点 O_g 位于地面任意选定的某固定点,通常选为飞行器起飞点;$O_g x_g$ 轴在水平面内并指向某一方向;$O_g z_g$ 轴垂直于地面并指向地心;$O_g y_g$ 轴也在水平面内并垂直于 $O_g x_g$ 轴,其指向按照右手定则确定。

地面坐标系是固定在地球表面的一种坐标系。在许多飞行器动力学问题中,可以忽略地球自转和地球质心的曲线运动,故地面坐标系可以看成惯性坐标系。飞行器的位置、姿态、速度以及加速度等都是相对于此坐标系来衡量的。

3. 机体坐标系 S_b——$O_b x_b y_b z_b$

机体坐标系(见图 3.2)的原点 O_b 取在无人机质心处,坐标系与无人机固连;对固定翼无人机来说,$O_b x_b$ 轴在无人机对称平面内并平行于无人机的设计轴线指向机头;对多旋翼无人机来说,$O_b x_b$ 轴在无人机对称平面内指向机头(机头方向与多旋翼是十字形或 X 字形相关);$O_b y_b$ 轴垂直于无人机对称平面指向机身右方;$O_b z_b$ 轴在无人机对称平面内,与 $O_b x_b$ 轴垂直并指向机身下方。

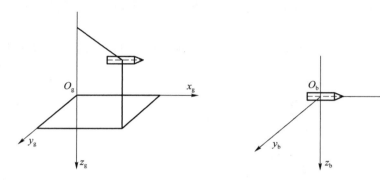

图 3.1　地面坐标系示意图　　　图 3.2　机体坐标系示意图

机体坐标系是固联于飞行器并随飞行器运动的一种动坐标系。由于该坐标系最常用,故常常简化为用 S_b——$Oxyz$ 表示。

为便于分析研究飞行器绕质心的旋转运动,可以把空气动力矩沿机体坐标系分成三个分量,即滚转力矩、偏航力矩和俯仰力矩。

4. 气流坐标系 S_a——$Ox_a y_a z_a$

气流坐标系的原点 O 取在无人机质心处,坐标系与无人机固连;Ox_a 轴与飞行速度 V 重合一致;Oz_a 轴在无人机对称平面内与 Ox_a 轴垂直并指向机腹下方;Oy_a 轴垂直于 $Ox_a z_a$ 平面并指向机身右方。机体坐标系和气流坐标系之间的关系如图 3.3 所示。

气流坐标系又称为速度坐标系或风轴系。通常把总空气动力的三个分量,即升力、阻力和侧向力(简称侧力)在气流坐标系中分解。

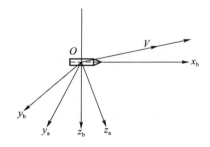

图 3.3　机体坐标系和
气流坐标系之间的关系

5. 航迹坐标系 S_k——$Ox_k y_k z_k$

航迹坐标系又称弹道坐标系,其原点 O 取在无人机质心处,坐标系与无人机固连;Ox_k 轴与飞行速度 V 重合一致;Oz_k 轴位于包含飞行速度 V 在内的铅垂面内,与 Ox_k 轴垂直并指向下方;Oy_k 轴垂直于 $Ox_k z_k$ 平面,其指向按照右手定则确定。

以上坐标系中,地面坐标系固定于地面不动,可将其视为惯性坐标系;而其他坐标系均随飞行器一起运动,为动坐标系。

3.1.2 常用坐标系之间的角度关系

1. 地面坐标系和机体坐标系

机体坐标系 $Oxyz$ 相对于地面坐标系 $O_gx_gy_gz_g$ 的方位，即飞行器在空中的姿态，即通常所指的欧拉角，包括俯仰角、偏航角和滚转角。欧拉角的定义如图 3.4 所示。

① 俯仰角 θ：机体轴 Ox 与水平面间的夹角，抬头为正。

② 偏航角 ψ：机体轴 Ox 在水平面上的投影与地面坐标系 O_gx_g 轴间的夹角，机头右偏为正。

③ 滚转角 ϕ：机体轴 Oz 与通过机体轴 Ox 的铅垂面间的夹角，飞行器向右滚转时为正。

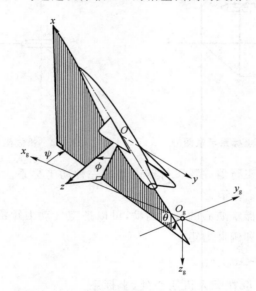

图 3.4 机体坐标系与地面坐标系之间的关系

2. 地面坐标系和航迹坐标系

航迹坐标系 $Ox_ky_kz_k$ 相对于地面坐标系 $O_gx_gy_gz_g$ 的方位，根据两个坐标系的定义，Oz_k 与 Oz_g 均位于垂直平面内，故用两个角度即可描述二者之间的关系。

① 航迹倾斜角 θ_a：又称航迹倾角或爬升角，飞行速度矢量 $V(Ox_k$ 轴)与水平面 $O_gx_gy_g$ 间的夹角，飞行器向上飞时为正。

② 航迹方位角 ψ_a：又称航迹偏角或航向角，飞行速度矢量 $V(Ox_k$ 轴)在水平面 $O_gx_gy_g$ 上的投影与 O_gx_g 轴间的夹角，投影在 O_gx_g 轴右侧为正。

3. 航迹坐标系和气流坐标系

航迹坐标系 Ox_k 轴和气流坐标系 Ox_a 轴重合，均与飞行速度矢量 V 重合一致，故二者之间只用一个角度即可确定。

速度滚转角 ϕ_a：Oz_a 轴与通过飞行速度矢量 $V(Ox_k$ 轴)的铅垂面间的夹角。速度滚转角是绕飞行速度矢量 V 向右滚转形成的，故飞行器向右滚转时为正。

4. 地面坐标系和气流坐标系

气流坐标系 $Ox_ay_az_a$ 与地面坐标系 $O_gx_gy_gz_g$ 的方位，可由航迹倾斜角 θ_a、航迹方位角 ψ_a、

速度滚转角 ϕ_a 三个角度确定。

5. 气流坐标系与机体坐标系

由于 Oz_a 轴和 Oz 轴同在飞行器纵向对称平面内,故可以由两个角度确定气流坐标系和机体坐标系间的相对位置关系,称为气流角(又称为气动角),是由飞行速度矢量与机体坐标系之间的关系确定的,如图 3.5 所示。

① 迎角 α:又称攻角,飞行速度矢量 $\boldsymbol{V}(Ox_a$ 轴$)$ 在飞行器纵向对称平面上的投影与机体轴 Ox 间的夹角。$\boldsymbol{V}$ 的投影在机体轴 Ox 下面为正。

② 侧滑角 β:飞行速度矢量 $\boldsymbol{V}(Ox_a$ 轴$)$ 与飞行器纵向对称平面间的夹角。$\boldsymbol{V}$ 在飞行器对称面右侧为正。

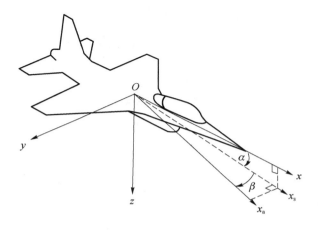

图 3.5　气流坐标系与机体坐标系之间的关系

6. 机体坐标系的角速度分量

机体坐标系的三个角速度分量 p,q,r 是机体坐标系相对于地面坐标系的转动角速度 $\boldsymbol{\omega}$ 在机体坐标系各轴上的分量。

① 角速度 p:与机体轴 Ox 重合一致。

② 角速度 q:与机体轴 Oy 重合一致。

③ 角速度 r:与机体轴 Oz 重合一致。

注意:上述三个角速度分量,在有些参考资料和工程资料中分别表述成滚转角速度、俯仰角速度和偏航角速度,其实是不准确的。这样容易被理解成滚转角速度 $\dot{\phi}$、俯仰角速度 $\dot{\theta}$ 和偏航角速度 $\dot{\psi}$,而 p 只有在俯仰角为零且偏航角也为零时才等于 $\dot{\phi}$,q 只有在飞行器无滚转且无偏航时才等于 $\dot{\theta}$,r 只有在无滚转且无俯仰时才等于 $\dot{\psi}$。p,q,r 实际上是飞行器转动角速度 $\boldsymbol{\omega}$ 在机体坐标系上的三个投影分量。为了表述方便,后文中,仍称 p 为滚转角速度,q 为俯仰角速度,r 为偏航角速度。这只是为了照顾工程习惯而引入的说法。机体坐标系的三个角速度分量 p,q,r 与姿态角变化率 $\dot{\theta},\dot{\phi},\dot{\psi}$ 之间的关系如图 3.6 所示。由该图可以看出:

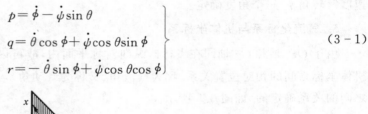

$$\left. \begin{array}{l} p = \dot{\phi} - \dot{\psi} \sin \theta \\ q = \dot{\theta} \cos \phi + \dot{\psi} \cos \theta \sin \phi \\ r = -\dot{\theta} \sin \phi + \dot{\psi} \cos \theta \cos \phi \end{array} \right\} \qquad (3-1)$$

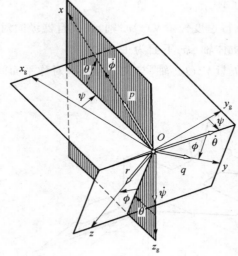

图 3.6 机体坐标系的三个角速度分量 (p, q, r) 与姿态角变化率 $(\dot{\theta}, \dot{\phi}, \dot{\psi})$ 之间的关系

7. 机体坐标系的速度分量

机体坐标系的三个速度分量 u, v, ω 是飞行速度 $\mathbf{V}$ 在机体坐标系各轴上的分量。

① u：与机体轴 Ox 重合一致。

② v：与机体轴 Oy 重合一致。

③ ω：与机体轴 Oz 重合一致。

3.1.3 常用坐标系之间的转换

为了方便地描述飞行器的空间运动状态,必须选择合适的坐标系。例如,通常将作用在飞行器上的气动力和力矩投影分解到机体坐标系 S_b 上来分析飞行器的角运动,而气流坐标系 S_a 主要通过两个气流角 α 和 β 所描述的飞行器相对于气流的位置,来确定作用在飞行器上空气动力的大小。如果选定机体坐标系来描述飞行器的空间转动状态,那么对于推力而言则很方便,直接可以在机体坐标系中描述,而空气动力则需要由气流坐标系转换到机体坐标系,重力则需要由地面坐标系转换到机体坐标系,只有这样才能使得作用在不同坐标系中的力统一到选定的坐标系中,并由此可以建立沿着各个轴向的力的方程以及绕着各轴的力矩方程。综上所述,坐标系之间的转换是建立飞行器运动方程不可缺少的重要环节。

1. 初等变换矩阵

记转换前坐标为 $(x, y, z)^T$,转换后坐标为 $(x', y', z')^T$,则原点重合的两个三维坐标系通过旋转可以重合。直角坐标系之间的向量转换基于以下初等变换矩阵。

（1）绕坐标系 **X** 轴转动 ϕ 角

$$\begin{bmatrix} x' \\ y' \\ z' \end{bmatrix} = \begin{bmatrix} 1 & 0 & 0 \\ 0 & \cos\phi & \sin\phi \\ 0 & -\sin\phi & \cos\phi \end{bmatrix} \begin{bmatrix} x \\ y \\ z \end{bmatrix} \tag{3-2}$$

如图 3.7 所示,其变换矩阵为

$$\boldsymbol{L}_x(\phi) = \begin{bmatrix} 1 & 0 & 0 \\ 0 & \cos\phi & \sin\phi \\ 0 & -\sin\phi & \cos\phi \end{bmatrix} \tag{3-3}$$

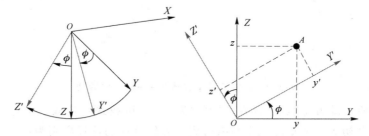

图 3.7　坐标系基本旋转 1——绕 X 轴转动

（2）绕坐标系 **Y** 轴转动 θ 角

$$\begin{bmatrix} x' \\ y' \\ z' \end{bmatrix} = \begin{bmatrix} \cos\theta & 0 & -\sin\theta \\ 0 & 1 & 0 \\ \sin\theta & 0 & \cos\theta \end{bmatrix} \begin{bmatrix} x \\ y \\ z \end{bmatrix} \tag{3-4}$$

如图 3.8 所示,其变换矩阵为

$$\boldsymbol{L}_y(\theta) = \begin{bmatrix} \cos\theta & 0 & -\sin\theta \\ 0 & 1 & 0 \\ \sin\theta & 0 & \cos\theta \end{bmatrix} \tag{3-5}$$

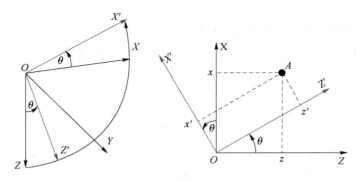

图 3.8　坐标系基本旋转 2——绕 Y 轴转动

（3）绕坐标系 **Z** 轴转动 ψ 角

$$\begin{bmatrix} x' \\ y' \\ z' \end{bmatrix} = \begin{bmatrix} \cos\psi & \sin\psi & 0 \\ -\sin\psi & \cos\psi & 0 \\ 0 & 0 & 1 \end{bmatrix} \begin{bmatrix} x \\ y \\ z \end{bmatrix} \tag{3-6}$$

如图 3.9 所示,其变换矩阵为

$$L_z(\psi) = \begin{bmatrix} \cos\psi & \sin\psi & 0 \\ -\sin\psi & \cos\psi & 0 \\ 0 & 0 & 1 \end{bmatrix} \tag{3-7}$$

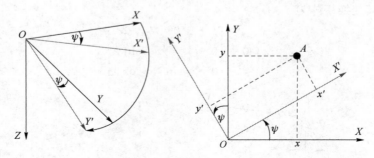

图 3.9 坐标系基本旋转 3——绕 Z 轴转动

在建立无人机运动方程时,坐标系之间的转换是不可或缺的步骤。坐标系之间的转换矩阵可以通过若干个初等变换矩阵依次左乘得到。旋转顺序的选择原则为:

① 使欧拉角有明确的物理意义;

② 遵循工程界的传统习惯;

③ 使欧拉角可测量。

一般情况下,坐标系 $Ox'y'z'$ 相对于 $Oxyz$ 的位置可由三个欧拉角 ϕ,θ,ψ 确定。它们之间的转换关系,可由坐标系 $Oxyz$ 先绕 Oz 轴方向转动 ψ 角,再绕此时的 Oy' 轴转动 θ 角,最后绕此时的 Ox'' 轴转动 ϕ 角,即可旋转至 $Ox'y'z'$ 坐标系。利用绕单轴转换矩阵式(3-2)～式(3-7),并根据其转动过程,则两坐标系之间的转换关系可写为

$$\begin{bmatrix} x' \\ y' \\ z' \end{bmatrix} = L_x(\phi)L_y(\theta)L_z(\psi)\begin{bmatrix} x \\ y \\ z \end{bmatrix} \tag{3-8}$$

2. 机体坐标系与气流坐标系之间的转换

由图 3.5 气流坐标系与机体坐标系之间的关系图可以分步写出两坐标系间的转换关系如下:

① 先绕机体坐标系 Oy 轴转动 $-\alpha$,转换矩阵为

$$L_y(-\alpha) = \begin{bmatrix} \cos\alpha & 0 & \sin\alpha \\ 0 & 1 & 0 \\ -\sin\alpha & 0 & \cos\alpha \end{bmatrix} \tag{3-9}$$

② 再绕此时的 Oz' 轴转动侧滑角 β,转换矩阵为

$$L_z(\beta) = \begin{bmatrix} \cos\beta & \sin\beta & 0 \\ -\sin\beta & \cos\beta & 0 \\ 0 & 0 & 1 \end{bmatrix} \tag{3-10}$$

③ 由机体坐标系 $Oxyz$ 到气流坐标系 $Ox_ay_az_a$ 的转换矩阵为

$$\boldsymbol{L}_{b}^{a}=\boldsymbol{L}_{z}(\beta)\boldsymbol{L}_{y}(-\alpha)=\begin{bmatrix}\cos\alpha\cos\beta & \sin\beta & \sin\alpha\cos\beta \\ -\cos\alpha\sin\beta & \cos\beta & -\sin\alpha\sin\beta \\ -\sin\alpha & 0 & \cos\alpha\end{bmatrix} \tag{3-11}$$

因此,机体坐标系与气流坐标系之间的转换满足方程

$$\boldsymbol{X}_{\text{wind}}=\boldsymbol{L}_{b}^{a}\boldsymbol{X}_{\text{body}} \quad 和 \quad \boldsymbol{X}_{\text{body}}=[\boldsymbol{L}_{b}^{a}]^{\text{T}}\boldsymbol{X}_{\text{wind}} \tag{3-12}$$

3. 地面坐标系与机体坐标系之间的转换

采用同样方法,由图 3.4 地面坐标系与机体坐标系之间的关系图不难分步写出两坐标系间的转换关系。

① 先绕地面坐标系 $O_g z_g$ 轴转动 ψ 角,转换矩阵为

$$\boldsymbol{L}_{z}(\psi)=\begin{bmatrix}\cos\psi & \sin\psi & 0 \\ -\sin\psi & \cos\psi & 0 \\ 0 & 0 & 1\end{bmatrix} \tag{3-13}$$

② 再绕此时的 $O_g y_g'$ 轴转动 θ 角,转换矩阵为

$$\boldsymbol{L}_{y}(\theta)=\begin{bmatrix}\cos\theta & 0 & -\sin\theta \\ 0 & 1 & 0 \\ \sin\theta & 0 & \cos\theta\end{bmatrix} \tag{3-14}$$

③ 最后绕此时的 $O_g x_g''$ 轴转动 ϕ 角,转换矩阵为

$$\boldsymbol{L}_{x}(\phi)=\begin{bmatrix}1 & 0 & 0 \\ 0 & \cos\phi & \sin\phi \\ 0 & -\sin\phi & \cos\phi\end{bmatrix} \tag{3-15}$$

④ 由地面坐标系 $O_g x_g y_g z_g$ 到机体坐标系 $Oxyz$ 的转换矩阵为
$\boldsymbol{L}_{g}^{b}=\boldsymbol{L}_{x}(\phi)\boldsymbol{L}_{y}(\theta)\boldsymbol{L}_{z}(\psi)$

$$=\begin{bmatrix}\cos\theta\cos\psi & \cos\theta\sin\psi & -\sin\theta \\ \sin\theta\cos\psi\sin\phi-\sin\psi\cos\phi & \sin\theta\sin\psi\sin\phi+\cos\psi\cos\phi & \cos\theta\sin\phi \\ \sin\theta\cos\psi\cos\phi+\sin\psi\sin\phi & \sin\theta\sin\psi\cos\phi-\cos\psi\sin\phi & \cos\theta\cos\phi\end{bmatrix} \tag{3-16}$$

因此,地面坐标系与机体坐标系之间的转换满足方程

$$\boldsymbol{X}_{\text{body}}=\boldsymbol{L}_{g}^{b}\boldsymbol{X}_{\text{earth}} \quad 和 \quad \boldsymbol{X}_{\text{earth}}=[\boldsymbol{L}_{g}^{b}]^{\text{T}}\boldsymbol{X}_{\text{body}} \tag{3-17}$$

采用上述同样的方法,可以得到其他坐标系之间的转换关系。

4. 地面坐标系与气流坐标系之间的转换

$$\boldsymbol{X}_{\text{wind}}=\boldsymbol{L}_{g}^{a}\boldsymbol{X}_{\text{earth}} \quad 和 \quad \boldsymbol{X}_{\text{earth}}=[\boldsymbol{L}_{g}^{a}]^{\text{T}}\boldsymbol{X}_{\text{wind}} \tag{3-18}$$

$\boldsymbol{L}_{g}^{a}=\boldsymbol{L}_{x}(\phi_a)\boldsymbol{L}_{y}(\theta_a)\boldsymbol{L}_{z}(\psi_a)$

$$=\begin{bmatrix}\cos\theta_a\cos\psi_a & \cos\theta_a\sin\psi_a & -\sin\theta_a \\ \sin\theta_a\cos\psi_a\sin\phi_a-\sin\psi_a\cos\phi_a & \sin\theta_a\sin\psi_a\sin\phi_a+\cos\psi_a\cos\phi_a & \cos\theta\sin\phi_a \\ \sin\theta_a\cos\psi_a\cos\phi_a+\sin\psi_a\sin\phi_a & \sin\theta_a\sin\psi_a\cos\phi_a-\cos\psi_a\sin\phi_a & \cos\theta\cos\phi_a\end{bmatrix} \tag{3-19}$$

5. 地面坐标系与航迹坐标系之间的转换

$$\boldsymbol{X}_{\text{path}}=\boldsymbol{L}_{g}^{k}\boldsymbol{X}_{\text{earth}} \quad 和 \quad \boldsymbol{X}_{\text{earth}}=[\boldsymbol{L}_{g}^{k}]^{\text{T}}\boldsymbol{X}_{\text{path}} \tag{3-20}$$

$$\boldsymbol{L}_{g}^{k}=\boldsymbol{L}_{y}(\theta_a)\boldsymbol{L}_{z}(\psi_a)=\begin{bmatrix}\cos\theta_a\cos\psi_a & \cos\theta_a\sin\psi_a & -\sin\theta_a \\ -\sin\psi_a & \cos\psi_a & 0 \\ \sin\theta_a\cos\psi_a & \sin\theta_a\sin\psi_a & \cos\theta_a\end{bmatrix} \tag{3-21}$$

6. 航迹坐标系与气流坐标系之间的转换

$$\boldsymbol{X}_{\text{wind}} = \boldsymbol{L}_{\text{k}}^{\text{a}} \boldsymbol{X}_{\text{path}} \quad 和 \quad \boldsymbol{X}_{\text{path}} = [\boldsymbol{L}_{\text{k}}^{\text{a}}]^{\text{T}} \boldsymbol{X}_{\text{wind}} \tag{3-22}$$

$$\boldsymbol{L}_{\text{k}}^{\text{a}} = \boldsymbol{L}_x(\phi_{\text{a}}) = \begin{bmatrix} 1 & 0 & 0 \\ 0 & \cos\phi_{\text{a}} & \sin\phi_{\text{a}} \\ 0 & -\sin\phi_{\text{a}} & \cos\phi_{\text{a}} \end{bmatrix} \tag{3-23}$$

7. 几何关系方程

由式（3-18）中 $\boldsymbol{X}_{\text{wind}} = \boldsymbol{L}_{\text{g}}^{\text{a}} \boldsymbol{X}_{\text{earth}}$、式（3-12）中 $\boldsymbol{X}_{\text{wind}} = \boldsymbol{L}_{\text{b}}^{\text{a}} \boldsymbol{X}_{\text{body}}$ 和式（3-17）中 $\boldsymbol{X}_{\text{body}} = \boldsymbol{L}_{\text{g}}^{\text{b}} \boldsymbol{X}_{\text{earth}}$，可得关系式 $\boldsymbol{L}_{\text{g}}^{\text{a}} = \boldsymbol{L}_{\text{b}}^{\text{a}} \boldsymbol{L}_{\text{g}}^{\text{b}}$，展开后有

$$\left.\begin{aligned} \sin\theta_{\text{a}} &= \cos\alpha\cos\beta\sin\theta - \cos\theta(\sin\beta\sin\phi + \sin\alpha\cos\beta\cos\phi) \\ \cos\theta_{\text{a}}\cos\psi_{\text{a}} &= \cos\alpha\cos\beta\cos\theta\cos\psi + \sin\beta(\sin\theta\cos\psi\sin\phi - \sin\psi\cos\phi) + \\ &\quad \sin\alpha\cos\beta(\sin\theta\cos\psi\cos\phi + \sin\psi\sin\phi) \\ \cos\theta_{\text{a}}\sin\phi_{\text{a}} &= \cos\alpha\sin\beta\sin\theta + \cos\theta(\cos\beta\sin\phi - \sin\alpha\sin\beta\cos\phi) \end{aligned}\right\} \tag{3-24}$$

3.2 作用在无人机上的力和力矩

作用在无人机上的力包括重力 $\boldsymbol{G}$、推力 $\boldsymbol{T}$ 和空气动力 $\boldsymbol{R}$。无人机在空气中飞行时，其表面分布着空气动力，这些力可以归结为一个作用在飞行器上的合力 $\boldsymbol{R}_\Sigma$（总空气动力）和一个绕其质心的合力矩 $\boldsymbol{M}_\Sigma$（总空气动力矩）。在空气动力学中，常常将总空气动力 $\boldsymbol{R}_\Sigma$ 在气流坐标系分解为 $\boldsymbol{X}_A$、$\boldsymbol{Y}_A$ 和 $\boldsymbol{Z}_A$，将总空气动力矩 $\boldsymbol{M}_\Sigma$ 在机体坐标系中分解为 $\overline{L}_A$、$\boldsymbol{M}_A$ 和 $\boldsymbol{N}_A$，并通常采用量纲——气动力系数和量纲——力矩系数来表示。

本节分别分析作用在固定翼无人机上的力和力矩以及作用在多旋翼无人机上的力和力矩，以便于后续两类无人机运动方程组的建模。

3.2.1 作用在固定翼无人机上的力

1. 重 力

无人机所受到的重力 $\boldsymbol{G}$ 可表示为

$$\boldsymbol{G} = m\boldsymbol{g} \tag{3-25}$$

式中，m 为无人机的质量，$\boldsymbol{g}$ 为重力加速度。

严格地讲，无人机在飞行过程中，随着燃料的消耗和飞行高度的变化，飞机的质量和重力加速度都在发生变化，因此，重力也在不断地变化。但是对于在大气层内飞行的飞行器而言，重力加速度的变化很小。因此，重力加速度的微小变化，在通常情况下可忽略不计，认为重力加速度为常量。而对于由于燃料消耗引起的飞行器质量的变化，则应根据具体情况分别加以处理。

由于重力属于惯性向量，其方向总是指向地心，所以在惯性坐标系——地面坐标系中的分量可表示为

$$\boldsymbol{G} = \begin{bmatrix} G_{xg} \\ G_{yg} \\ G_{zg} \end{bmatrix} = \begin{bmatrix} 0 \\ 0 \\ mg \end{bmatrix} \tag{3-26}$$

根据地面坐标系与机体坐标系之间的转换关系式（3-16）和（3-17），可以得到重力在机体坐标系中的表达式为

$$G=\begin{bmatrix}G_x\\G_y\\G_z\end{bmatrix}=L_g^b\begin{bmatrix}G_{xg}\\G_{yg}\\G_{zg}\end{bmatrix}=\begin{bmatrix}-\sin\theta\\\cos\theta\sin\phi\\\cos\theta\cos\phi\end{bmatrix}mg \tag{3-27}$$

根据气流坐标系与机体坐标系之间的转换关系式（3-11）和（3-12），可以得到重力在气流坐标系中的表达式为

$$\begin{bmatrix}G_{xa}\\G_{ya}\\G_{za}\end{bmatrix}=\begin{bmatrix}mg(-\cos\alpha\cos\beta\sin\theta+\sin\beta\cos\theta\sin\phi+\sin\alpha\cos\beta\cos\theta\cos\phi)\\mg(\cos\alpha\sin\beta\sin\theta+\cos\beta\cos\theta\sin\phi-\sin\alpha\sin\beta\cos\theta\cos\phi)\\mg(\sin\alpha\sin\theta+\cos\alpha\cos\theta\cos\phi)\end{bmatrix} \tag{3-28}$$

2. 发动机推力

固定翼无人机的推力一般由固联于机体的发动机产生。下面讨论装有单台发动机的推力情况，且不考虑推力的转向。

通常发动机固定于飞行器纵轴的方向。设发动机的推力作用点在机体坐标系的坐标为 (l_x,l_y,l_z)，并将发动机推力 T 的偏置角 α_T 和 β_T 定义为：发动机推力 T 在飞行器的对称面 Oxz 之内的投影与 Ox 轴的夹角为 α_T，规定其投影在 Ox 之下为正；推力 T 在 Oxy 面内的投影与对称面 Oxz 之间的夹角为 β_T，规定其投影在对称面 Oxz 之左为正。则发动机的推力 T 在机体坐标系的分量 T_x，T_y 和 T_z 分别为

$$\left.\begin{aligned}T_x&=T\cos\alpha_T\cos\beta_T\\T_y&=-T\sin\beta_T\\T_z&=T\sin\alpha_T\cos\beta_T\end{aligned}\right\} \tag{3-29}$$

如果发动机推力的偏置角 $\alpha_T=\beta_T=0$，则推力只有机体坐标系 Ox 轴上的分量，即 $T_x=T$。

3. 空气动力

总的空气动力 $\boldsymbol{R}_\Sigma$ 沿气流坐标系各轴的分量分别为 X_A、Y_A 和 Z_A，通常用 D、Y 和 L 分别表示阻力、侧力和升力，并定义阻力沿 Ox_a 轴，向后为正；侧力沿 Oy_a 轴，向右为正；升力沿 Oz_a 轴，向上为正。于是有 $D=-X_A$，$Y=Y_A$，$L=-Z_A$。

（1）升　力

升力 L：无人机总的空气动力 $\boldsymbol{R}_\Sigma$ 沿气流坐标系 Oz_a 轴的分量，向上为正。固定翼无人机机翼、机身和平尾均会产生升力。

① 机翼升力

机翼是产生升力的主要部件。理论与实践证明，机翼升力 L_w 与机翼面积 S_w、动压 Q 成正比，其表达式为

$$L_w=C_{Lw}QS_w \tag{3-30}$$

以某非对称机翼为例。机翼升力系数 C_{Lw} 为量纲一系数，在线性范围内，机翼升力系数 C_{Lw} 与迎角 α 的关系为

$$C_{Lw}=a_w(\alpha-\alpha_0) \tag{3-31}$$

式中，α_0 为零升迎角，即机翼升力为零时的迎角；$a_w=\dfrac{\partial C_{Lw}}{\partial\alpha}$ 为机翼的升力线迎角导数（或升力

线斜率)。典型机翼升力系数与迎角的关系如图 3.10 所示。由图可见,C_{Lw} 对 α 的线性关系只能保持在不大的迎角范围内,迎角超过线性关系范围,随着迎角的增加,升力线斜率通常下降。当迎角增至一定值时,升力系数将达到极值点 C_{Lwmax},其对应的迎角称为临界迎角(或失速迎角)。过了临界迎角以后,由于上翼面的气流分离迅速加剧,随着迎角的增大,升力系数不但没增加,反而急剧下降。这种现象称为"失速"。

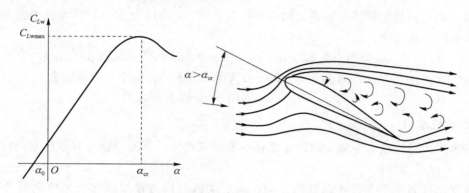

图 3.10 典型机翼升力系数与迎角的关系

各种不同的机翼,由于翼型、翼平面形状的不同,升力曲线是不一样的,但是,大体上都有如图 3.10 所示。另外,飞行马赫数 Ma($Ma=V/C$,C 为声速,马赫数表征高速流动中,气体微团的惯性力与压力之比)和雷诺数 Re($Re=\rho VL/\mu$,μ 为空气动力黏性系数,雷诺数表征惯性力与黏性力之比,它是区别流动呈层流或紊流状态的一个重要指标)等都对升力曲线形状有影响。

② 机身升力

固定翼无人机机身外形近似于圆柱体。理论与实践证明,亚声速飞机机身(圆头圆尾,中段圆柱体)在迎角不大时,不产生升力,只有大迎角时才有升力产生;超声速飞机机身(圆锥形头部)有迎角时,在其头部会产生升力,而机身圆柱段不产生升力。机身升力的表达式为

$$L_b = C_{Lb} Q S_b \tag{3-32}$$

其中,C_{Lb} 和 S_b 分别为机身升力系数和机身横截面积。

在线性范围内,机身升力系数 C_{Lb} 与 α 的关系为

$$C_{Lb} = a_b \alpha \tag{3-33}$$

其中机身的升力线斜率为 $a_b = \dfrac{\partial C_{Lb}}{\partial \alpha}$。

③ 平尾升力

平尾在机翼后面,要受到机翼产生的翼尖尾涡的影响。其平尾升力的表达式为

$$L_t = C_{Lt} Q S_t \tag{3-34}$$

这里,C_{Lt} 和 S_t 分别为平尾升力系数和平尾面积。

在线性范围内,由水平安定面和升降舵两部分组成平尾的升力系数 C_L 与实际迎角 α 的关系为

$$C_{Lt} = \frac{\partial C_{Lt}}{\partial \alpha_t} \alpha_t + \frac{\partial C_{Lt}}{\partial \delta_e} \delta_e \tag{3-35}$$

其中，α_t 为平尾的实际迎角，即考虑了翼尖尾涡产生的洗流影响后的迎角 $\alpha_t = \alpha - \varepsilon$，$\varepsilon$ 为下洗角。假定远前方气流 V_∞ 与平尾的弦线的迎角为 α，由于洗流产生的下洗速度 W_t，导致气流向下偏转一个角度（即下洗角）$\varepsilon = \tan^{-1}\dfrac{W_t}{V_\infty}$，如图 3.11 所示。

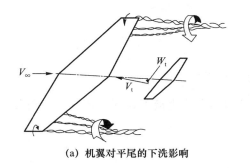　　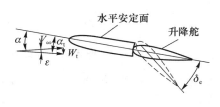

（a）机翼对平尾的下洗影响　　　　　　（b）具有安定面和升降舵的平尾下洗角

图 3.11　下洗角的影响

全动平尾的升力系数为

$$C_{Lt} = \frac{\partial C_{Lt}}{\partial \alpha_t}(\alpha_t - \delta_e) \qquad (3-36)$$

式中，δ_e 为全动平尾的偏转角度，其后缘下偏为正。

④ 固定翼无人机总升力

固定翼无人机总升力为机翼升力、机身升力和平尾升力之和，其表达式为

$$L = L_w + L_b + L_t \qquad (3-37)$$

若采用升力系数表示式写成

$$L = C_L Q S_w = (C_{Lw} S_w + C_{Lb} S_b + C_{Lt} S_t)Q = \left(C_{Lw} + C_{Lb}\frac{S_b}{S_w} + C_{Lt}\frac{S_t}{S_w}\right)QS_w \qquad (3-38)$$

利用线性范围内机翼、机身和平尾升力系数的关系式（3-31）、式（3-33）和式（3-35）作以代换，整个无人机的升力系数可以表示为

$$\begin{aligned}
C_L &= a_w(\alpha - \alpha_0) + a_b \alpha \frac{S_b}{S_w} + \left(\frac{\partial C_{Lt}}{\partial \alpha_t}\alpha_t + \frac{\partial C_{Lt}}{\partial \delta_e}\delta_e\right)\frac{S_t}{S_w} \\
&= -a_w \alpha_0 + \left[a_w + a_b\frac{S_b}{S_w} + a_t(1-\varepsilon_\alpha)\frac{S_t}{S_w}\right]\alpha + \left(\frac{\partial C_{Lt}}{\partial \delta_e}\frac{S_t}{S_w}\right)\delta_e \\
&= C_{L_0} + C_{L\alpha}\alpha + C_{L\delta e}\delta_e \qquad (3-39)
\end{aligned}$$

其中，$a_t = \dfrac{\partial C_{Lt}}{\partial \alpha_t}$，$\varepsilon_\alpha = \dfrac{\varepsilon}{\alpha}$，$C_{L_0} = -a_w \alpha_0$，$C_{L\alpha} = a_w + a_b\dfrac{S_b}{S_w} + a_t(1-\varepsilon_\alpha)\dfrac{S_t}{S_w}$，$C_{L\delta e} = \dfrac{\partial C_{Lt}}{\partial \delta_e}\dfrac{S_t}{S_w}$。

由此可以看出，升力系数与迎角和升降舵偏转角之间的关系。

此外，还应注意到马赫数 Ma 对于升力系数的影响。马赫数是飞行速度与飞行器所在高度处的声速之比。升力系数与马赫数 Ma 的关系可以写成下列表达式

$$C_L(\alpha, \delta_e, Ma) = C_{L_0}(Ma) + C_{L\alpha}(Ma)\alpha + C_{L\delta e}(Ma)\delta_e \qquad (3-40)$$

图 3.12 是一个超声速飞行器的 $C_{L\alpha}$ 随 Ma 变化的典型曲线。这里 Ma_{cr} 为临界马赫数。可见，低速时（$Ma < 0.5$），$C_{L\alpha}$ 基本不变；当 $0.5 < Ma < Ma_{cr}$ 时，$C_{L\alpha}$ 略有升高；当 $Ma > Ma_{cr}$ 时，$C_{L\alpha}$ 明显增大；当 $Ma > 1.5$ 时，$C_{L\alpha}$ 逐渐减小。

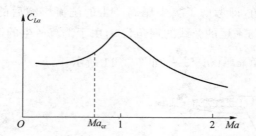

图 3.12 超音速飞行器的典型 $C_{La} \sim Ma$ 曲线

因为不同的马赫数 Ma 区间所对应的空气动力的影响也极不相同。通常将马赫数 Ma 区间划分为：

① 亚声速(subsonic speeds)，$Ma < 1.0$；

② 跨声速(transonic speeds)，$0.8 \leqslant Ma \leqslant 1.2$；

③ 超声速(supersonic speeds)，$1.0 < Ma < 5.0$；

④ 高超声速(hypersonic speeds)，$Ma \geqslant 5.0$。

（2）阻　力

阻力 D 是无人机总的空气动力 $\boldsymbol{R}_{\Sigma}$ 沿气流坐标系 Ox_a 轴的分量，向后为正。

从本质上讲，气流阻力是由空气作用在运动物体表面上的法向力和切向力顺气流方向的分量组成的。与升力类似，阻力主要与飞行器的外形、飞行高度、马赫数 Ma、迎角以及操纵面的偏角有关。

根据阻力与升力的关系，可将总阻力分为零升阻力（与升力无关）和升致阻力。零升阻力包括摩擦阻力、压差阻力和零升波阻（激波引起）。升致阻力包括诱导阻力（下洗）和升致波阻（主要）。

① 摩擦阻力

当气流流过飞行器表面时，贴紧表面的地方有一层速度逐渐减慢（越贴紧表面速度越低）的空气流动层，称之为附面层。摩擦阻力指附面层内沿物面法向有较大的速度梯度，因此气流对物体表面存在黏性切向力。

② 压差阻力

翼型前缘附近的高压区与后缘附近的旋涡区所形成一个向后作用的压力差，称为压差阻力。压差阻力和附面层与翼面的分离点的位置有关。分离点越靠前，旋涡区越大，则压差阻力越大。

③ 零升波阻

飞行器作超声速飞行时，机身头部、机翼和尾翼的前缘均会产生激波，气流流经激波后会使压力跃升，升高的压力对飞行器产生阻力，称为波阻。波阻即使当升力为零时也存在，故称为零升波阻。为了减小波阻，超声速飞行器一般采用尖锐头部、细长机身、大后掠角、小展弦比、尖前缘薄翼型等气动外形设计。

④ 升致阻力

升致阻力：伴随升力的产生而出现的阻力统称为升致阻力。

亚声速飞行时,升致阻力主要为诱导阻力;超声速飞行时,主要为升致波阻。

亚声速飞行时,不仅机翼对平尾有下洗的影响,而且翼尖拖出的两条自由涡对机翼自身也产生下洗的影响,只是小于对平尾的下洗,如图 3.13 所示。

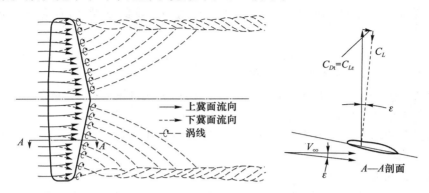

图 3.13　亚声速三维翼的诱导阻力形成示意图

诱导阻力系数的表达式为

$$C_{Dt} = \varepsilon C_L \tag{3-41}$$

式中,ε 和 C_L 分别为下洗角和升力系数。可见,展弦比越大,即下洗影响越小,则诱导阻力越小。

超声速飞行时,当出现迎角后波阻会增大,其结果相当于机翼上的总压力差不再垂直于自由气流 V_∞,而是后仰产生一个向后的分量,即

$$C_{Dt} = C_L \sin \alpha \tag{3-42}$$

即为升致波阻,如图 3.14 所示。

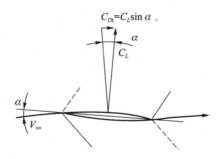

图 3.14　超声速机翼的升致波阻示意图

⑤ 整个飞行器的阻力

飞行器的阻力系数由两部分组成,其表达式为

$$C_D = C_{D_0} + C_{Dt} \tag{3-43}$$

其中,C_{D_0},C_{Dt} 分别为零升阻力系数和升致阻力系数。

在小迎角情况下,升致阻力系数与升力系数的平方成正比,阻力系数可以写成

$$C_D = C_{D_0}(Ma) + A(Ma)C_L^2 \tag{3-44}$$

可见,阻力系数不仅与升力系数有关,而且与马赫数 Ma 有关。

阻力 D 表达式为

$$D=C_D QS_w \qquad (3-45)$$

（3）侧 力

侧力 Y 是无人机总的空气动力 $\mathbf{R}_\Sigma$ 沿气流坐标系 Oy_a 轴的分量，向右为正。侧力 Y 可表示为

$$Y=C_Y QS_w \qquad (3-46)$$

式中，C_Y 为侧力系数，S_w 为机翼参考面积。

实际上侧力 Y 与机翼面积 S_w 并没有关系，之所以引入机翼面积 S_w 只是为了得到与升力和阻力相同的表达式而已。

通常飞行器的外形是关于面 Oxz 对称，所以只有在不对称的侧向气流作用下才会产生侧力。

无人机所受侧力主要包括以下四种。

① 侧滑角产生的侧力：侧滑角引起的侧力主要来源于无人机的垂尾，如果侧滑角为零，无人机的气动侧力不大。随着飞行速度增大，机身（主要是头部）也会存在附加侧力。

② 方向舵偏转产生的侧力：与升降舵产生操纵升力类似，方向舵偏转使得垂尾的弯度发生改变，从而产生侧向操纵力。

③ 滚转角速度产生的侧力：无人机转弯时，在垂尾有附加速度，产生阻碍滚转的力和力矩。

④ 偏航角速度引起的侧力：无人机做偏航运动时，在垂尾处会产生附加速度，导致附加的流场侧滑角，从而产生侧力，由于垂尾在机体尾部，侧力产生阻尼偏航运动的力矩（稳定力和力矩）。

3.2.2 作用在固定翼无人机上的力矩

由于机体的转动惯量是以机体坐标系来定义的，所以将作用在飞行器上的总力矩（包括发动机的推力力矩）沿机体坐标系各轴分解较为方便，分别为 $\overline{L}$、M 和 N。而总的空气动力矩 M_Σ 沿机体坐标系各轴分解则为 $\overline{L}_A$、M_A 和 N_A，各个力矩的极性按右手定则确定。

由于 $\overline{L}$ 能使飞行器产生绕机体坐标系 Ox 轴的滚转运动，因此称为滚转力矩；M 能产生使飞行器绕机体坐标系 Oy 轴的俯仰运动，称为俯仰力矩；由于 N 能使飞行器产生绕机体坐标系 Oz 轴的偏航运动，故此称为偏航力矩，如图 3.15 所示。

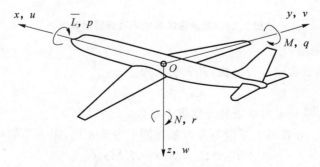

图 3.15 力矩 $\overline{L}$、M、N 的定义系

通常采用由机尾后视,按照操纵舵面的后缘偏转方向来定义操纵舵面的偏转极性。

① 升降舵偏转角 δ_e:向下偏转为正,产生的俯仰力矩 M_A 为负,即产生低头力矩。

② 方向舵偏转角 δ_r:向左偏转为正,产生的偏航力矩 N_A 为负。

③ 副翼偏转角 δ_a:副翼差动偏转,"左上右下"偏转为正,产生的滚转力矩 $\overline{L}_A$ 为负。

由上述定义可以看出,操纵舵面的正向偏转总是产生负的操纵力矩,如图 3.16 所示。

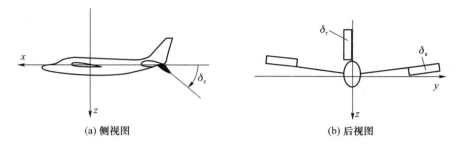

(a) 侧视图　　　　　　　　　　　　　(b) 后视图

图 3.16　操纵舵面的偏转极性

可以将作用在无人机上的力矩分为纵向力矩和横向力矩。俯仰力矩 M 即为纵向力矩,滚转力矩 $\overline{L}$ 与偏航力矩 N 统称为横向力矩。

由于重力总是通过无人机的质心,所以重力不会对无人机质心产生力矩。因此对于无人机的重力而言,不存在力矩的问题。所以,下面仅分析作用在无人机上的发动机推力力矩和空气动力矩。

1. 发动机推力力矩

由前述发动机的推力 $\boldsymbol{T}$ 在机体坐标系的分量 T_x,T_y 和 T_z 以及发动机的推力作用点在机体坐标系的坐标 (l_x,l_y,l_z),可将发动机的推力力矩 $(M_T,N_T,\overline{L}_T)$ 表示为

$$\left.\begin{array}{l} M_T = T_x l_z - T_z l_x \\ N_T = -T_x l_y + T_y l_x \\ \overline{L}_T = -T_y l_z + T_z l_y \end{array}\right\} \tag{3-47}$$

将式 (3-29) 代入上式后,有

$$\left.\begin{array}{l} M_T = T(\cos\alpha_T\cos\beta_T l_z - \sin\alpha_T\cos\beta_T l_x) \\ N_T = -T(\cos\alpha_T\cos\beta_T l_y - \sin\beta_T l_x) \\ \overline{L}_T = -T(\sin\beta_T l_z + \sin\alpha_T\cos\beta_T l_y) \end{array}\right\} \tag{3-48}$$

对于装有两台或者三台甚至更多台发动机的无人机,其推力和推力力矩的计算与单台发动机的情况类似,只是要将每台发动机的推力和推力力矩进行求和计算。假设飞行器安装有 n 台发动机,则 n 台发动机的总推力 T 在机体坐标系分量 T_x,T_y 和 T_z 的表达式为

$$\left.\begin{array}{l} T_x = \displaystyle\sum_{i=1}^{n} T_{xi} \\[2mm] T_y = \displaystyle\sum_{i=1}^{n} T_{yi} \\[2mm] T_z = \displaystyle\sum_{i=1}^{n} T_{zi} \end{array}\right\} \tag{3-49}$$

而 n 台发动机的总推力力矩 $(M_T, N_T, \overline{L}_T)$ 的表达式为

$$
\left.
\begin{aligned}
M_T &= \sum_{i=1}^{n} M_{Ti} \\
N_T &= \sum_{i=1}^{n} N_{Ti} \\
\overline{L}_T &= \sum_{i=1}^{n} \overline{L}_{Ti}
\end{aligned}
\right\}
\tag{3-50}
$$

2. 空气动力矩

总空气动力矩 $\boldsymbol{M}_\Sigma$ 沿机体坐标系各轴分解为 $\overline{L}_A$、M_A 和 N_A,$\overline{L}_A$、M_A 和 N_A 的量纲——气动力矩系数分别为

① 滚转力矩系数(绕 Ox 轴)$C_1 = \dfrac{\overline{L}_A}{QS_w b}$;

② 俯仰力矩系数(绕 Oy 轴)$C_m = \dfrac{M_A}{QS_w c_A}$;

③ 偏航力矩系数(绕 Oz 轴)$C_n = \dfrac{N_A}{QS_w b}$。

式中,$Q = \dfrac{1}{2}\rho V^2$ 为动压,ρ 为空气密度,V 为空速,S_w 为机翼参考面积,b 为机翼展长,c_A 为机翼的平均几何弦长。

(1)气动俯仰力矩

气动俯仰力矩取决于飞行速度、高度、迎角和升降舵的偏转角,此外当俯仰角速度 q、迎角变化率 $\dot{\alpha}$ 和升降舵偏转角速率 $\dot{\delta}_e$ 不为零时,还会产生附加俯仰力矩,称为动态气动力矩。

气动俯仰力矩可写为

$$
M_A = f(V, h, \alpha, \delta_e, q, \dot{\alpha}, \dot{\delta}_e)
\tag{3-51}
$$

用力矩系数可表示为

$$
M_A = C_m Q S_w c_A
\tag{3-52}
$$

气动俯仰力矩可分为零升力矩(主要由垂尾阻力产生)、稳定力矩(由迎角产生)、操纵力矩(由升降舵、平尾、鸭翼和升降副翼产生)和阻尼力矩(由下洗、俯仰角速率以及升降舵偏转角速率产生)。

(2)气动滚转力矩

气动滚转力矩是指能使飞行器产生绕机体坐标系 Ox 轴转动的气动力矩,包括侧滑角引起的滚转力矩、副翼偏转角引起的滚转力矩、方向舵偏角引起的滚转力矩、滚转角速度引起的滚转力矩以及偏航角速度引起的滚转力矩。

(3)气动偏航力矩

气动偏航力矩是指能使飞行器产生绕机体坐标系 Oz 轴转动的气动力矩,包括侧滑角引起的偏航力矩、副翼偏转角引起的偏航力矩、方向舵偏角引起的偏航力矩、滚转角速度引起的偏航力矩以及偏航角速度引起的偏航力矩。

3.2.3　作用在多旋翼无人机上的力和力矩

1. 假　设

为了简便,在对多旋翼建模时,做如下假设:

① 多旋翼是刚体;

② 质量和转动惯量不变;

③ 多旋翼几何中心与重心一致;

④ 多旋翼只受重力和螺旋桨拉力,其中重力沿 $O_g z_g$ 轴正方向,而螺旋桨拉力沿 Oz 轴负方向。

无论四旋翼还是六旋翼,其拉力和力矩都是由螺旋桨产生的,且螺旋桨产生的拉力总是与机身平面垂直,即拉力方向总是与 Oz 轴的负方向一致。

2. 螺旋桨模型

多旋翼通常采用定桨距(螺距)的螺旋桨,螺旋桨拉力 T(单位:N)和转矩 M(单位:N·m)计算公式

$$T = C_T \rho \left(\frac{n}{60}\right)^2 D_p^4 \tag{3-53}$$

$$M = C_M \rho \left(\frac{n}{60}\right)^2 D_p^5 \tag{3-54}$$

式中,n(单位:r/min,转每分)为螺旋桨转速,D_p(单位:m)为螺旋桨直径,C_T 和 C_M 分别为无量纲的拉力系数和转矩系数。注意,ρ(单位:kg/m²)为飞行环境空气密度,是关于飞行海拔高度 h(单位:m)和温度 T_t(单位:℃)的函数,表示如下

$$\rho = \frac{273 P_a}{101\,325(273 + T_t)} \rho_0 \tag{3-55}$$

式中,标准大气密度 $\rho_0 = 1.293\,\text{kg/m}^3$(0 ℃,273 K),大气压强 P_a(单位:Pa)可以进一步表示为

$$P_a = 101\,325 \left(1 - 0.006\,5 \frac{h}{273 + T_t}\right)^{5.256\,1} \tag{3-56}$$

C_T 和 C_M 与螺旋桨参数相关,包括螺旋桨直径 D_p、螺距 H_p、桨叶数 B_p 以及重量 G_p,可以表示为

$$C_T = f_T(D_p, H_p, B_p, G_p) \tag{3-57}$$

$$C_M = f_M(D_p, H_p, B_p, G_p) \tag{3-58}$$

3. 单个螺旋桨拉力和反扭矩模型

根据式(3-53),当多旋翼在无风情况下悬停时,第 i 个螺旋桨拉力可表示为

$$T_i = c_T \omega_i^2 \tag{3-59}$$

式中,$c_T = 1/4\pi^2 C_T \rho D_p^4$ 为常数,且容易通过实验确定;ω_i 表示第 i 个螺旋桨的角速度(rad/s)。

根据式(3-54),第 i 个螺旋桨反扭矩大小可表示为

$$M_i = c_M \omega_i^2 \tag{3-60}$$

式中,M_i 表示螺旋桨 i 在机身上产生的反扭力矩,$c_M = 1/4\pi^2 C_M \rho D_p^5$ 也可通过实验确定。

4. 多旋翼拉力和力矩模型

多旋翼的飞行由多个螺旋桨驱动。螺旋桨转速 $\omega_i(i=1,2,\cdots,n_r)$ 决定多旋翼总拉力 F_ω

和力矩 M_ω，n_r 为螺旋桨个数。为了便于理解,本节以四旋翼为例展开介绍。

(1) 四旋翼拉力和力矩

在机体坐标系 $Oxyz$ 下,对于十字形四旋翼(见图 3.17(a)),作用在四旋翼上的总拉力为

$$F_\omega = \sum_{i=1}^{4} T_i = -c_T(\omega_1^2 + \omega_2^2 + \omega_3^2 + \omega_4^2) \tag{3-61}$$

对于十字形四旋翼,螺旋桨产生的力矩为

$$\left.\begin{array}{l} M_{\omega x} = dc_T(-\omega_2^2 + \omega_4^2) \\ M_{\omega y} = dc_T(\omega_1^2 - \omega_3^2) \\ M_{\omega z} = dc_T(\omega_1^2 - \omega_2^2 + \omega_3^2 - \omega_4^2) \end{array}\right\} \tag{3-62}$$

式中,d 表示机体中心和任一电机的距离。

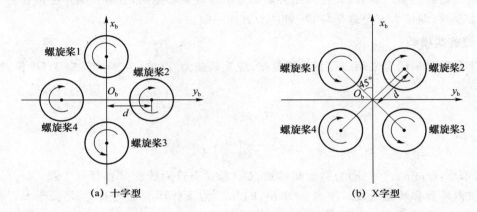

(a) 十字型   (b) X字型

图 3.17　四旋翼的两种布局

根据式 (3-61) 和 (3-62),可得如下矩阵

$$\begin{bmatrix} F_\omega \\ M_{\omega x} \\ M_{\omega y} \\ M_{\omega z} \end{bmatrix} = \begin{bmatrix} -c_T & -c_T & -c_T & -c_T \\ 0 & -dc_T & 0 & dc_T \\ dc_T & 0 & -dc_T & 0 \\ c_M & -c_M & c_M & -c_M \end{bmatrix} \begin{bmatrix} \omega_1^2 \\ \omega_2^2 \\ \omega_3^2 \\ \omega_4^2 \end{bmatrix} \tag{3-63}$$

在机体坐标系 $Oxyz$ 下,对于 X 字形四旋翼(见图 3.17(b)),螺旋桨产生的总拉力依然为

$$F_\omega = \sum_{i=1}^{4} T_i = -c_T(\omega_1^2 + \omega_2^2 + \omega_3^2 + \omega_4^2) \tag{3-64}$$

而螺旋桨产生的力矩不同,具体为

$$\left.\begin{array}{l} M_{\omega x} = \dfrac{\sqrt{2}}{2} dC_T(\omega_1^2 - \omega_2^2 - \omega_3^2 + \omega_4^2) \\[2mm] M_{\omega y} = \dfrac{\sqrt{2}}{2} dC_T(\omega_1^2 + \omega_2^2 - \omega_3^2 - \omega_4^2) \\[2mm] M_{\omega z} = C_M(\omega_1^2 - \omega_2^2 + \omega_3^2 - \omega_4^2) \end{array}\right\} \tag{3-65}$$

(2) 多旋翼拉力和力矩

对于多旋翼,为了实现控制分配,首先需要确定所有电机在机体坐标系下的位置。对于有 n_r 个螺旋桨的多旋翼,顺时针方向从 $i=1$ 到 $i=n_r$ 依次标记螺旋桨,如图 3.18 所示。

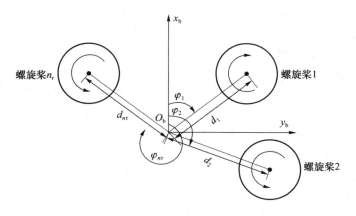

图 3.18 多旋翼机架布局参数

机体 Ox 轴与每台电机所在的支撑臂之间的夹角为 φ_i,机体中心与第 i 个电机的距离记为 $d_i(i=1,2,\cdots,n_r)$,则螺旋桨产生的拉力和力矩可表示为

$$
\begin{bmatrix}
F_\omega \\
M_{\omega x} \\
M_{\omega y} \\
M_{\omega z}
\end{bmatrix}
=
\begin{bmatrix}
-c_T & -c_T & \cdots & -c_T \\
-d_1 c_T \sin\varphi_1 & -d_2 c_T \sin\varphi_2 & \cdots & -d_{nr} c_T \sin\varphi_{nr} \\
d_1 c_T \cos\varphi_1 & d_2 c_T \cos\varphi_2 & \cdots & d_{nr} c_T \cos\varphi_{nr} \\
c_M \delta_1 & c_M \delta_2 & \cdots & c_M \delta_{nr}
\end{bmatrix}
\begin{bmatrix}
\omega_1^2 \\
\omega_2^2 \\
\vdots \\
\omega_r^2
\end{bmatrix}
\tag{3-66}
$$

式中,$\delta_i=(-1)^{i+1}(i=1,2,\cdots,n_r)$。

5. 多旋翼气动阻力模型

前述假定多旋翼是刚体,然而在实际中,多旋翼常配备轻质且固定螺距的塑料螺旋桨。这些螺旋桨具有柔韧性,否则容易造成螺旋桨因根部疲劳而折断。在飞行过程中,施加在螺旋桨上的空气动力和惯性力相当显著,会引起螺旋桨弯曲,进而引起桨叶挥舞效应。

桨叶挥舞是旋转桨叶的上下运动。逆风飞行的前行桨叶会获得更大的相对速度,而速度增加将产生更大的拉力,同时产生向上挥舞速度。向上挥舞速度会减小迎角,进而减小拉力。

螺旋桨的挥舞可以改变旋转桨叶的方向,进而改变拉力的方向。拉力方向不再与多旋翼的机体轴 Oz 轴平行,而是在 Ox 轴负方向上产生诱导阻力。诱导阻力与螺旋桨产生的拉力成比例,也是多旋翼阻力的主要组成部分。多旋翼气动阻力模型是基于这个诱导阻力的。

对多旋翼来说,旋转桨叶所受的阻力沿机体轴方向。由于多旋翼的对称性,阻力可简单表示为

$$
\left.\begin{array}{l}
f_{xb}=-k_{drag}V_{xb} \\
f_{yb}=-k_{drag}V_{yb}
\end{array}\right\}
\tag{3-67}
$$

式中,f_{xb} 和 f_{yb} 分别表示沿机体轴 Ox 和 Oy 的阻力;V_{xb} 和 V_{yb} 分别表示沿机体轴 Ox 和 Oy 的速度;k_{drag} 表示阻力系数,可以通过参数辨识事先估计得到,这需要采用更高精度的标定设备,如光学动作捕捉系统。另一方面,k_{drag} 可以作为状态的一部分,利用扩展卡尔曼滤波器估计得到。

3.3 无人机运动方程组

飞行器在外力作用下的运动规律一般是用运动方程来描述的,即应用微分方程的形式描

述飞行器的运动和状态参数随时间的变化规律。飞行器的运动方程通常又可分为动力学方程和运动学方程。在建立飞行器运动方程之前,有必要先讨论与此相关的两个问题:刚体飞行器运动的假设、刚体飞行器运动的自由度。

(1) 刚体飞行器运动的假设

飞行器是一个复杂的动力学系统。严格地说,由于飞行器在飞行过程中质量是时变的,其结构也是具有弹性形变特性的。此外,地球是一旋转的球体,不但存在着离心加速度和哥氏加速度,而且重力加速度也随高度而变化。所以,作用于飞行器外部的空气动力与飞行器几何形状、飞行状态参数等因素呈现非常复杂的函数关系。

在建立飞行器运动方程组时考虑的因素将是极其复杂的。因此,采取抓主要矛盾、略去次要因素的方法进行研究,做如下假设:

① 无人机为刚体且质量是常数,忽略无人机弹性影响;

② 将地面坐标系视为惯性坐标系;

③ 忽略地球曲率,即采用所谓的"平板地球假设";

④ 重力加速度为常数,不随飞行高度而变化;

⑤ 对于面对称布局的飞行器,机体坐标系的 Oxz 平面为飞行器的对称平面,飞行器不仅几何外形对称,而且内部质量分布也对称,即惯性积 $I_{xy}=I_{yz}=0$。

对于轴对称布局的飞行器,机体坐标系的 Oxz 面和 Oxy 面为飞行器的对称平面,飞行器不仅几何外形对称,而且内部质量分布也对称,即惯性积 $I_{xy}=I_{xz}=I_{yz}=0$。

(2) 飞行器运动的自由度

对于刚体而言,其在空间的运动需要六个自由度来描述。

① 质心的位移:飞行器的质心沿着地面坐标系的三个轴向的位移。

② 绕质心的转动:飞行器绕机体坐标系的三个轴的转动。

对于无人机来说,如果将其视为刚体,那么无人机的空间运动也同样需要六个自由度描述。

① 质心的位移(线运动):飞行速度的增减运动以及升降运动和侧移运动。

② 绕质心的转动(角运动):俯仰角运动和偏航角运动以及滚转角运动。

由于无人机具有一个几何和质量的对称面,根据各自由度之间的耦合强弱程度,可以将六个自由度的运动分成对称平面内和非对称平面内的运动。

① 纵向运动(对称平面内运动):速度的增减、质心的升降、绕 Oy 轴的俯仰角运动。

② 横侧向运动(非对称平面内运动):质心的侧向移动、绕 Oz 轴的偏航角运动、绕 Ox 轴的滚转角运动。

飞行器运动方程组是描述飞行器的力、力矩与飞行器运动参数(如加速度、速度、位置、姿态等)之间关系的方程组,它是由动力学方程和运动学方程等组成。

3.3.1　动力学方程

由经典力学可知,任何一个自由刚体在空间的任意运动,都可以把它视为刚体质心的平移运动和绕质心转动运动的合成运动,即决定刚体质心瞬时位置的三个自由度和决定刚体瞬时姿态的三个自由度。对于刚体,可以应用牛顿第二定律来研究质心的移动,利用动量矩定理来研究刚体绕质心的转动。

飞行器在合外力作用下质心移动(线运动)的动力学基本方程矢量表达式为

$$\sum \boldsymbol{F} = \frac{\mathrm{d}}{\mathrm{d}t}(m\boldsymbol{V}) \tag{3-68}$$

飞行器在合外力矩作用下绕质心转动(角运动)的动力学基本方程矢量表达式为

$$\sum \boldsymbol{M} = \frac{\mathrm{d}}{\mathrm{d}t}(\boldsymbol{L}) \tag{3-69}$$

式中,m 为飞行器的质量,$\boldsymbol{V}$ 表示飞行器质心的速度矢量,$\boldsymbol{F}$ 表示作用于飞行器上外力的主矢量,$\boldsymbol{M}$ 表示合外力对飞行器质心的主矩,$\boldsymbol{L}$ 表示飞行器相对于质心(O 点)的动量矩矢量。

但是,式(3-68)和式(3-69)的使用是有条件的:第一,运动着的物体是常质量的刚体;第二,运动是在惯性坐标系内考察的。

因为已假设飞行器的质量 m 为常量以及地面坐标系为惯性系,所以式(3-68)和式(3-69)在地面坐标系中可写成

$$\sum \boldsymbol{F} = m\frac{\mathrm{d}\boldsymbol{V}}{\mathrm{d}t} \tag{3-70}$$

$$\sum \boldsymbol{M} = \frac{\mathrm{d}\boldsymbol{L}}{\mathrm{d}t} \tag{3-71}$$

式(3-70)和式(3-71)是在适用于牛顿第二运动定律的惯性坐标系——地面坐标系中建立起来的,是相对静止坐标系中的运动方程。为研究飞行器运动特性方便起见,通常将式(3-70)、(3-71)分别投影到相应的坐标系上,写成飞行器质心运动的 3 个动力学标量方程和飞行器绕质心转动的 3 个动力学标量方程。

1. 飞行器质心运动的动力学方程

对于研究无人机质心运动来说,为了便于分析无人机运动特性,并使方程尽量简单,通常将矢量方程(3-70)写成在机体坐标系上的标量形式。把地面坐标系视为惯性坐标系,能保证所需要的计算准确度。机体坐标系是动坐标系,它相对地面坐标系既有位移运动,又有转动运动,位移速度为 $\boldsymbol{V}$,转动角速度用 $\boldsymbol{\Omega}$ 表示。

采用机体坐标系作为动坐标系有下列几个优点:

① 由于飞行器具有机体坐标系的对称面 Oxz,所以惯性积 $I_{xy} = I_{yz} = 0$,这样可以使运动方程简化;

② 在飞行器质量不变的假设条件下,各个转动惯量和惯性积为非时变的常量;

③ 由于姿态角及其角速度传感器是在机体坐标系测量的,所以其测量值不再需要转换可直接采用。

建立在动坐标系中的动力学方程,引用矢量的绝对导数和相对导数之间的关系:在惯性坐标系中某一矢量对时间的导数(绝对导数)与同一矢量在动坐标系中对时间的导数(相对导数)之差,等于这矢量本身与动坐标系的转动角速度的矢量乘积,即

$$\frac{\mathrm{d}\boldsymbol{V}}{\mathrm{d}t} = \boldsymbol{1}_v \frac{\delta \boldsymbol{V}}{\delta t} + \boldsymbol{\Omega} \times \boldsymbol{V} \tag{3-72}$$

式中,$\dfrac{\mathrm{d}\boldsymbol{V}}{\mathrm{d}t}$ 表示在惯性坐标系(地面坐标系)内的绝对导数,$\boldsymbol{1}_v$ 为沿飞行速度 $\boldsymbol{V}$ 的单位向量,$\dfrac{\delta \boldsymbol{V}}{\delta t}$ 表示在动坐标系(机体坐标系)内的相对导数,$\boldsymbol{\Omega}$ 为动坐标系(机体坐标系)相对于惯性坐标系(地面坐标系)的总角速度向量,$\times$ 为向量积符号(叉积)。

将 $\boldsymbol{V}$ 和 $\boldsymbol{\Omega}$ 在动坐标系（机体坐标系）中分解

$$\boldsymbol{V} = \boldsymbol{i}u + \boldsymbol{j}v + \boldsymbol{k}w \tag{3-73}$$

$$\boldsymbol{\Omega} = \boldsymbol{i}p + \boldsymbol{j}q + \boldsymbol{k}r \tag{3-74}$$

式中，$\boldsymbol{i}, \boldsymbol{j}, \boldsymbol{k}$ 分别为动坐标系（机体坐标系）的 Ox 轴、Oy 轴和 Oz 轴的单位向量。

这样，利用上述两式，可将式（3-72）中的各项分别表示为

第一项：
$$\boldsymbol{1}_V \frac{\delta \boldsymbol{V}}{\delta t} = \boldsymbol{i}\frac{\delta u}{\delta t} + \boldsymbol{j}\frac{\delta v}{\delta t} + \boldsymbol{k}\frac{\delta w}{\delta t} = \boldsymbol{i}\dot{u} + \boldsymbol{j}\dot{v} + \boldsymbol{k}\dot{w} \tag{3-75}$$

第二项：
$$\boldsymbol{\Omega} \times \boldsymbol{V} = \begin{vmatrix} \boldsymbol{i} & \boldsymbol{j} & \boldsymbol{k} \\ p & q & r \\ u & v & w \end{vmatrix} = \boldsymbol{i}(wq - vr) + \boldsymbol{j}(ur - wp) + \boldsymbol{k}(vp - uq) \tag{3-76}$$

将外合力 $\sum \boldsymbol{F}$ 向动坐标系（机体坐标系）内分解：

$$\sum \boldsymbol{F} = \boldsymbol{i}X + \boldsymbol{j}Y + \boldsymbol{k}Z \tag{3-77}$$

再将式（3-75）~式（3-77）代入式（3-70）中，则外合力 $\sum \boldsymbol{F}$ 对飞行器的作用可表示为

$$\left. \begin{array}{l} X = m(\dot{u} + wq - vr) \\ Y = m(\dot{v} + ur - wp) \\ Z = m(\dot{w} + vp - uq) \end{array} \right\} \tag{3-78}$$

如果将总空气动力 $\boldsymbol{R}_\Sigma$ 和发动机推力 $\boldsymbol{T}$ 向动坐标系（机体坐标系）内分解为 (F_x, F_y, F_z)，再利用重力在动坐标系（机体坐标系）内的分解公式（3-27），则可将式（3-78）成下列的力方程组形式

$$\left. \begin{array}{l} \dot{u} = vr - wq - g\sin\theta + \dfrac{F_x}{m} \\[2mm] \dot{v} = wp - ur + g\cos\theta\sin\phi + \dfrac{F_y}{m} \\[2mm] \dot{w} = uq - vp + g\cos\theta\cos\phi + \dfrac{F_z}{m} \end{array} \right\} \tag{3-79}$$

2. 飞行器绕质心转动的动力学方程

在动坐标系（机体坐标系）上建立飞行器绕质心转动的动力学方程，式（3-71）可写成

$$\frac{\mathrm{d}\boldsymbol{L}}{\mathrm{d}t} = \boldsymbol{1}_L \frac{\delta \boldsymbol{L}}{\delta t} + \boldsymbol{\Omega} \times \boldsymbol{L} \tag{3-80}$$

式中，$\dfrac{\mathrm{d}\boldsymbol{L}}{\mathrm{d}t}$ 表示在惯性坐标系（地面坐标系）内的绝对导数，$\boldsymbol{1}_L$ 为沿动量矩 $\boldsymbol{L}$ 的单位向量，$\dfrac{\delta \boldsymbol{L}}{\delta t}$ 表示在动坐标系（机体坐标系）内的相对导数，$\boldsymbol{\Omega}$ 为动坐标系（机体坐标系）相对于惯性坐标系的总角速度向量，$\times$ 为向量积符号（叉积）。

对于运动质点系的动量矩定理，选择质心为动坐标系（机体坐标系）的原点，则在动坐标系（机体坐标系）内表示的动量矩为

$$\boldsymbol{L} = \int \mathrm{d}\boldsymbol{L} = \int (\boldsymbol{r} \times \boldsymbol{V}) \delta_m \tag{3-81}$$

式中，$\boldsymbol{r}$ 为单元质量 δ_m 对原点的向径，$\boldsymbol{V}$ 为质点系的速度向量。

将关系式 $\boldsymbol{r} = \boldsymbol{i}x + \boldsymbol{j}y + \boldsymbol{k}z$，$\boldsymbol{\Omega} = \boldsymbol{i}p + \boldsymbol{j}q + \boldsymbol{k}r$ 和 $\boldsymbol{V} = \boldsymbol{\Omega} \times \boldsymbol{r}$ 代入式（3-81）后，展开得

$$\boldsymbol{L} = \begin{bmatrix} \int \left[(y^2 + z^2)p - xyq - xzr \right] \delta_{\mathrm{m}} \\ \int \left[(x^2 + z^2)q - yzr - yxp \right] \delta_{\mathrm{m}} \\ \int \left[(x^2 + y^2)r - zxp - zyq \right] \delta_{\mathrm{m}} \end{bmatrix} \tag{3-82}$$

因为在转动时,角速度对每一个质量点是相同的,所以角速度分量可以移到积分式外部

$$\boldsymbol{L} = \begin{bmatrix} p \int (y^2 + z^2)\delta_{\mathrm{m}} - q \int xy\delta_{\mathrm{m}} - r \int xz\delta_{\mathrm{m}} \\ q \int (x^2 + z^2)\delta_{\mathrm{m}} - r \int yz\delta_{\mathrm{m}} - p \int yx\delta_{\mathrm{m}} \\ r \int (x^2 + y^2)\delta_{\mathrm{m}} - p \int xz\delta_{\mathrm{m}} - q \int zy\delta_{\mathrm{m}} \end{bmatrix} \tag{3-83}$$

因为绕机体坐标系 Ox 轴的转动惯量为 $\int (y^2 + z^2)\delta_{\mathrm{m}} = I_x$,绕机体坐标系 Oy 轴的转动惯量为 $\int (x^2 + z^2)\delta_{\mathrm{m}} = I_y$,绕机体坐标系 Oz 轴的转动惯量为 $\int (x^2 + y^2)\delta_{\mathrm{m}} = I_z$ 以及惯性积为 $\int xy\delta_{\mathrm{m}} = I_{xy} = I_{yx}$,$\int xz\delta_{\mathrm{m}} = I_{xz} = I_{zx}$ 和 $\int yz\delta_{\mathrm{m}} = I_{yz} = I_{zy}$,又由于飞行器有一个 Oxz 对称平面,故 $I_{xy} = I_{yx} = I_{yz} = I_{zy} = 0$,所以,动量矩 $\boldsymbol{L}$ 在动坐标系(机体坐标系)内的分量 L_x、L_y 和 L_z 可以表示为

$$\begin{bmatrix} L_x \\ L_y \\ L_z \end{bmatrix} = \begin{bmatrix} pI_x - rI_{xz} \\ qI_y \\ rI_z - pI_{xz} \end{bmatrix} \tag{3-84}$$

利用式(3-84),可以将式(3-80)中第一项写成如下形式,即

$$\boldsymbol{1}_L \frac{\delta \boldsymbol{L}}{\delta t} = \boldsymbol{i} \frac{\delta L_x}{\delta t} + \boldsymbol{j} \frac{\delta L_y}{\delta t} + \boldsymbol{k} \frac{\delta L_z}{\delta t} \tag{3-85}$$

式中,

$$\left. \begin{aligned} \frac{\delta L_x}{\delta t} &= \dot{p} I_x + p \dot{I}_x - \dot{r} I_{xz} - r \dot{I}_{xz} \\ \frac{\delta L_y}{\delta t} &= \dot{q} I_y + q \dot{I}_y \\ \frac{\delta L_z}{\delta t} &= \dot{r} I_z + r \dot{I}_z - \dot{p} I_{xz} - p \dot{I}_{xz} \end{aligned} \right\} \tag{3-86}$$

因为假设飞行器为质量不变的刚体,所以惯性矩和惯性积均为时不变的常量,因此,式(3-86)可以简化为

$$\left. \begin{aligned} \frac{\delta L_x}{\delta t} &= \dot{p} I_x - \dot{r} I_{xz} \\ \frac{\delta L_y}{\delta t} &= \dot{q} I_y \\ \frac{\delta L_z}{\delta t} &= \dot{r} I_z - \dot{p} I_{xz} \end{aligned} \right\} \tag{3-87}$$

式(3-80)中第二项为

$$\boldsymbol{\Omega} \times \boldsymbol{L} = \begin{vmatrix} \boldsymbol{i} & \boldsymbol{j} & \boldsymbol{k} \\ p & q & r \\ L_x & L_y & L_z \end{vmatrix} = \boldsymbol{i}(L_z q - L_y r) + \boldsymbol{j}(L_x r - L_z p) + \boldsymbol{k}(L_y p - L_x q) \qquad (3-88)$$

将外合力矩 $\sum \boldsymbol{M}$ 向动坐标系（机体坐标系）分解后，有

$$\sum \boldsymbol{M} = \boldsymbol{i}\overline{L} + \boldsymbol{j}M + \boldsymbol{k}N \qquad (3-89)$$

将式（3-84）、式（3-87）～式（3-89）代入式（3-80），并结合式（3-71）可以得到动坐标系（机体坐标系）中飞行器在外合力矩作用下的角运动方程组为

$$\left. \begin{aligned} \overline{L} &= \dot{p}I_x - \dot{r}I_{xz} + qr(I_z - I_y) - pqI_{xz} \\ M &= \dot{q}I_y + pr(I_x - I_z) + (p^2 - r^2)I_{xz} \\ N &= \dot{r}I_z - \dot{p}I_{xz} + pq(I_y - I_x) + qrI_{xz} \end{aligned} \right\} \qquad (3-90)$$

整理上式可以得到下列力矩方程组

$$\left. \begin{aligned} \dot{p} &= (c_1 r + c_2 p)q + c_3 \overline{L} + c_4 N \\ \dot{q} &= c_5 pr - c_6(p^2 - r^2) + c_7 M \\ \dot{r} &= (c_8 p - c_2 r)q + c_4 \overline{L} + c_9 N \end{aligned} \right\} \qquad (3-91)$$

式中，$c_1 = \dfrac{(I_y - I_z)I_z - I_{xz}^2}{\sum}$，$c_2 = \dfrac{(I_x - I_y + I_z)I_{xz}}{\sum}$，$c_3 = \dfrac{I_z}{\sum}$，$c_4 = \dfrac{I_{xz}}{\sum}$，$c_5 = \dfrac{I_z - I_x}{\sum}$，$c_6 = \dfrac{I_{xz}}{I_y}$，$c_7 = \dfrac{1}{I_y}$，$c_8 = \dfrac{I_x(I_x - I_y) + I_{xz}^2}{\sum}$，$c_9 = \dfrac{I_x}{\sum}$，令 $\sum = I_x I_z - I_{xz}^2$。

至此，在操纵舵面锁定条件下，在机体坐标系上建立起了在外合力 $\sum \boldsymbol{F}$ 和外合力矩 $\sum \boldsymbol{M}$ 作用下的飞行器动力学方程组，即式（3-79）和式（3-91）。

3.3.2 运动学方程

飞行器运动方程组还包括描述各运动参数之间关系的运动学方程，包括描述无人机质心相对地面坐标系运动的运动学方程和无人机机体相对地面坐标系姿态变化的运动学方程。

1. 无人机绕质心转动的运动学方程

首先讨论飞行器绕质心的旋转运动，即角运动，包括俯仰角运动、偏航角运动和滚转角运动。需要确定三个姿态角的角速率 $\dot{\theta}$（俯仰角变化率）、$\dot{\psi}$（偏航角变化率）和 $\dot{\phi}$（滚转角变化率）与机体坐标系的三个角速度分量 p（绕 Ox 轴的角速度分量）、q（绕 Oy 轴的角速度分量）和 r（绕 Oz 轴的角速度分量）之间的关系。

由机体坐标系与地面坐标系之间关系，可得机体坐标系的三个角速度分量 (p, q, r) 与姿态角速率 $(\dot{\theta}, \dot{\phi}, \dot{\psi})$ 之间的关系如下

$$\begin{bmatrix} p \\ q \\ r \end{bmatrix} = L_x(\phi)L_y(\theta)\begin{bmatrix} 0 \\ 0 \\ \dot{\psi} \end{bmatrix} + L_x(\phi)\begin{bmatrix} 0 \\ \dot{\theta} \\ 0 \end{bmatrix} + \begin{bmatrix} \dot{\phi} \\ 0 \\ 0 \end{bmatrix} \qquad (3-92)$$

进而可以写出姿态角速率 $(\dot{\theta}, \dot{\phi}, \dot{\psi})$ 与机体坐标系的三个角速度分量 (p, q, r) 之间的关系式：

$$p = \dot{\phi} - \dot{\psi}\sin\theta$$
$$q = \dot{\theta}\cos\phi + \dot{\psi}\cos\theta\sin\phi \qquad\qquad (3-93)$$
$$r = -\dot{\theta}\sin\phi + \dot{\psi}\cos\theta\cos\phi$$

或者写成运动方程组：

$$\dot{\phi} = p + (r\cos\phi + q\sin\phi)\tan\theta$$
$$\dot{\theta} = q\cos\phi - r\sin\phi \qquad\qquad (3-94)$$
$$\dot{\psi} = \frac{1}{\cos\theta}(r\cos\phi + q\sin\phi)$$

上述运动方程组也可以通过 3.1.3 节中建立的地面坐标系与机体坐标系之间的转换关系变换得到。

因为，姿态角的变化率$(\dot{\theta},\dot{\phi},\dot{\psi})$在地面坐标系中的分量为

$$\begin{bmatrix} -\dot{\theta}\sin\psi + \dot{\phi}\cos\theta\cos\psi \\ \dot{\theta}\cos\psi + \dot{\phi}\cos\theta\sin\psi \\ \dot{\psi} - \dot{\phi}\sin\theta \end{bmatrix}_{\text{earth}} \qquad\qquad (3-95)$$

而机体坐标系的三个角速度分量为

$$\begin{bmatrix} p \\ q \\ r \end{bmatrix}_{\text{body}} \qquad\qquad (3-96)$$

将式 (3-95) 和式 (3-96) 代入地面坐标系与机体坐标系之间的转换关系式 (3-17)，即 $X_{\text{body}} = L_g^b X_{\text{earth}}$，便也可以得到运动方程组式 (3-94)。

由式 (3-94) 可以看出，姿态角变化率 $(\dot{\theta},\dot{\phi},\dot{\psi})$ 之间，通常是互不正交的向量。在一般情况下，$\dot{\psi}$ 与 $\dot{\theta}$ 之间以及 $\dot{\phi}$ 与 $\dot{\theta}$ 之间是互相垂直的，而 $\dot{\psi}$ 与 $\dot{\phi}$ 之间是不相互垂直的，而只有 $\theta=0$ 时，$\dot{\psi}$ 与 $\dot{\phi}$ 才相互垂直，如图 3.19 所示。

2. 无人机质心运动的运动学方程

下面再来讨论飞行器质心的位移运动，即线运动，包括飞行速度的增减运动、升降运动和侧移运动。

与上面建立运动方程组式 (3-94) 的方法一样，也可以通过地面坐标系与机体坐标系之间的转换关系建立飞行器质心的位移运动方程组。

对于地面坐标系的位移运动（地面坐标系下的速度分量）有

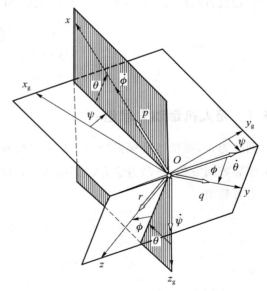

图 3.19　机体坐标系的三个角速度分量(p,q,r)与姿态角变化率$(\dot{\theta},\dot{\phi},\dot{\psi})$之间的关系

$$\begin{bmatrix} \dot{x}_g \\ \dot{y}_g \\ -\dot{h} \end{bmatrix}_{earth} \tag{3-97}$$

而对于机体坐标系的速度分量有

$$\begin{bmatrix} u \\ v \\ w \end{bmatrix}_{body} \tag{3-98}$$

这样,将式(3-97)和式(3-98)代入地面坐标系与机体坐标标系之间的转换关系式(3-17),即 $X_{earth} = [L_g^b]^T X_{body}$,便可以得到导航方程组

$$\left. \begin{aligned} \dot{x}_g &= u\cos\theta\cos\psi + v(\sin\theta\cos\psi\sin\phi - \sin\psi\cos\phi) + \\ &\quad w(\sin\theta\cos\psi\cos\phi + \sin\psi\sin\phi) \\ \dot{y}_g &= u\cos\theta\sin\psi + v(\sin\theta\sin\psi\sin\phi + \cos\psi\cos\phi) + \\ &\quad w(\sin\theta\sin\psi\cos\phi - \cos\psi\sin\phi) \\ \dot{h} &= u\sin\theta - v\cos\theta\sin\phi - w\cos\theta\cos\phi \end{aligned} \right\} \tag{3-99}$$

或者利用地面坐标系与气流坐标系之间的转换关系式(3-18) $X_{earth} = [L_g^a]^T X_{wind}$,即

$$\begin{bmatrix} \dot{x}_g \\ \dot{y}_g \\ -\dot{h} \end{bmatrix}_{earth} = [L_g^a]^T \begin{bmatrix} V \\ 0 \\ 0 \end{bmatrix}_{wind} \tag{3-100}$$

将导航方程组式(3-99)写成如下形式,即

$$\left. \begin{aligned} \dot{x}_g &= V\cos\theta_a\cos\psi_a \\ \dot{y}_g &= V\cos\theta_a\sin\psi_a \\ \dot{h} &= V\sin\theta_a \end{aligned} \right\} \tag{3-101}$$

3.3.3 无人机运动方程组

到此为止,在机体坐标系中建立起了飞行器的运动方程(包括动力学方程和运动学方程)。为了今后查阅方便,将动力学方程和运动学方程整理在一起,写成下列形式,即

力方程组

$$\left. \begin{aligned} \dot{u} &= vr - wq - g\sin\theta + \frac{F_x}{m} \\ \dot{v} &= wp - ur + g\cos\theta\sin\phi + \frac{F_y}{m} \\ \dot{w} &= uq - vp + g\cos\theta\cos\phi + \frac{F_z}{m} \end{aligned} \right\} \tag{3-102}$$

运动方程组

$$\dot{\phi} = p + (r\cos\phi + q\sin\phi)\tan\theta$$
$$\dot{\theta} = q\cos\phi - r\sin\phi$$
$$\dot{\psi} = \frac{1}{\cos\theta}(r\cos\phi + q\sin\phi)$$
$$\tag{3-103}$$

力矩方程组

$$\dot{p} = (c_1 r + c_2 p)q + c_3\overline{L} + c_4 N$$
$$\dot{q} = c_5 pr - c_6(p^2 - r^2) + c_7 M$$
$$\dot{r} = (c_8 p - c_2 r)q + c_4\overline{L} + c_9 N$$
$$\tag{3-104}$$

导航方程组

$$\dot{x}_g = u\cos\theta\cos\psi + v(\sin\theta\cos\psi\sin\phi - \sin\psi\cos\phi) +$$
$$w(\sin\theta\cos\psi\cos\phi + \sin\psi\sin\phi)$$
$$\dot{y}_g = u\cos\theta\sin\psi + v(\sin\theta\sin\psi\sin\phi + \cos\psi\cos\phi) +$$
$$w(\sin\theta\sin\psi\cos\phi - \cos\psi\sin\phi)$$
$$\dot{h} = u\sin\theta - v\cos\theta\sin\phi - w\cos\theta\cos\phi$$
$$\tag{3-105}$$

或者

$$\dot{x}_g = V\cos\theta_a\cos\psi_a$$
$$\dot{y}_g = V\cos\theta_a\sin\psi_a$$
$$\dot{h} = V\sin\theta_a$$
$$\tag{3-106}$$

式 (3-102)～式 (3-106)确定了状态向量 $\boldsymbol{X}^{\mathrm{T}} = [u \quad v \quad w \quad \phi \quad \theta \quad \psi \quad p \quad q \quad r \quad x_g \quad y_g \quad h]$ 与控制输入向量 $\boldsymbol{U}^{\mathrm{T}} = [\delta_T \quad \delta_e \quad \delta_a \quad \delta_r]$(其中 δ_T 为油门量,δ_e 为升降舵偏转角,δ_a 为副翼偏转角,δ_r 为方向舵偏转角)之间的非线性函数关系,所描述的 12 个方程是封闭的。只要已知飞行器相关的特征参数,根据飞行高度 h、马赫数 Ma 以及飞行状态,就可以确定力(F_x, F_y, F_z)和力矩$(\overline{L}, M, N)$,这样应用上述 12 个方程,便可以求解飞行器在任何时刻的运动状态。

飞行器的力方程组 (3-102)和运动方程组 (3-103)以及力矩方程组 (3-104)的计算并不依赖于偏航角 ψ,这一特点使得在对无人机运动方程组进行线性化过程中,并不需要对偏航角 ψ 进行线性化处理。

对于固定翼无人机来说,上述力方程组 (3-102)和力矩方程组 (3-104)中,气动力和气动力矩的计算都依赖于两个气流角 α,β 和飞行速度 $\boldsymbol{V}$,并且利用气流坐标系与机体坐标系之间的转换关系式 (3-12),即 $X_{\mathrm{body}} = [\boldsymbol{L}_b^a]^{\mathrm{T}} X_{\mathrm{wind}}$,又可以得到飞行速度 $\boldsymbol{V}$ 与机体坐标系各轴上的分量(u, v, w)之间的关系:

$$\begin{bmatrix} u \\ v \\ w \end{bmatrix} = [\boldsymbol{L}_b^a]^{\mathrm{T}}\begin{bmatrix} V \\ 0 \\ 0 \end{bmatrix} = \begin{bmatrix} V\cos\alpha\cos\beta \\ V\sin\beta \\ V\sin\alpha\cos\beta \end{bmatrix} \tag{3-107}$$

因此,将力方程组 (3-102)写成用飞行速度 $\boldsymbol{V}$、迎角 α 和侧滑角 β 表示的形式更便于计算。

下面来推导关于飞行速度 $\boldsymbol{V}$、迎角 α 和侧滑角 β 与机体坐标系的速度分量(u, v, w)之间的重要关系式；然后，再推导出由飞行速度 $\boldsymbol{V}$、迎角 α 和侧滑角 β 表示的力方程组的表达式。

首先，将式（3-107）两边对时间求微分得

$$\left.\begin{array}{l}\dot{u}=\dot{V}\cos\alpha\cos\beta-\dot{\alpha}V\sin\alpha\cos\beta-\dot{\beta}V\cos\alpha\sin\beta\\[2mm]\dot{v}=\dot{V}\sin\beta+\dot{\beta}V\cos\beta\\[2mm]\dot{w}=\dot{V}\sin\alpha\cos\beta+\dot{\alpha}V\cos\alpha\cos\beta-\dot{\beta}V\sin\alpha\sin\beta\end{array}\right\} \quad (3-108)$$

从式（3-108）中的第一和第三式可以得到

$$\dot{u}\cos\alpha+\dot{w}\sin\alpha=\dot{V}\cos\beta-\dot{\beta}\cdot V\sin\beta \quad (3-109)$$

由式（3-109）和（3-108）中的第二式可以得到

$$\dot{V}=\dot{u}\cos\alpha\cos\beta+\dot{v}\sin\beta+\dot{w}\sin\alpha\cos\beta \quad (3-110)$$

由式（3-107）可以得到如下关系式

$$\left.\begin{array}{l}\cos\alpha\cos\beta=\dfrac{u}{V}\\[3mm]\sin\beta=\dfrac{v}{V}\\[3mm]\sin\alpha\cos\beta=\dfrac{w}{V}\end{array}\right\} \quad (3-111)$$

将上式代入式（3-110）中，就得到了关于飞行速度 V 的微分（即加速度）与机体坐标系的速度分量 (u,v,w) 之间的重要关系式

$$\dot{V}=\frac{\dot{u}u+\dot{v}v+\dot{w}w}{V} \quad (3-112)$$

利用同样的方法可以得到关于迎角 α 和侧滑角 β 的微分表达式

$$\dot{\alpha}=\frac{\dot{u}w-\dot{w}u}{u^{2}+w^{2}} \quad (3-113)$$

$$\dot{\beta}=\frac{\dot{v}V-v\dot{V}}{V^{2}\cos\beta} \quad (3-114)$$

同样，由式（3-111）可以得到下列关系式

$$\left.\begin{array}{l}\tan\alpha=\dfrac{u}{w}\\[3mm]\sin\beta=\dfrac{v}{V}\\[3mm]V=\sqrt{u^{2}+v^{2}+w^{2}}\end{array}\right\} \quad (3-115)$$

下面再来推导由飞行速度 $\boldsymbol{V}$、迎角 α 和侧滑角 β 表示的力方程组表达式。

由牛顿第二定律可知，在气流坐标系内的加速度向量表达式为

$$\dot{\boldsymbol{V}}_{w}+\boldsymbol{\Omega}_{R}\boldsymbol{V}_{w}+\boldsymbol{\omega}_{w}\times\boldsymbol{V}_{w}=\frac{1}{m}\boldsymbol{F}_{w} \quad (3-116)$$

式中，$\dot{\boldsymbol{V}}_{w}=\begin{bmatrix}\dot{V}\\0\\0\end{bmatrix}$，$\boldsymbol{\Omega}_{R}=L_{b}^{a}(\dot{L}_{b}^{a})^{\mathrm{T}}=\begin{bmatrix}0 & -\dot{\beta} & -\dot{\alpha}\cos\beta\\\dot{\beta} & 0 & \dot{\alpha}\sin\beta\\\dot{\alpha}\cos\beta & -\dot{\alpha}\sin\beta & 0\end{bmatrix}$，$\boldsymbol{V}_{w}=\begin{bmatrix}V\\0\\0\end{bmatrix}$，$\boldsymbol{\omega}_{w}=\begin{bmatrix}p_{w}\\q_{w}\\r_{w}\end{bmatrix}$，

$$\boldsymbol{F}_W = \begin{bmatrix} F_{xa} \\ F_{ya} \\ F_{za} \end{bmatrix} 。$$

气流坐标系内作用在飞行器上的总外力 $\boldsymbol{F}_W$ 包括发动机推力 $\boldsymbol{T}$、总空气动力 $\boldsymbol{R}_\Sigma$ 和重力 $\boldsymbol{G}$ 在气流坐标系各轴上的分量为

$$\begin{bmatrix} T_{xa} \\ T_{ya} \\ T_{za} \end{bmatrix} = \boldsymbol{L}_b^a \begin{bmatrix} T \\ 0 \\ 0 \end{bmatrix} = \begin{bmatrix} T\cos\alpha\cos\beta \\ -T\cos\alpha\sin\beta \\ -T\sin\alpha \end{bmatrix} \tag{3-117}$$

$$\boldsymbol{R}_\Sigma = \begin{bmatrix} X_A \\ Y_A \\ Z_A \end{bmatrix} = \begin{bmatrix} -D \\ Y \\ -L \end{bmatrix} \tag{3-118}$$

$$\begin{bmatrix} G_{xa} \\ G_{ya} \\ G_{za} \end{bmatrix} = \begin{bmatrix} mg(-\cos\alpha\cos\beta\sin\theta + \sin\beta\cos\theta\sin\phi + \sin\alpha\cos\beta\cos\theta\cos\phi) \\ mg(\cos\alpha\sin\beta\sin\theta + \cos\beta\cos\theta\sin\phi - \sin\alpha\sin\beta\cos\theta\cos\phi) \\ mg(\sin\alpha\sin\theta + \cos\alpha\cos\theta\cos\phi) \end{bmatrix} \tag{3-119}$$

$$\boldsymbol{F}_W = \begin{bmatrix} F_{xa} \\ F_{ya} \\ F_{za} \end{bmatrix} = \begin{bmatrix} -D \\ Y \\ -L \end{bmatrix} + L_b^a \begin{bmatrix} T \\ 0 \\ 0 \end{bmatrix} + \begin{bmatrix} G_{xa} \\ G_{ya} \\ G_{za} \end{bmatrix} \tag{3-120}$$

将式（3-117）~式（3-120）代入式（3-116）后并展开，则可将式（3-102）变换为气流坐标系下的力方程组形式

$$\left. \begin{aligned} m\dot{V} &= T\cos\alpha\cos\beta - D + G_{xa} \\ mV\dot{\beta} &= -T\cos\alpha\sin\beta + Y - mVr_w + G_{ya} \\ mV\cos\beta\,\dot{\alpha} &= -T\sin\alpha - L + mVq_w + G_{za} \end{aligned} \right\} \tag{3-121}$$

又因为气流坐标系内的角速度 $\boldsymbol{\omega}_w$ 与机体坐标系内的角速度 $\boldsymbol{\omega}_B$ 之间存在如下转换关系

$$\boldsymbol{\omega}_w = L_b^a \boldsymbol{\omega}_B = L_b^a \begin{bmatrix} p \\ q \\ r \end{bmatrix} \tag{3-122}$$

即

$$\begin{bmatrix} p_w \\ q_w \\ r_w \end{bmatrix} = \begin{bmatrix} p\cos\alpha\cos\beta + q\sin\beta + r\sin\alpha\cos\beta \\ -p\cos\alpha\sin\beta + q\cos\beta - r\sin\alpha\sin\beta \\ -p\sin\alpha + r\cos\alpha \end{bmatrix} \tag{3-123}$$

将式（3-123）代入式（3-121）中，则可得到气流坐标系下的力方程组形式

$$\left. \begin{aligned} m\dot{V} &= T\cos\alpha\cos\beta - D + G_{xa} \\ mV\dot{\beta} &= -T\cos\alpha\sin\beta + Y - mV(-p\sin\alpha + r\cos\alpha) + G_{ya} \\ mV\cos\beta\,\dot{\alpha} &= -T\sin\alpha - L + mV(-p\cos\alpha\sin\beta + q\cos\beta - r\sin\alpha\sin\beta) + G_{za} \end{aligned} \right\} \tag{3-124}$$

这样，将飞行器的运动方程组式（3-102）~式（3-106）就变换成关于状态向量 $\boldsymbol{X}^T = \begin{bmatrix} V & \beta & \alpha & \phi & \theta & \psi & p & q & r & x_g & y_g & h \end{bmatrix}$ 与控制输入向量 $\boldsymbol{U}^T = \begin{bmatrix} \delta_T & \delta_e & \delta_a & \delta_r \end{bmatrix}$ 之间的

非线性函数关系。

思 考 题

1. 引入坐标系的目的是什么？旋转次序的不同对旋转矩阵有何影响？

2. 无人机质心运动的动力学方程和绕质心转动的动力学方程分别在哪个坐标系中建立？简述无人机常用的坐标系定义及其相互转换关系。

3. 说明姿态角、攻角和侧滑角的定义。

4. 分析说明作用在固定翼无人机上的力和力矩以及它们在各个坐标系的转换关系。

5. 固定翼无人机总升力由哪几部分组成？

6. 无人机受到的阻力由哪几部分组成？各是如何定义的？

7. 说明固定翼无人机各个气动操纵舵面的偏转极性及其与操纵力矩之间的关系。

8. 试推导刚体无人机运动方程，并分析采用机体坐标系描述无人机运动有何优点。

第4章 执行机构

飞行器在空间的运动有六个自由度:质心的三个平移运动自由度和绕质心的三个转动自由度。要改变这六种运动状态,需要提供操纵力和操纵力矩,这就是执行机构的作用。

执行机构是飞行控制系统中一个不可缺少的重要组成部分。对固定翼无人机来说,执行机构主要由舵机和舵系统等构成,其功能是按照控制指令和来自敏感元件的反馈信号的大小和极性操纵控制面(舵面)偏转,产生操纵力以保证无人机的稳定受控飞行。对多旋翼无人机来说,执行机构可以看成由无刷直流电动机和电子调速器等构成。

4.1 舵机与舵回路

执行机构通常包括功率放大器、舵机和反馈元件、操纵机构和舵面,构成一个闭合回路,如图 4.1 所示。

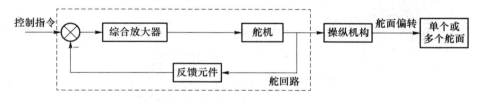

图 4.1 执行机构一般原理图

舵回路(伺服系统)按照指令模型装置或敏感元件输出的电信号操纵舵面,实现飞行器角运动或轨迹运动的自动稳定和控制,它是由若干部件组成的随动系统,其中舵机是执行元件。舵机拖动的负载(舵面上的铰链力矩)随飞行状态而变化。

本节首先简述几种常见舵机的结构、工作原理及特性,然后根据舵机所承受的负载及机械特性,研究舵回路的构成及舵回路的分类。

4.1.1 舵机工作原理

舵机是舵回路的执行元件,输出力矩(或力)和角速度(或线速度),驱动舵面偏转。飞行控制系统中常采用电动舵机、液压舵机和电动液压机舵机三种。

1. 电动舵机

电动舵机以电力为能源,通常由电动机(直流或交流)、测速装置、位置传感器、齿轮传动装置和安全保护装置等组成。

电动舵机的控制方式一般有直接式和间接式两种。直接式改变电动机的电枢电压或激磁电压,直接控制舵机输出轴的转速与转向;间接式是在电动机恒速转动时,通过离合器的吸合,间接控制舵机输出轴的转速与转向。

图 4.2 为用磁粉离合器间接控制电动舵机传动的示意图。如图所示,磁粉离合器 1 是这

种电动舵机的关键部件,由主动、从动和固定三部分组成。主动部分的壳体内有控制绕组和磁粉,壳体与齿轮 z_4 的端面固连并随电动机输出轴一起恒速旋转。从动部分的杯形转子与磁粉离合器输出齿轮 z_5 一起转动。当电流流过磁粉离合器控制绕组时,主动部分壳体内的磁粉(铁钴合金粉)被磁化,按磁力线方向排成链状,链的一端与主动部分相连,另一端与从动部分相连。在磁力的作用下,磁粉与主、从动部分之间产生正比于控制电流的摩擦力矩,带动杯形转子和齿轮 z_5 一起转动。

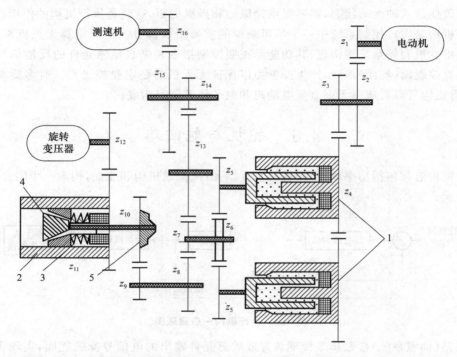

1—磁粉离合器; 2—鼓轮; 3—电磁离合器; 4—衔铁与斜盘; 5—金属摩擦离合器; $z_1 \sim z_{16}$ 为减速齿轮。

图 4.2　用磁粉离合器间接控制电动舵机传动的示意图

磁滞电动机的输出轴经齿轮 z_1、z_2 和 z_3、z_4 两级减速,带动两个磁粉离合器的主动部分以相反的方向恒速转动。根据流过磁粉离合器控制绕组的电流极性,其中一个磁粉离合器工作,产生正比于控制电流的摩擦力矩,驱动其从动部分转动,经齿轮 z_5、z_6、z_7、z_8 和 z_9、z_{10} 三级减速,金属摩擦离合器 5 带动鼓轮 2 恒速转动,输出正比于控制电流的力矩。当控制电流的极性相反时,另一磁粉离合器工作,鼓轮反向转动。

线性旋转变压器和测速发电机分别经过齿轮转动装置随鼓轮一起转动,各自输出相位取决于鼓轮转向、大小正比于鼓轮转角和角速度的电信号。

电磁离合器 3 是鼓轮与输出齿轮 z_{10} 的连接装置。自动控制时,电磁离合器的激磁绕组通电,电磁离合器吸合,输出齿轮 z_{10} 与鼓轮连接,鼓轮随输出齿轮 z_{10} 一起转动。人工驾驶时,电磁离合器不通电,输出齿轮不与鼓轮连接,由驾驶员直接操纵舵面。金属摩擦离合器 5 利用金属片之间的摩擦传递力矩,是一种安全保护装置。当电磁离合器工作时,齿轮 z_{10} 经金属摩擦离合器带动鼓轮转动,当负载力矩超过某值时,金属片打滑,从而限制舵机的最大输出力矩。紧急状态下,驾驶员还可强行操纵,确保飞行器的飞行安全。

2. 液压舵机

液压舵机以高压液体作为能源。按其作用可分为液压舵机(直接推动舵面偏转)与电液副舵机(通过液压主舵机,即液压助力器才能带动舵面偏转)。图 4.3 为一种典型的电液副舵机结构原理示意图。

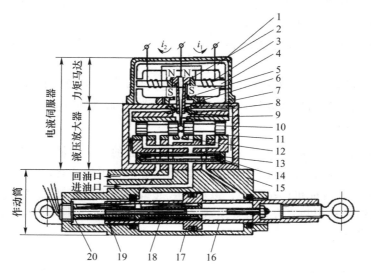

l—导磁体;2—永久磁铁;3—控制线圈;4—衔铁;5—弹簧管;6—挡板;7—喷嘴;8—溢流腔;9—反馈杆;10—阀芯;11—阀套;12—回油节流孔;13—固定节流孔;14—油滤;15—作动筒壳体;16—活塞杆;17—活塞;18—铁芯;19—线圈;20—位移传感器。

图 4.3　电液副舵机结构图

电液副舵机由电液伺服阀(包括力矩马达和液压放大器)、作动筒和位移传感器等组成。高压油流入进油口,经油滤 14 分四路流出。其中两路经左、右固定节流孔 13、阀芯 10 的两旁和左、右喷嘴 7,在溢流腔 8 中汇合,然后经回油节流孔 12 从回油口流出。另外两路油液分别流到阀套 11 上被阀芯工作凸肩遮住的窗口处。阀芯偏离中间位置后,其中一路高压油液经阀芯工作凸肩打开的窗口流入作动筒的一腔,作动筒另一腔的油液经被打开的另一窗口直接流入回油孔。

力矩马达将电气量转换成机械角位移,是一种信号转换装置。当力矩马达控制绕组中的直流电流差(i_1-i_2)等于零时,导磁体 1 与衔铁 4 之间的四个气隙中流过的磁通量相等,而衔铁两端流过上气隙与下气隙的磁通方向相反,衔铁两端的电磁力平衡,衔铁及与之固连的挡板 6 处于中间位置。挡板与左右两个喷嘴间的距离相等,二路油液作用在阀芯两端面上的压力大小相等、方向相反,阀芯处于中间位置。阀芯的工作凸肩遮住阀套上的窗口,阻止高压油流入,活塞杆 16 处于中间位置,舵面不偏转。

当控制电流(i_1-i_2)不等于零时,产生控制磁通,改变四个气隙之间的磁通量。在衔铁一端的上气隙中流过的磁通量增加,下气隙中流过的减少;衔铁的另一端与此相反。于是衔铁两端的电磁力不平衡,产生电磁力矩,使衔铁带动挡板转动。挡板与一侧喷嘴的距离增大,喷嘴腔内油压降低;挡板与另一侧喷嘴的距离减小,喷嘴腔内油压升高。在压力差的作用下,阀芯向低压腔方向移动。当作用在衔铁上的电磁力矩与弹簧管 5 因衔铁转动变形所产生的力矩、阀芯移动通过小球带动反馈杆 9 产生的力矩以及高压油流过阀芯产生的液动力矩相平衡时,衔铁停止转动保持在某一偏转角上。阀芯两端的压力差与反馈杆对阀芯的反作用力也随之平衡,阀芯停止移动,移动距离正比于控制绕组电流之差,移动方向则取决于该电流差的极性。阀芯移动打开阀套上被工作凸肩遮住的窗口,高压油经窗口流入作动筒的一腔,该腔的压力升高。在作动筒两腔压差的作用下,活塞 17 和活塞杆 16 以一定速度向低压腔方向移动。作动筒另一腔的油液被压出,经阀套上的窗口流入回油孔。

如果电流差($i_1 - i_2$)的极性改变,衔铁和阀芯反方向运动,活塞和活塞杆也以一定速度向反方向运动。

线性位移传感器 20 把活塞杆的位移转变成电信号。随着活塞杆的移动,线性位移传感器输出正比于活塞杆位移的交流电压,其相位取决于活塞杆移动的方向。

3. 电液复合舵机

电液复合舵机是电液副舵机和液压主舵机组装而成的一个整体,兼有这两种舵机的功能,一般具有人工驾驶、自动控制、复合工作和应急操纵等四种工作状态。

图 4.4 为液压复合舵机的结构图。液压复合舵机由电液副舵机、主舵机(即液压助力器)、电磁转换机构、锁紧机构和复合摇臂等组成。为保证舵机的可靠性,用两套独立的液压源(系统 I 和系统 II)供油。

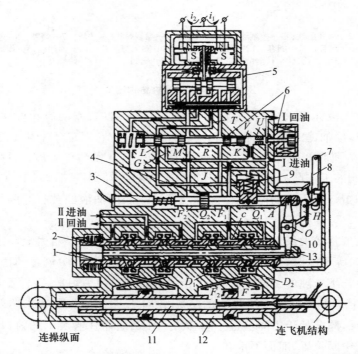

1—副滑阀;2—主滑阀;3—小位移传感器;4—小作动筒;5—电液伺服阀;6—电磁转换机构;
7—连驾驶杆;8—摇臂;9—锁紧机构;10—摇臂;11—大位移传感器;12—大作支筒。

图 4.4　液压复合舵机的结构图

电磁转换机构和锁紧机构用于人工驾驶和自动控制的状态转换。

电磁转换机构不通电时,喷嘴 U 与挡板(电磁转换机构的衔铁)之间的间隙最大,喷嘴内

腔 V 压力降低,滑阀在弹簧作用下处于最右端,其凸肩堵住经油路 T 到电液副舵机的油路;高压油液(系统 Ⅰ)经油路 L 流到锁紧机构的环形槽 J。由于高压供油被切断且小作动筒活塞杆被锁紧机构锁住,电液副舵机不工作,液压复合舵机处于人工驾驶工作状态。

当人工驾驶时,驾驶员操纵驾驶杆 H 使摇臂上 B 点绕 A 点转动,带动主滑阀一起运动,高压油经环形槽 C 与被打开的窗口 D_1(或 D_2),流入大作动筒的一腔 E_2(或 E_1),另一腔 E_1(或 E_2)的油液则经窗口 D_2(或 D_1)与系统 Ⅰ 的回油路 Q_2(或 Q_1)相通,经主滑阀的空心孔流回油箱。在大动作筒两腔压差作用下,舵机壳体移动,经传动连杆操纵舵面偏转。

驾驶杆移动到某一位置后,由于固连于舵机壳体的支点 A 和拨油杆 H 与壳体一起移动,而主滑阀不随壳体运动,其窗口重新关闭,舵机壳体也停止运动。人工驾驶时,舵机壳体始终跟随驾驶杆的移动按比例移动。

电磁转换机构通电时,转换机构的衔铁向左移动,堵住喷嘴 U,喷嘴内腔 V 的油压升高,推动滑阀左移。于是系统 Ⅰ 的进油口到油路 T 和电液副舵机的通路与到油路 G、L 及环形槽 J 的通路均被打开。锁紧机构在高压油液的作用下向上移动,小作动筒的活塞处于自由状态。驾驶杆不动时,液压复合舵机转入自动控制状态,控制电液副舵机小作动筒的活塞在控制信号作用下运动。小作动筒活塞杆上的 A 点通过摇臂移动主滑阀,使舵机的壳体相应的按比例运动,如同人工驾驶一样。

如果驾驶员参与自动控制时的操纵,则液压复合舵机处于复合工作状态。驾驶杆的操纵运动和小作动筒活塞的运动通过摇臂在主滑阀处复合,共同操纵舵机运动。

图 4.4 中作动筒的副滑阀一般情况下是不动的,犹如一个固定的阀套。但当主滑阀一旦卡死,或出现其他紧急情况时,副滑阀将接替主滑阀的工作,使驾驶员能应急操纵。

4. 余度舵机

目前提高舵机飞行可靠性的主要措施是采用多余度技术。多余度就是有备份,用几套相同的舵机组合在一起共同操纵舵面,构成所谓余度舵机。余度电液副舵机和余度主舵机原理相同,下面仅以余度电液副舵机为例,介绍余度舵机的工作原理。

图 4.5 为三余度串联液压副舵机的原理图。该舵机有三套相同的电液副舵机(包括液压伺服阀和作动器),三套作动筒的活塞杆同时连接在一根杆上并一起运动。余度副舵机中配置三个监控器和逻辑转换控制开关、伺服阀位置传感器、压差传感器、副舵机位置传感器、信号整形器和旁通活门。每个监控器监控和检测各自通道的指令输入、电液伺服阀的位移、作动筒两腔的压力差和作动筒活塞的位移等信号。旁通活门受监控器控制,工作时可连通作动筒的两腔。

在正常情况下,余度副舵机中,只有通道 A(图中最右边)的伺服阀处于“主动”状态,其余两伺服阀则处于静止状态。此时控制开关 K_1 和 K_2 闭合,压差传感器的输出信号经信号整形器 SP 和控制开关反馈到放大器,通道 B 和通道 C 各自构成压差回路。通道 B 和通道 C 伺服阀输出的压差正比于通道的指令信号。由于引入压差深度负反馈,构成的压差回路闭路增益值极低。在输入指令信号作用下,通道 B 和通道 C 伺服阀输出的压差近于零值。正常情况下两通道处于备份状态。

处于“主动”状态的通道 A,由于伺服阀没有压差反馈,力增益值较高。在输入信号作用下,通道 A 的伺服阀输出压差,推动活塞移动,并承受几乎全部的舵机负载。旁通活门打开后,作动筒两腔的油路直接沟通,作用于备用通道 B 和通道 C,活塞两端的压差近于零,它们的

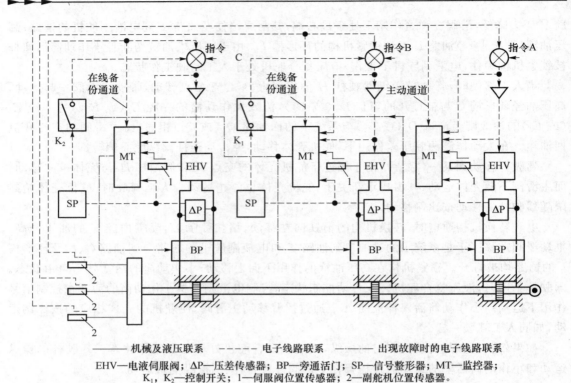

EHV—电液伺服阀；ΔP—压差传感器；BP—旁通活门；SP—信号整形器；MT—监控器；
K₁，K₂—控制开关；1—伺服阀位置传感器；2—副舵机位置传感器。

图 4.5　三余度电液副舵机原理图

活塞杆与通道 A 作动筒的活塞杆一起移动,实际上几乎不承受舵机的负载力。三套电液副舵机在输入信号作用下,协调地操纵一个舵面偏转,如同一个整体的舵机。在通道 A 的副舵机回路中有位置负反馈,当稳态时活塞杆的位移信号比例于输入信号。此外,各通道的监控器依据电液伺服阀阀芯位移、输出的压差和活塞位移等信号,不断地监控和检测各自的工作情况。

当 A 通道电液副舵机一旦出现故障,监控器及时检测和判断,并发出逻辑控制信号打开本通道的旁通活门,同时断开控制开关 K₁(假定通道 B 无故障),切断通道 B 的压差反馈和旁通活门的通路,使通道 B 的力增益值提高到正常值。通道 B 由原备份状态转为主动状态,接替通道 A 的工作,承受舵机的全部负载力。若通道 B 也出现故障,检测后则断开控制开关 K₂,通道 C 的舵机转入主动状态,接替 A,B 两通道的工作。因此,在三套舵机中即使有两套出现故障,余度舵机也能照常操纵舵面偏转。可见,三余度电液副舵机大大提高了系统的可靠性,可保证飞行器安全飞行。

4.1.2　舵机特性分析

舵机是飞行控制系统中极为重要的部件之一。飞行控制系统的性能在很大程度上取决于舵机的性能。分析研究飞行控制系统时,必须确定地描述舵机的动特性。本节从舵机的负载入手分析舵面的负载特性,研究电动与液压舵机的动特性以及舵面负载对舵机工作的影响。

1. 舵面的负载特性

飞行器上各操纵舵面(如升降舵、副翼等)可由人或舵机操纵。人或舵机在操纵舵面时,要克服空气动力所造成的气动负载。

　　舵面的负载即铰链力矩,是作用在舵面上的气动力相对于舵面铰链轴的力矩 M_j。其值取决于舵面的类型与几何形状、马赫数、仰角或侧滑角以及舵面的偏转,其中以舵面偏转所产生的铰链力矩为主。因此,铰链力矩 M_j 的表达式可近似写为

$$M_j = C_{hj}^{\delta} Q S_{\delta} c_{\delta} \delta_j = M_j^{\delta} \delta_j \qquad (4-1)$$

式中,系数 M_j^{δ} 表示单位舵偏角产生的铰链力矩,C_{hj}^{δ} 为铰链力矩导数,S_{δ} 为舵参考面积,c_{δ} 为舵平均几何弦长,δ_j 为舵偏角。

　　舵面负载铰链力矩不同于一般的负载。由式(4-1)可见,在舵面类型与几何形状一定的情况下,相同舵偏角产生的铰链力矩随飞行状态改变,动压 Q 越大,铰链力矩也越大,而且铰链力矩的方向(即系数 M_j^{δ} 的符号)也随之改变。系数 M_j^{δ} 的符号取决于舵面转轴 O_{δ} 相对于舵面气动力(R_{δ})压力中心的位置。通常舵面转轴的位置设置在压力中心的前面(如图 4.6(a)所示),$M_j^{\delta} < 0$。

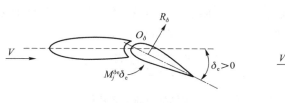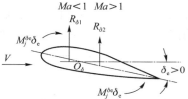

(a) 舵面转轴位于压力中心之前　　　　(b) 舵面转轴位于压力中心变化范围中间

图 4.6　舵面转轴不同位置时的铰链力矩

　　当动压 Q 增大时,铰链力矩 M_j 急剧增加,超声速飞行时甚至可达 $t \cdot m$ 的数量级。因此,在一些飞行器上,为了减小铰链力矩,把舵面转轴的位置设置在压力中心变化范围的中间。这样在同样舵面偏转角下,压力中心随马赫数 Ma 的增加由前向后移动,铰链力矩的方向(系数 M_j^{δ} 的符号)也随之改变(如图 4.6(b)所示)。当压力中心位于转轴 O_{δ} 前面时,$M_j^{\delta} < 0$,铰链力矩的方向力图使舵面恢复到中立位置。当位于 O_{δ} 后面时,$M_j^{\delta} > 0$,铰链力矩的方向则力图使舵面继续偏转,出现所谓铰链力矩反操纵现象。

　　铰链力矩的大小和方向随飞行状态而变化,对舵机的工作有很大的影响。

2. 舵机的动特性

(1) 电动舵机的动特性

电动舵机中电动机(两相异步电动机)的机械特性(包括磁粉离合器的机械特性)可用一族非线性曲线表示(如图 4.7 所示),这使得电动舵机动特性很难描述与分析。工程实践中往往采用线性化的方法研究某一平衡状态附近的增量运动。把非线性机械特性曲线近似为斜率为 B 的线性机械特性曲线。B 的物理含义是输入电压为常数时,输出力矩 M 对角速度 ω 的偏导数。

$$\tan \beta = -\frac{\partial M}{\partial \omega}\bigg|_{u=常数} = -B \qquad (4-2)$$

式中,β 为机械特性曲线与纵坐标的夹角。

　　同样,也把电动舵机中电动机的力矩特性(包括磁粉离合器的力矩特性)近似为斜率 A 的线性力矩特性,如图 4.8 所示。

$$\tan\alpha=\frac{\partial M}{\partial I}\bigg|_{\omega=常数}=A \qquad (4-3)$$

式中，α 为力矩特性曲线与横坐标 I 的夹角，A 为角速度 ω 等于常数时，输入力矩 M 对输入电流 I 的偏导数。

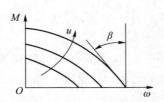 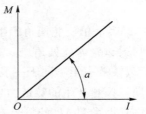

图 4.7　电动舵机中电动机的机械特性曲线　　**图 4.8　电动舵机中电动机的线性化力矩特性**

在上述前提下来研究电动舵机线性化动特性。

直接式电动舵机的动特性与其中的电动机特性相似，不再赘述。这里只介绍用磁粉离合器控制的间接式电动舵机（原理方块图如图 4.9 所示）的动特性。

$$I \rightarrow \boxed{磁粉离合器} \xrightarrow{M} \boxed{减速机构} \xrightarrow{\omega} \boxed{舵面传动装置} \xrightarrow{\delta}$$

图 4.9　用磁粉离合器控制的间接式电动舵机原理方块图

设鼓轮到舵面传动机构的速比为 i，磁粉离合器、齿轮转动装置、舵面及其传动机构和电动机转子折算到鼓轮（包括鼓轮）的总转动惯量为 J，磁粉离合器传递到鼓轮上的力矩为 M，磁粉离合器控制绕组的输入电压为 u、电流为 I、电感量和电阻值分别为 L 和 R，鼓轮角速度和转角分别为 ω 和 δ_{k}，舵偏角为 δ。

忽略摩擦力矩的影响，电动舵机的运动方程可描述为

$$\left.\begin{aligned}
\Delta u &= L\,\frac{\mathrm{d}\Delta I}{\mathrm{d}t}+\Delta IR \\[4pt]
\Delta M &= A\Delta I \\[4pt]
\Delta M &= J\,\frac{\mathrm{d}\Delta\omega}{\mathrm{d}t}+B\Delta\omega+\frac{\Delta M_j}{i} \\[4pt]
\Delta M_j &= M_j^{\delta}\Delta\delta \\[4pt]
\Delta\delta &= -\frac{\Delta\delta_{\mathrm{k}}}{i}
\end{aligned}\right\} \qquad (4-4)$$

式中，Δ 表示增量，负号表示舵面偏转的方向与鼓轮转动方向相反。

将式（4-4）经拉氏变换后，其相应的电动舵机方块图如图 4.10(a) 所示。

磁粉离合器机械特性曲线的斜率 $B\approx0$，舵面负载为零时（$\Delta M_j=0$），由图 4.10(a) 可得空载时电动舵机输入电压 $\Delta u(s)$ 对鼓轮输出转角 $\Delta\delta_{\mathrm{k}}(s)$ 的传递函数为 $W_{\mathrm{M}}(s)$。

$$W_{\mathrm{M}}(s)=\frac{\Delta\delta_{\mathrm{k}}(s)}{\Delta u(s)}=\frac{k_{\mathrm{M}}}{s^2(T_{\mathrm{M}}s+1)} \qquad (4-5)$$

式中，$T_{\mathrm{M}}=L/R$ 为电动舵机的电气时间常数，$k_{\mathrm{M}}=A/JR$ 为电动舵机的静态增益。一般来说，时间常数 T_{M} 值较小，近似分析中可忽略，因而电动舵机的传递函数又可写为

$$W_M(s) = \frac{\Delta\delta_k(s)}{\Delta u(s)} = \frac{k_M}{s^2} \tag{4-6}$$

当舵面负载不为零时（即 $\Delta M_j \neq 0$），将方块图 4.10(a) 变换成图 4.10(b) 的形式，此时，可得负载情况的电动舵机传递函数

$$W_M(s) = \frac{\Delta\delta_k(s)}{\Delta u(s)} = \frac{Ai^2/M_j^\delta R}{(T_M s + 1)[(Ji^2/M_j^\delta)s^2 - 1]} \tag{4-7}$$

忽略时间常数 T_M 值可近似为

$$W_M(s) = \frac{\Delta\delta_k(s)}{\Delta u(s)} = \frac{Ai^2/M_j^\delta R}{(Ji^2/M_j^\delta)s^2 - 1} \tag{4-8}$$

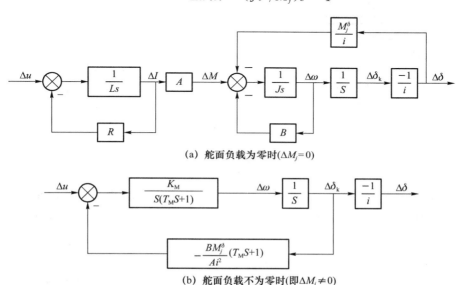

(a) 舵面负载为零时($\Delta M_j = 0$)

(b) 舵面负载不为零时(即$\Delta M_j \neq 0$)

图 4.10　电动舵机方块图

由以上分析可见，用磁粉离合器控制的电动舵机的空载动特性可描述为两个积分环节与一个惯性环节的串联（见式(4-5)）。电动舵机负载（即铰链力矩作用）情况下的动特性可描述为一个二阶无阻尼振荡环节与一个惯性环节的串联（见式(4-7)），其时间常数与静态增益均随飞行状态改变。由于舵机的电气时间常数 T_M 值较小，近似分析中往往可忽略。

(2) 液压舵机的动特性

如前所述，液压舵机的主要部件是滑阀和作动筒。下面仅分析图 4.11 所示的简单滑阀活塞式液压舵机的动特性。图中 p_0 为进油压力，A 和 B 为活塞的两腔，x 为滑阀的阀芯位移量（设左移为正），y 为活塞杆移动量。

首先分析流体经节流孔的工作情况。图 4.12 示出流体经节流孔的流动情况。设密度为 ρ 的流体在容器中的压力为 p_1，流体经节流孔（或喷嘴）流入小室，截面②的流体压力、流速和截面积分别为 p_2，V_2 和 A_2。忽略流体在容器中的流速，则根据伯努利方程，有

$$\frac{p_1}{\rho} = \frac{p_2}{\rho} + \frac{V_2^2}{2} \tag{4-9}$$

由上式可得截面②的流速

$$V_2 = \sqrt{\frac{2}{\rho}(p_1 - p_2)} \tag{4-10}$$

截面②的流体流量 Q_2 为

$$Q_2 = A_2 V_2 = C_d A_0 \sqrt{\frac{2(p_1 - p_2)}{\rho}} \tag{4-11}$$

式中，A_0 为节流孔截面积，C_d 为流量系数（由节流前通道的几何形状确定）。

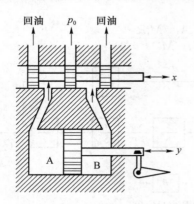

图 4.11　滑阀活塞式液压舵机原理示意图

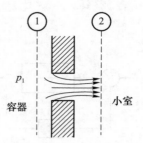

图 4.12　流体经节流孔的流动情况

假设回油压力为零，活塞两腔压力分别为 p_A 和 p_B，并忽略滑阀内部的漏油，由式（4-11）可得滑阀左移时，经滑阀流入活塞 A 腔的流量 Q_A 和从 B 腔流回的流量 Q_B 分别为

$$\left. \begin{array}{l} Q_A = C_d A_0 \sqrt{2(p_0 - p_A)/\rho} \\ Q_B = C_d A_0 \sqrt{2 p_B/\rho} \end{array} \right\} \tag{4-12}$$

式中，ρ 为油液密度，C_d 为流量系数（一般在 $0.6 \sim 1$ 范围内），A_0 为阀芯开启时的窗口面积，正比于阀芯位移量 x，即 $A_0 = bx$（b 为比例系数）。

由于流体的连续性，滑阀输出的流量必等于输入的流量，即 $Q_A = Q_B$。令 $p_A - p_B = p$ 为两腔的压力差，以 Q 表示滑阀的输出流量，由式（4-12）可得

$$Q = C_d bx \sqrt{2(p_0 - p)/\rho} \tag{4-13}$$

式（4-13）描述滑阀输出流量 Q 与负载（两腔压力差）之间的关系，即滑阀的负载特性。图 4.13（a）为某种滑阀的负载特性曲线，也是一族非线性曲线。与电动舵机的分析一样，液压舵机的动特性分析可采用线性化方法，把滑阀负载特性近似为一族线性特性曲线，如图 4.13（b）所示。

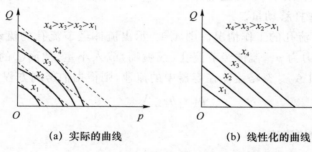

（a）实际的曲线　　　　　　　（b）线性化的曲线

图 4.13　滑阀的负载特性曲线

滑阀相对于平衡状态(p 和 x 均为常数)的输出流量增量 ΔQ 可写为

$$\Delta Q = K_1 \Delta x - C_1 \Delta p \qquad (4-14)$$

式中,ΔQ,Δx 和 Δp 为相对于其平衡状态的相应增量值;K_1 为 p 等于常数时,滑阀输出流量 Q 对阀芯位移量 x 的偏导数,即 $\partial Q/\partial x \big|_{p=\text{常数}}$;$C_1$ 为阀芯位移量 x 等于常数时,输出流量 Q 对压差 p 的偏导数,即 $\partial Q/\partial p \big|_{x=\text{常数}}$。

实际上,滑阀输出的流量一方面补偿活塞移动时被推出的那部分流量,另一方面补偿作动筒高压腔经活塞柱面与作动筒筒壁之间缝隙流入作动筒低压腔的漏油量 ΔQ_L,此外还补偿油液压缩性使油液密度变化和高压油流过非刚体油管与作动筒壳体使体积变化造成的流量 ΔQ_V。滑阀的实际输出流量增量应为上述各流量增量之和,即

$$\Delta Q = F \frac{\mathrm{d}\Delta y}{\mathrm{d}t} + \Delta Q_L + \Delta Q_V \qquad (4-15)$$

式中,F 为活塞的有效面积。又有

$$\left. \begin{aligned} \Delta Q_L &= C_2 \Delta p \\ \Delta Q_V &= \frac{1}{2}\left(k_e + \frac{V_0}{E}\right)\frac{\mathrm{d}\Delta p}{\mathrm{d}t} \end{aligned} \right\} \qquad (4-16)$$

式中,C_2 为液流系数,k_e 为油管管道弹性系数,E 为油液体积弹性模数,V_0 为作动筒的两腔容积平均值。将式(4-14)和(4-16)带入式(4-15),经整理可得

$$K_1 \Delta x = F \frac{\mathrm{d}\Delta y}{\mathrm{d}t} + (C_1 + C_2)\Delta p + \frac{1}{2}\left(k_e + \frac{V_0}{E}\right)\frac{\mathrm{d}\Delta p}{\mathrm{d}t} \qquad (4-17)$$

假设舵面及舵面传动机构折算到活塞(包括活塞和活塞杆)的总质量为 m,活塞运动的阻尼系数为 f,摇臂长度为 L。忽略摩擦力影响,活塞在两腔压差 Δp 作用下的运动方程可描述为

$$\left. \begin{aligned} F\Delta p &= m\frac{\mathrm{d}^2 \Delta y}{\mathrm{d}t^2} + f\frac{\mathrm{d}\Delta y}{\mathrm{d}t} + \frac{\Delta M_j}{L} \\ \Delta M_j &= M_j^{\delta}\Delta\delta \\ \Delta\delta &= -\frac{57.3}{L}\Delta y \end{aligned} \right\} \qquad (4-18)$$

式中,ΔM_j 为铰链力矩增量。

对式(4-17)和式(4-18)进行拉氏变换,相应的液压舵机方块图如图 4.14 所示。

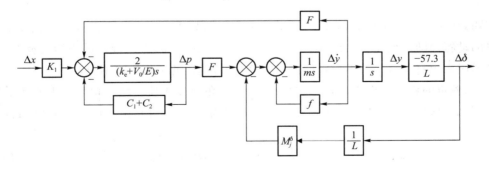

图 4.14　液压舵机方块图

液压舵机空载(即 $\Delta M_j = 0$)时,滑阀的阀芯位移 x 对活塞移动量 y 的传递函数

$$W_M(s) = \frac{\Delta y(s)}{\Delta x(s)} = \frac{k_M}{s(T_M^2 s^2 + 2\xi_M T_M s + 1)} \tag{4-19}$$

式中,T_M,ξ_M 和 k_M 分别为液压舵机的时间常数、阻尼比和静态增益,且 $k_M = K_1 F / [F^2 + f(C_1 + C_2)]$,$T_M^2 = m[k_e + V_0/E]/2[F^2 + f(C_1 + C_2)]$,$\xi_M = [2m(C_1 + C_2) + f(k_e + V_0/E)]/4T_M[F^2 + f(C_1 + C_2)]$。

目前飞行控制系统中所用液压舵机的时间常数 T_M 数量级约为 10^{-3} s,远远小于飞机短周期运动的固有周期,近似分析可忽略,则空载时液压舵机的传递函数为

$$W_M(s) = \frac{\Delta y(s)}{\Delta x(s)} = \frac{k_M}{s} \tag{4-20}$$

根据图 4.14 可写出液压舵机负载(即 $\Delta M_j \neq 0$)时的传递函数并整理如下

$$W_M(s) = \frac{\Delta y(s)}{\Delta x(s)} = \frac{k_M}{T_M^2 s^3 + 2\xi_M T_M s^2 + \left[1 - \frac{57.3 k_M M_j^{\delta}}{2K_1 FL^2}\left(k_e + \frac{V_0}{E}\right)\right]s - \frac{57.3 k_M M_j^{\delta}(C_1 + C_2)}{K_1 FL^2}} \tag{4-21}$$

忽略时间常数 T_M,则负载时液压舵机的近似传递函数为

$$W_M(s) = \frac{\Delta y(s)}{\Delta x(s)} = \frac{k_M}{\left[1 - \frac{57.3 k_M M_j^{\delta}}{2K_1 FL^2}\left(k_e + \frac{V_0}{E}\right)\right]s - \frac{57.3 k_M M_j^{\delta}(C_1 + C_2)}{K_1 FL^2}} \tag{4-22}$$

由以上分析知,液压舵机的空载动特性可描述为一个积分环节和一个二阶振荡环节的串联;有载动特性可描述为一个惯性环节和一个二阶振荡环节的串联。

(3)铰链力矩对舵机动特性的影响

由以上分析可知,电动与液压舵机的传递函数均包括铰链力矩系数 M_j^{δ},显然负载铰链力矩的变化会改变舵机的原有特性。

与电动舵机不同,液压舵机内部有一个很强的速度反馈(即图 4.14 示出的反馈量)。这不仅使液压舵机本身具有较好的阻尼性能,而且使液压舵机比电动舵机少受铰链力矩的影响。下面以电动舵机为例,分析随飞行状态而变的铰链力矩对舵机动特性的影响。

假设电动舵机机械特性的斜率 B 不为零,由图 4.10(a)可写出电动舵机负载传递函数,即

$$W_M(s) = \frac{\Delta \delta_k(s)}{\Delta u(s)} = \frac{A}{(Ls + R)\left(Js^2 + Bs - \frac{M_j^{\delta}}{i^2}\right)} \tag{4-23}$$

上式表明,在铰链力矩作用下,舵机传递函数中含有系数 M_j^{δ}。M_j^{δ} 随飞行状态变化而变化,致使舵机的动特性随之变化。如果 M_j^{δ} 的符号发生变化,$M_j^{\delta} > 0$(即出现铰链力矩反操纵),那么舵机传递函数中将包含一个不稳定的二阶振荡环节,舵机的工作也将不稳定。

另外,舵机的稳态输出值,即空载时的鼓轮输出角速度正比于输入电压。但有负载时,在常值电压 ΔU 作用下,其稳态输出值则为 $\Delta \delta_{k\infty}$。(当 $M_j^{\delta} < 0$ 时),由式(4-23)结合式(4-1)得出

$$\Delta \delta_{k\infty} = -[Ai^2/(M_j^{\delta}R)]\Delta U = -[Ai^2/(C_{hj}^{\delta} QS_{\delta} c_{\delta} R)]\Delta U \tag{4-24}$$

表明,当有负载时,鼓轮的输出转角正比于输入电压,并与动压 Q 成比例。其稳态输出转角也随飞行状态的变化而变化,当 Q 增大时稳态偏转角减小。

可见,铰链力矩对舵机的动特性与静特性均有很大影响且随飞行状态不同而变化。

4.1.3 舵回路的构成及基本类型

舵面的铰链力矩对舵机工作影响很大。为了削弱铰链力矩对舵机工作的影响,并满足控制规律的要求,飞行控制系统中均采用舵回路来代替单个的舵机来操纵舵面的偏转。

舵回路是一个随动系统,除用来削弱铰链力矩对舵机工作的影响外,还可按人们的意愿达到均匀调速或比例操纵舵偏角、提高舵机通频带、减小舵机中非线性因素对飞行控制系统的影响。

下面以磁粉离合器间接控制的电动舵机为例,介绍舵回路的组成原理、基本类型和特点,并进行舵回路的分析。

1. 舵回路的构成

磁粉离合器间接控制的电动舵机是由恒速旋转的磁滞电动机带动磁粉离合器来工作的。这种舵机的性能主要由磁粉离合器的特性来决定,而磁滞电动机只起恒速动力源的作用。

飞行中铰链力矩的存在,相当于在舵机内部引入一个反馈(见图 4.10),对舵机工作带来很大的影响。依据自动控制原理的补偿方法,可以在舵机内部人为地引入另外的反馈,来抵消铰链力矩的影响。

在图 4.10(a)引入舵机鼓轮输出转角 $\Delta\delta_k$ 的反馈 k_δ,如图 4.15 所示(图中忽略了磁粉离合器控制绕组的电感量 L)。

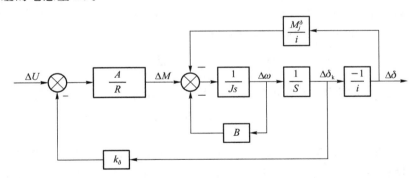

图 4.15 引入反馈 k_δ 的电动舵机方块图

由图 4.15 可写出引入 k_δ 的电动舵机传递函数如下

$$W_{\mathrm{M}}(s)=\frac{\Delta\delta_{\mathrm{k}}(s)}{\Delta U(s)}=\frac{A/R}{Js^2+Bs+(A/R)\left[k_\delta-(M_j^\delta R/Ai^2)\right]} \tag{4-25}$$

对于各种飞行状态,如果取 $k_\delta>0$,并且满足 $k_\delta\gg M_j^\delta R/Ai^2$,则式(4-25)可近似写为

$$W_{\mathrm{M}}(s)=\frac{\Delta\delta_{\mathrm{k}}(s)}{\Delta U(s)}=\frac{A/R}{Js^2+Bs+k_\delta A/R} \tag{4-26}$$

根据式(4-26)可写出在常值电压 ΔU 作用下的鼓轮转角稳态值

$$\Delta\delta_{\mathrm{k}\infty}=\Delta U/k_\delta \tag{4-27}$$

可见，由于引入反馈量 k_δ，舵机的传递函数在各种飞行状态下都是一个稳定的二阶振荡环节（忽略电感 L），且传递函数中各系数值仅决定于舵机自身的结构参数和反馈量 k_δ 的大小，而与飞行状态无关。稳态时的鼓轮输出转角 $\Delta\delta_{k\infty}$ 正比于输入电压，反比于反馈量 k_δ，而与飞行状态无关。

在图 4.10(a) 中引入舵机鼓轮输出角速度 $\Delta\omega$ 反馈 $k_\delta^{\cdot}$（见图 4.16，图中忽略了磁粉离合器控制绕组的电感量 L）。

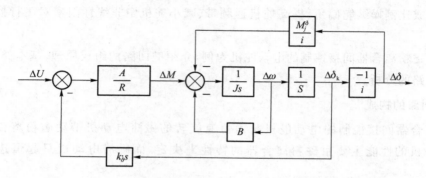

图 4.16　引入反馈 $k_\delta^{\cdot}$ 的电动舵机方块图

由图 4.16 可写出引入 $k_\delta^{\cdot}$ 的电动舵机传递函数如下

$$W_{\mathrm{M}}(s)=\frac{\Delta\delta_{\mathrm{k}}(s)}{\Delta U(s)}=\frac{A/R}{Js^2+(B+k_\delta^{\cdot}A/R)s-(M_j^\delta/i^2)} \qquad (4-28)$$

假设反馈系数 $k_\delta^{\cdot}$ 在各种飞行状态下均大于零，且满足 $(B+k_\delta^{\cdot}A/R)^2\gg|4JM_j^\delta/i^2|$ 的条件，则式 (4-28) 将包含两个实极点，其中一个实极点接近于零值，另一个实极点近似等于 $-(B+k_\delta^{\cdot}A/R)/J$，因而式 (4-28) 可近似写为

$$W_{\mathrm{M}}(s)=\frac{\Delta\delta_{\mathrm{k}}(s)}{\Delta U(s)}=\frac{AJ/R}{s\left[Js+(B+k_\delta^{\cdot}A/R)\right]} \qquad (4-29)$$

根据式 (4-29)，可写出在常值电压 ΔU 作用下的鼓轮输出的稳态角速度

$$\Delta\omega_\infty=\frac{AJ/R}{B+k_\delta^{\cdot}A/R}\Delta U \qquad (4-30)$$

与引入 k_δ 类似，在反馈量 $k_\delta^{\cdot}$ 相当大时，同样可以削弱铰链力矩对舵机的影响，而与飞行状态无关。这样构成的舵回路，其稳态时的鼓轮输出角速度 $\Delta\omega_\infty$（而不是转角）正比于输入电压。

综上所述，在舵机内部引入一个很强的反馈，就可以大大削弱铰链力矩对舵机工作的影响，并能控制舵机输出轴的转角或角速度，而与飞行状态基本无关。

前述的 k_δ 为舵机输出位置量（角度或线位移）的反馈称为位置反馈，$k_\delta^{\cdot}$ 为输出速度量的反馈称为速度反馈。反馈通路与舵机所构成的闭合回路称为舵回路（又称伺服系统）。

2. 舵回路的基本类型

按照被控物理量来划分，常用的舵回路有三种基本类型，即硬反馈式、软反馈式和弹性反馈式。如前所述，在舵机内部引入位置反馈的闭合回路称为位置反馈（又称硬反馈）式舵回路；引入速度反馈的闭合回路称为速度反馈（又称软反馈）式舵回路；引入弹性反馈环节构成的闭合回路称为均衡反馈(又称弹性反馈)式舵回路。

(1) 位置反馈(硬反馈)式舵回路

图 4.17 所示为硬反馈式舵回路原理方块图。这里,位置反馈系数为 k_δ。忽略铰链力矩的影响,图 4.17 简化为图 4.18。

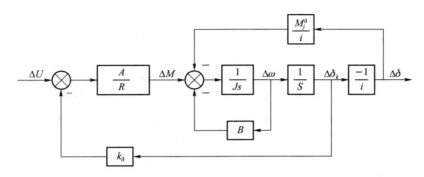

图 4.17　硬反馈式舵回路原理方块图

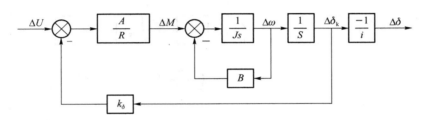

图 4.18　硬反馈式舵回路简化原理方块图

由图 4.18,可得到其传递函数:

$$W(s)=\frac{\Delta\delta_k(s)}{\Delta U(s)}=\frac{A}{JRs^2+BRs+Ak_\delta} \tag{4-31}$$

即

$$W(s)=\frac{\Delta\delta_k(s)}{\Delta U(s)}=\frac{1/k_\delta}{\dfrac{JR}{Ak_\delta}s^2+\dfrac{BR}{Ak_\delta}s+1} \tag{4-32}$$

如果调整 k_δ,使得 $\dfrac{JR}{Ak_\delta}\ll\dfrac{BR}{Ak_\delta}$,则式(4-32)可以简化为

$$W(s)=\frac{\Delta\delta_k(s)}{\Delta U(s)}=\frac{1/k_\delta}{\dfrac{BR}{Ak_\delta}s+1} \tag{4-33}$$

记 $K=1/k_\delta$,$T_\delta=\dfrac{BR}{Ak_\delta}$,则

$$W(s)=\frac{\Delta\delta_k(s)}{\Delta U(s)}=\frac{K}{T_\delta s+1} \tag{4-34}$$

这种情况下,硬反馈式舵回路的传递函数近似为一个惯性环节,其中系数 K 和 T_δ 值均与反馈系数 k_δ 成反比。这种硬反馈式舵回路的稳态输出舵偏角正比于输入电压,并近似地与位

置反馈系数 k_δ 成反比。飞行控制系统的指令可按比例地控制舵偏角的大小。

（2）速度反馈（软反馈）式舵回路

图 4.19 所示为软反馈式舵回路原理方块图。这里，速度反馈系数为 k_δ。忽略铰链力矩的影响，可将图 4.19 简化为图 4.20。

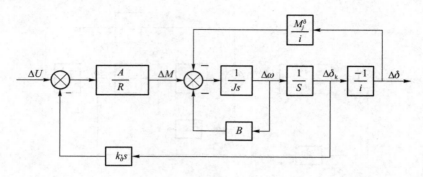

图 4.19 软反馈式舵回路原理方块图

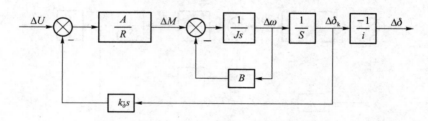

图 4.20 软反馈式舵回路简化原理方块图

由图 4.20，可得其传递函数

$$W(s) = \frac{\Delta\delta_k(s)}{\Delta U(s)} = \frac{A/R}{(Js + B + A/Rk_\delta)s} \qquad (4-35)$$

即

$$W(s) = \frac{\Delta\delta_k(s)}{\Delta U(s)} = \frac{K}{(T_\delta s + 1)} \cdot \frac{1}{s} \qquad (4-36)$$

式中，$K = \dfrac{A/R}{B + A/Rk_\delta}$，$T_\delta = \dfrac{J}{B + A/Rk_\delta}$。

如果忽略时间常数 T_δ，则

$$W(s) = \frac{\Delta\delta_k(s)}{\Delta U(s)} = \frac{K}{s} \qquad (4-37)$$

由此可见，软反馈即速度反馈式舵回路的传递函数近似为一个积分环节。其输出的舵偏角正比于输入电压的积分。也就是说，输出舵面偏转角速度正比于输入电压，并近似地与速度反馈系数 k_δ 成反比（忽略 B 的影响，即 $B \approx 0$）。因而，飞行控制系统的指令可按比例地控制舵面偏角速度。

（3）均衡反馈（弹性反馈）式舵回路

弹性反馈环节可由位置反馈环节串联一个均衡环节来实现，其传递函数为

$$W_f(s) = k_\delta \frac{T_e s}{T_e s + 1} \qquad (4-38)$$

式中，k_δ 为位置反馈系数，T_e 为均衡环节的时间常数。均衡式舵回路原理结构图如图 4.21 所示。

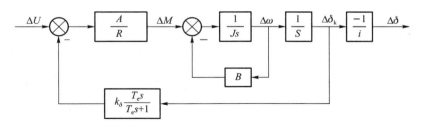

图 4.21　均衡式舵回路原理结构图

由图 4.21 可得均衡反馈舵回路的传递函数

$$W(s) = \frac{\Delta\delta_k(s)}{\Delta U(s)} = \frac{\frac{1}{k_\delta T_e}(T_e s + 1)}{\left[\frac{R}{Ak_\delta T_e}(Js + B)(T_e s + 1) + 1\right]s} \qquad (4-39)$$

如果忽略 B 的影响，T_e 一般比较大，且忽略时间常数 $\dfrac{RJ}{Ak_\delta}$ 的影响，式（4-39）可简化为

$$W(s) = \frac{\Delta\delta_k(s)}{\Delta U(s)} = \frac{1}{k_\delta} + \frac{1}{k_\delta T_e s} \qquad (4-40)$$

可见，若弹性反馈式舵回路工作在低频段（即输入电压的角频率小于 $1/T_e$），则舵回路的传递函数式（4-40）近似为一个积分环节。如果工作在高频段（即输入电压的角频率大于 $1/T_e$），则式（4-40）近似为一个比例环节。因此，弹性反馈式舵回路的低频特性接近于软反馈式舵回路的特性，高频特性则接近于硬反馈式舵回路的特性。这种舵回路的鼓轮输出既正比于输入，又正比于输入的积分，是一种兼有硬反馈式舵回路特性与软反馈式舵回路特性的舵回路。

综上所述，引入不同形式的反馈可以构成特性不同的舵回路，它们的性能在很大程度上取决于反馈的性质（例如位置或速度）和大小。三种不同特性的舵回路也为飞行控制系统提供了三种不同的控制规律（如比例式规律或积分式规律等）。

3．实例分析

在通常情况下，电位计、同位器、线性旋转变压器或线性位移传感器用来实现位置反馈，输出正比于位置的电压。测速发电机等速度传感器则用来实现速度反馈，输出正比于速度的电压。由于控制舵机需要一定的功率，输入电压又要与反馈电压相比较，在舵回路中需要有电气放大器，用来实现电压（或电流）的综合比较、放大或变换。

图 4.22 所示为一个实际电动舵回路的原理图。下面以该舵回路为例，首先分析铰链力矩对舵回路工作的影响。图 4.23 为相应的舵回路结构图。图中 $K_1 = 800$，$K_2 = 0.913 \times 10^{-3}$ A/V，$A = 5.8$ kg·m/A，$T_M = 0.03$ s，$J = 0.875 \times 10^{-5}$ kg·m·s²，$K_5 = 0.5$ mV·min/r，$K_6 = 0.366$ V/(°)，$K_3 = 0.014\,7$，$K_4 = 0.106\,2$，$i_1 = 46.86$，$i_2 = 0.055\,9$，$i_3 = 1.442$，$i_4 = 4.13$，系数 M_{je}^{δ} 的最大值为 -257.03 kg·m/rad。

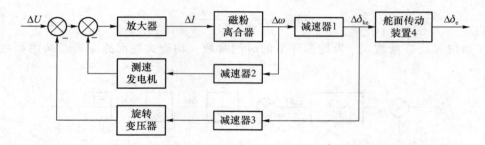

图 4.22　用磁粉离合器控制的电动舵回路原理方框图

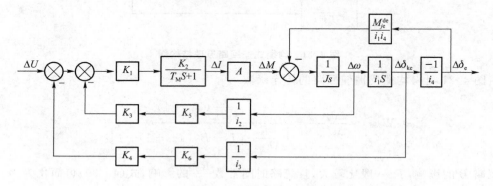

图 4.23　电动舵回路方框图

根据图 4.23,可推导出舵回路的闭环传递函数为

$$W(s) = \frac{\Delta \delta_k(s)}{\Delta U(s)}$$

$$= \frac{K_1 K_2 A}{T_M J i_1 s^3 + J i_1 s^2 + \left(K_1 K_2 A K_3 K_5 \dfrac{i_1}{i_2} - \dfrac{T_M M_{je}^{\delta e}}{i_1 i_4^2}\right)s + \left(K_1 K_2 A K_4 K_6 \dfrac{1}{i_3} - \dfrac{M_{je}^{\delta e}}{i_1 i_4^2}\right)} \quad (4-41)$$

无载 ($M_{je}^{\delta e} = 0$) 时,

$$W(s) = \frac{\Delta \delta_k(s)}{\Delta U(s)} = \frac{4.236\ 32(\text{rad/V})}{1.230\ 075 \times 10^{-5} s^3 + 4.100\ 25 \times 10^{-4} s^2 + 0.249\ 251\ 6s + 6.543\ 102\ 5}$$

$$(4-42)$$

有载 ($M_{je}^{\delta e} = -257.03$) 时,

$$W(s) = \frac{\Delta \delta_k(s)}{\Delta U(s)} = \frac{4.236\ 32(\text{rad/V})}{1.230\ 075 \times 10^{-5} s^3 + 4.100\ 25 \times 10^{-4} s^2 + 0.258\ 898\ 8s + 6.864\ 676\ 8}$$

$$(4-43)$$

按式(4-42)和式(4-43)作出的舵回路的对数频率特性曲线如图 4.24 所示。图中实线为无载时的曲线,虚线为有载时的曲线,可见无载和有载两种情况的对数频率特性曲线非常接近。因此可以认为,舵回路的动特性与铰链力矩无关,即与飞行状态无关,而主要取决于它自身的参数。

图 4.23 所示舵回路的位置反馈系数是 $k_\delta = K_4 K_6 / i_3$,速度反馈系数是 $k_{\dot\delta} = i_1 K_3 K_5 / i_2$。根据上述分析,引入反馈使得铰链力矩对舵回路的影响大大减弱,所以为了研究问题简单起见,下述分析中将忽略铰链力矩的影响。

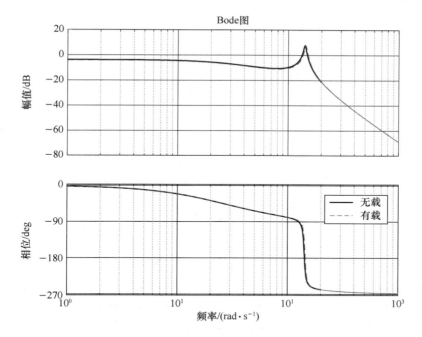

图 4.24 舵回路对数频率特性曲线

下面研究位置反馈系数的影响。

已知速度反馈系数 $k_{\dot{\delta}} = 5.883\,68 \times 10^{-2}$ V·s/rad，根据图 4.23 所示，可得舵回路的闭环多项式，并求出以 k_{δ} 为参量的等效开环传递函数

$$W_{\delta}(s) = \frac{3.444 \times 10^{5} k_{\delta}}{s(s+16.67+\text{j}141.35)(s+16.67-\text{j}141.35)} \tag{4-44}$$

其相应的开环极点为 $s_1 = 0.0, s_{2,3} = -16.67 \pm \text{j}141.35$。当 k_{δ} 变化时，特征方程的根轨迹如图 4.25 所示。

由图 4.25 可见，根轨迹与虚轴的交点为 $\omega_{\text{j}} = 142.3$ rad/s，相应的 $k_{\delta \text{m}} = 1.96$ V/rad。当 k_{δ} 很小时，实数主导极点（由原点沿负实轴向负无穷远处移动的极点）的模值很小，所以通频带很窄，过渡过程进行得很慢。随着 k_{δ} 的增大，实数主导极点的模值增大（复根的模变化很小），通频带加宽，过渡过程加快。但是，当 $k_{\delta} > k_{\delta \text{m}}$ 时，系统变为不稳定的。

由此可见，当速度反馈量一定时，舵回路的位置反馈将影响舵回路的通频带、快速性和静态性能。k_{δ} 的值在一定范围内变化时，舵回路的通频带和快速性随 k_{δ} 值的加大而增加。在同一输入电压作用下，稳态输出随值 k_{δ} 增加而减小。但是，当 k_{δ} 超过临界值后，舵回路将不稳定。

下面来分析速度反馈系数的影响。

已知位置反馈系数 $k_{\delta} = 1.544\,5$ V/rad，根据图 4.23，可得舵回路的闭环多项式，并求出以 $k_{\dot{\delta}}$ 为参量的等效开环传递函数，即

$$W_{\delta}(s) = \frac{3.444 \times 10^{5} k_{\dot{\delta}} s}{(s+93.85)(s-30.26+\text{j}69)(s-30.26-\text{j}69)} \tag{4-45}$$

其相应的一个开环零点为 $z_1 = 0.0$，三个开环极点为 $s_1 = -93.85, s_{2,3} = 30.26 \pm \text{j}69$。当 $k_{\dot{\delta}}$ 变化时，舵回路的根轨迹如图 4.26 所示。

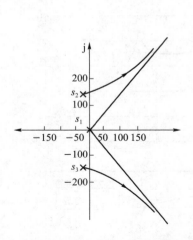

图 4.25　以 k_δ 为参量的舵回路根轨迹图

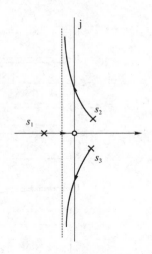

图 4.26　以 $k_{\dot\delta}$ 为参量的舵回路根轨迹图

由图 4.26 可见,根轨迹与虚轴的交点为 $\omega_j = 126~\mathrm{rad/s}$,相应的 $k_{\dot\delta\mathrm{m}} = 4.64 \times 10^{-2}~\mathrm{V \cdot s/rad}$。此例分析的是用磁粉离合器控制的电动舵机所构成的舵回路,其中磁粉离合器机械特性(见图 4.7)的斜率 B 接近于零值,即舵机自身没有什么阻尼。因此,由图 4.26 可见,仅用位置反馈(即 $k_{\dot\delta} = 0$)包围这种舵机所构成的硬反馈式舵回路的工作是不稳定的。但是,在引入速度反馈(即 $k_{\dot\delta} \neq 0$)后,舵回路就可变得稳定。由此可见,引入速度反馈可以提高舵回路的稳定性,事实上还可以改善它的动态响应。因此,用 B 值较小的舵机来构成硬反馈式舵回路时,一般都引入速度反馈,若 $B \approx 0$,则必须引入速度反馈。

此外,由图 4.26 可见,当位置反馈量 k_δ 为定值时,如果速度反馈量 $k_{\dot\delta}$ 过小($k_{\dot\delta} < k_{\dot\delta\mathrm{m}}$),则舵回路的闭环极点在右半 S 平面内移动,舵回路将是不稳定的。但是如果速度反馈量 $k_{\dot\delta}$ 过大,舵回路的实数主导极点(沿负实轴向原点移动的极点)的模值变得过小,从而使舵回路的通频带变窄,快速性降低。如果速度反馈量 $k_{\dot\delta}$ 非常大,舵回路的实数主导极点将十分靠近原点,因此舵回路的动特性就非常接近于软反馈式舵回路,从而使位置随动系统的舵回路变得接近于速度随动系统。

在舵回路中同时引入位置和速度反馈时,必须配合得当舵回路才会具有好的性能。在实际工程中,由于受舵回路中小时间常数及非线性因素的限制,速度反馈量 $k_{\dot\delta}$ 不能选得太大,否则容易引起速度回路的自振。

对液压舵回路来说,其内部已有一个速度反馈(即自身有较强的阻尼),所以只引入位置反馈就可以获得理想的性能。如果再引入速度反馈,则相当于 $k_{\dot\delta}$ 值过大,反而使回路的通频带变窄,快速性降低。因此,实际的液压舵回路一般只引入位置反馈,而不再引入速度反馈。

4.1.4　舵机特性对舵回路的影响

在上述分析中,认为舵机的功率是无限的,实际上舵机的功率是有限的(即输出的速度和力矩或力都受限制),并有间隙和饱和等非线性因素,本节将分析舵机特性对舵回路工作的影响。

1. 舵机功率对舵回路的影响

图 4.27 所示为舵机功率有限情况下的舵回路方块图。图中非线性环节 Ⅰ 表示磁粉离合

器传递力矩的限制,M_{max}表示最大传递力矩值,非线性环节Ⅱ表示舵机输出(鼓轮)角速度的限制,ω_{max}表示鼓轮最大角速度值,图中其他参数同上节。

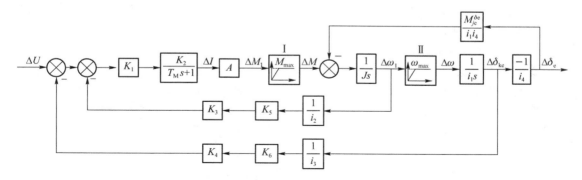

图 4.27　舵机功率有限情况下的舵回路方块图

舵回路在输入电压作用下,舵机的稳态输出力矩与铰链力矩相平衡。舵机功率有限,意味着其输出力矩(或力)和速度都受到限制,这就限制了舵偏角的最大值。考虑到舵机所承受的铰链力矩,则由图 4.27 可得舵回路的最大稳态输出舵偏角为

$$(\delta_e)_{max} = i_1 i_4 M_{max} / M_{je}^{\delta e} \qquad (4-46)$$

即,在一定的飞行状态下,最大舵偏角正比于舵机的最大输出力矩,与舵回路的输入无关。这样,在舵机功率有限和输入电压较大时,舵回路输出与输入的线性关系被破坏。由此可见,舵机的功率影响舵回路的静特性,舵回路的线性范围随舵机功率减小而变窄。

另外,相较于舵机功率无限(线性舵机)的情况,在舵机功率一定时,舵回路的通频带将随输入电压的增大而变窄,快速性随之降低,舵回路的动态响应越慢;而当输入电压一定时,舵机功率越大,动态响应则越快。

综上所述,舵机功率对舵回路的工作有很大影响。负载情况下,舵回路静特性的线性范围随舵机功率的增加而增大;输入一定的情况下,舵回路的通频带随舵机功率的增大,动态响应加快。因此,在选用舵机时,应考虑其功率对舵回路的影响。

2. 舵机传动机构间隙对舵回路的影响

舵机机械传动机构中的间隙具有非线性特性。在舵机设计中,虽然总是力图使连件紧密配合,但间隙仍不可能完全消除。例如图 4.22 所示的用磁粉离合器控制的电动舵机,磁粉离合器通过齿轮传动,带动鼓轮旋转,再通过齿轮带动旋转变压器转动;同时通过另外的齿轮带动测速发电机旋转。这些传动机构中,都存在间隙。

间隙对舵回路的影响,随着间隙所在位置的不同对舵回路的影响也不同。反馈回路中的传动间隙影响尤为重要,会增大舵回路的延迟时间,增大静差,降低舵回路的稳定性,引起舵回路的输出在零值附近持续振荡(极限环),严重时,舵回路将无法正常工作。为了减小反馈回路中的传动间隙,避免舵回路振荡,在电动机内的传动装置中可采用双片齿轮。

4.1.5　舵回路的设计要求

舵回路的设计依据技术要求进行。舵回路的类型和结构布局种类很多,其控制对象和使用条件也多有不同,技术要求也就有所不同。

尽管对不同舵回路的要求差别较大,但作为一种控制系统来讲,在设计准则和设计方法上却是共同的。舵回路的设计要求包括静、动态特性、接口要求以及可靠性、可维护性和使用环境的要求等。具体来说,对于飞行控制系统的重要系统之一,一般情况下飞行控制系统对舵回路具有以下技术要求:

① 舵机要有足够的功率输出;

② 各种飞行状态下,舵机都能稳定地工作;

③ 舵回路静、动态性能应满足系统提出的输入/输出关系的要求;

④ 舵回路要有较宽的频带,一般讲,舵回路通频带应大于飞行器的 3~5 倍;

⑤ 舵回路要有良好的动态响应和较大的阻尼并且相位滞后要小。

4.2 电机与电子调速器

多旋翼无人机常以无刷直流电动机、电子调速器和螺旋桨等作为其动力系统,同时这组动力系统也是多旋翼无人机飞行控制系统常用的执行单元,用以产生控制力和控制力矩,实现多旋翼无人机的飞行控制。

4.2.1 直流电动机工作原理

直流电动机主要由定子和转子两部分组成,其中定子包括主磁极、机座、换向级、电刷装置等,转子包括电枢铁芯、电枢绕组、换向器、转轴等。

直流电动机是在外加直流电源作用下,使载流导体在磁场中受电磁力的作用而旋转,将直流电能转换为机械能,借助于电刷和换向器的作用,使电动机连续运转。

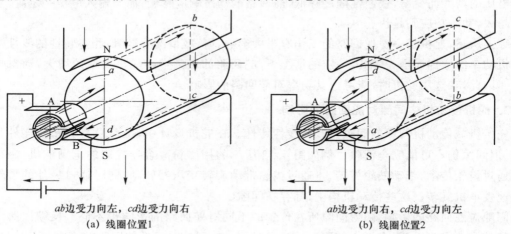

ab边受力向左,cd边受力向右　　　　　　ab边受力向右,cd边受力向左
(a) 线圈位置1　　　　　　　　　　　　　(b) 线圈位置2

图 4.28　直流电动机原理图

图 4.28 是直流电动机原理图。图中线圈 abcd 连接换向片,换向片固定于转轴上,随电机轴一起旋转,换向片之间及换向片与转轴之间均互相绝缘,它们构成的整体称为换向器。电刷 A、B 在空间上固定不动,直流电源接电刷 A、B,电流从 A 流入线圈,从 B 流出,用左手定则可判断出,线圈 ab 边受力向左,cd 边受力向右,形成一个转矩,使电枢逆时针转动,如图 4.28(a)所示。当线圈两边分别转到另一磁极下时,它们所接触的电刷也已改变,线圈中电流的方向与

原来相反,如图 4.28(b)所示,用左手定则可判断出,*ab* 边受力向右,*cd* 边受力向左,电枢仍按逆时针转动。这样,通过电刷与换向器,使得处于 N 极下的线圈边内的电流总是从电刷向线圈流入,且处于 S 极下的线圈边内的电流总是从线圈向电刷流出,从而使电枢总是获得逆时针转动的转矩,进而保持转动方向不变。

4.2.2 无刷直流电动机

1. 基本结构

无刷直流电动机(Brushless DC Motor,BLDCM)是典型的机电一体化产品,由电动机、转子位置检测器、逆变器和控制器组成,如图 4.29 所示。转子位置检测器检测转子的磁极位置,控制器对转子位置进行逻辑处理并产生相应的开关信号,开关信号以一定的顺序触发逆变器中的功率开关器件,将电源功率以一定的逻辑关系分配给电动机定子的各相绕组,使电动机产生持续的转矩。

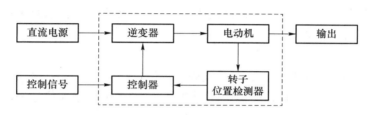

图 4.29 无刷直流电动机系统的组成

(1)电动机

无刷直流电动机最初的设计思想来自普通的有刷直流电动机,不同的是将直流电动机的定、转子位置进行了互换。其转子由永磁材料制成,是具有一定磁极对数的永磁体;定子为电枢,有多相对称绕组。原直流电动机的电刷和机械换向器被逆变器和转子位置检测器所代替,所以无刷直流电动机的电动机本体实际上是一种永磁同步电动机,因此,无刷直流电动机也称永磁无刷直流电动机。

无刷直流电动机的定子铁芯中嵌有多相对称绕组,绕组的相数有二、三、四、五相,应用最多的是三相和四相,各相绕组分别与外部的功率开关器件相连,功率开关电路中的功率管受转子位置检测器的信号控制。无刷直流电动机的转子是由永磁材料制成、具有一定磁极对数的永磁体,为了能产生梯形波感应电动势,无刷直流电动机转子磁钢的形状呈弧形,磁极下定转子气隙均匀,气隙磁场呈梯形分布。

(2)逆变器

逆变器将直流电转换成交流电向电动机供电。与一般逆变器不同,它的输出频率不是独立调节的,而是受控于转子位置检测信号,是一个"自控式逆变器"。由于采用自控式逆变器,无刷直流电动机输入电流的频率和电动机转速始终保持同步,电动机不会产生振荡和失步,这也是无刷直流电动机的重要优点之一。

逆变器主电路有桥式和非桥式两种,电枢绕组既可以接成星形也可以接成角形;若电枢绕组只允许单方向通电,则属于半控型主电路;若电枢绕组允许双向通电,则属于全控型主电路。另外,无刷直流电动机逆变器的主开关一般采用 IGBT 或功率 MOSFET 等全控型器件,有些主电路已采用了集成的功率模块(PIC)和智能功率模块(IPM),选用这些模块可以提高系统的可靠性。

（3）转子位置检测器

转子位置检测器的作用是检测转子磁极相对于定子绕组的位置信号，为逆变器提供正确的换相信息。转子位置检测包括有位置传感器检测和无位置传感器检测两种方式。

转子位置传感器也由定子和转子两部分组成，其转子与电动机本体同轴，以跟踪电动机本体转子磁极的位置；其定子固定在电动机本体定子或端盖上，以检测和输出转子位置信号。转子位置传感器的种类包括磁敏式、电磁式、光电式、接近开关式、正余弦旋转变压器式以及编码器等。

在无刷直流电动机系统中安装机械式位置传感器解决了电动机转子位置的检测问题，但是位置传感器的存在增加了系统的成本和体积，降低了系统可靠性，限制了无刷直流电动机的应用范围，给电动机的制造工艺带来了不利的影响。因此，国内外对无刷直流电动机无转子位置传感器的运行方式进行了深入研究。

无机械式位置传感器转子位置检测技术，是通过检测和计算与转子位置有关的物理量间接地获得转子位置信息，主要有反电动势检测法、续流二极管工作状态检测法、定子三次谐波检测法和瞬时电压方程法等。

（4）控制器

控制器是无刷直流电动机正常运行并实现各种调速功能的中心，主要完成以下功能：

① 对转子位置检测器输出信号、PWM 调制信号、正反转和停车信号进行逻辑综合，为驱动电路提供各开关管的斩波信号和选通信号，实现电动机的转动；

② 产生 PWM 调制信号，使电动机电压随给定速度信号变化，实现电动机开环调速；

③ 对电动机进行速度闭环调节和电流闭环调节，使系统具有较好的动静态性能；

④ 短路、过流、过电压和欠电压等故障保护功能。

2. 工作原理

图 4.30 所示为三相无刷直流电动机系统，图中 $VT_1 \sim VT_6$ 为功率器件，控制电机三相绕组电流的导通和关断。假定电动机转子只有一对磁极，定子绕组 A、B、C 三相星形连接，按每极每相 60°相带分布。转子位置检测器与电动机本体同轴，控制电路对位置信号进行逻辑变换后产生控制信号，经隔离、放大后驱动逆变器的功率开关管，使电动机的各相绕组按一定的顺序导通。

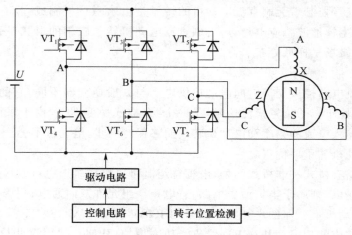

图 4.30 三相无刷直流电动机系统

假设当转子处于图 4.31(a)位置时为 0°,相带 X、B、Z 在 N 极下,相带 A、Y、C 在 S 极下,转子位置检测器输出的信号经控制电路逻辑变换后驱动逆变器,使 VT_1、VT_6 导通,A、B 两相绕组通电方式如图 4.30 所示,电流从电源的正极流出,经 VT_1 流入 A 相绕组,再从 B 相绕组流出,经 VT_6 回到电源的负极。电枢绕组在空间产生的磁动势为图 4.31(a)中的 F_a,此时定子磁场 F_a 与转子磁场 F_r 相互作用,使电动机的转子顺时针转动。

当转过 60°角后,转子位置如图 4.31(b)所示,这时如果转子继续旋转下去就进入图 4.31(c)所示的位置,这样就会使同一磁极下的电枢绕组中有部分导体的电流方向不一致,它们相互抵消,削弱磁场,使电磁转矩减小。因此,为了避免出现这样的结果,当转子转到图 4.31(b)所示的位置时,就必须进行换相,使 B 相断电,A 相正向通电,C 相反向通电,如图 4.31(d)所示。

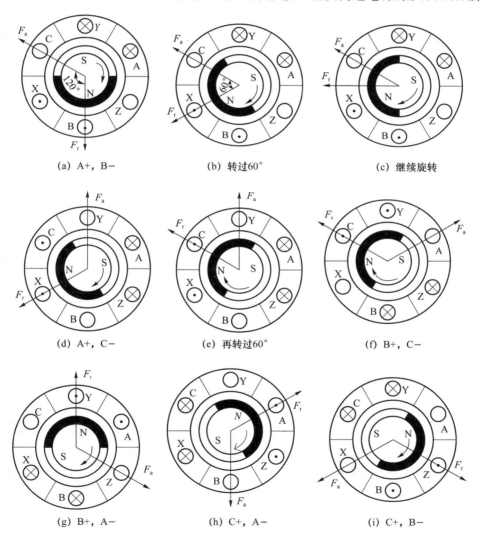

(a) A+,B−	(b) 转过60°	(c) 继续旋转
(d) A+,C−	(e) 再转过60°	(f) B+,C−
(g) B+,A−	(h) C+,A−	(i) C+,B−

图 4.31　无刷直流电动机工作原理示意图

这样,转子继续旋转,转过 60°后,使转子位置检测器输出的信号经控制电路逻辑变换后驱动逆变器,使 VT_1、VT_2 导通,A、C 两相绕组通电方式如图 4.30 所示,电流从电源的正极流出，经 VT₁ 流入 A 相绕组，再从 C 相绕组流出，经 VT₂ 回到电源的负极。电枢绕组在空间产生的磁动势 F_a 如图 4.31(d) 所示，此时定转子磁场相互作用，使电动机的转子继续逆时针转动。

转子继续旋转，转过 60°角后到图 4.31(e) 所示位置，同上所述必须要进行换相，即 A 相断电，B 相正向通电，C 相反向通电。换相后如图 4.31(f) 所示。

转子再转过 60°角，则再进行换相，使 C 相断电，A 相反向通电，如图 4.31(g) 所示。如此下去，转子每转过 60°换相一次，相电流按图 4.31(a)、(d)、(f)、(g)、(h)、(i) 所示的顺序进行断电和通电，电动机就会平稳地旋转下去。

根据图 4.31 的换相顺序，三相星形连接全桥驱动的通电规律见表 4.1。

表 4.1 三相星形连接全桥驱动的通电规律

通电顺序	顺时针					
转子位置电角度/(°)	0~60	60~120	120~180	180~240	240~300	300~360
开关管	1,6	1,2	3,2	3,4	5,4	5,6
A 相	+	+		−	−	
B 相	−		+	+		−
C 相		−	−		+	+

通电顺序	逆时针					
转子位置电角度/(°)	300~360	240~300	180~240	120~180	60~120	0~60
开关管	3,2	1,2	1,6	5,6	5,4	3,4
A 相		+	+		−	−
B 相	+		−	−		+
C 相	−	−		+	+	

注：表中"＋"表示正向通电；"－"表示反向通电

另外，按照图 4.31 的驱动方式就可以得到图 4.32 所示的波形。下面结合图 4.31 中电流波形来分析各相绕组内感应电动势的波形。

在图 4.31(a)～图 4.31(b) 的 60°电角度范围内，转子磁场沿顺时针方向连续旋转，而定子合成磁场在空间保持图 4.31(a) 中 F_a 的位置静止。只有当转子磁场连续旋转 60°电角度，到达图 4.31(b) 所示的 F_r 位置时，定子合成磁场才从图 4.31(a) 中的 F_a 位置跳跃到图 4.31(d) 中的 F_r 位置。可见，转子在空间每转过 60°电角度，逆变器开关就发生一次切换，定子绕组就进行一次换流，定子合成磁场的磁状态就发生一次跃变。定子合成磁场在空间不是连续旋转的，而是一种跳跃式旋转磁场，每个步进角是 60°电角度。电动机总共有 6 种磁状态，每一状态有两相导通，每相绕组的导通时间对应于转子旋转 120°电角度。把无刷直流电动机的这种工作方式称为两相导通三相六状态，这是无刷直流电动机最常用的一种工作方式。

以 A 相为例，并参照表 4.1，在转子位于 0°～120°区间内，相带 A 始终在 S 磁极下，相带 X 始终在 N 磁极下，所以感应电动势 e_A 是恒定的。在转子位于 120°～180°区间内，随着 A 相的断电，相带 A 和相带 X 分别同时逐渐全部进入 N 磁极下和 S 磁极下，实现换极。由于磁极的改变，使感应电动势的方向也随之改变，e_A 经过零点后变成负值。在转子位于 180°～300°区

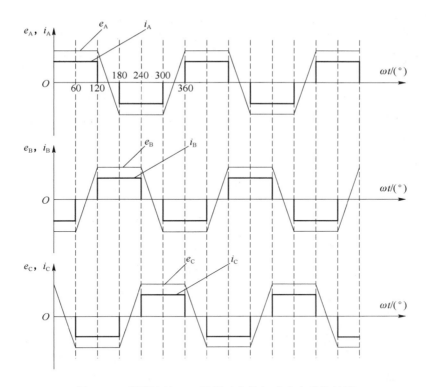

图 4.32　星形连接二二导通时电流与感应电动势波形

间内,A 相反向通电,相带 A 和相带 X 仍然分别在 N 磁极下和 S 磁极下,获得恒定的负感应电动势。在转子位于 300°～360°区间内,A 相断电,相带 A 和相带 X 又进行换极,感应电动势的方向再次改变,e_A 经过零点后变成正值。因此,感应电动势是梯形波,且其平顶部分恰好包含了 120°电流方波。转子每旋转一周,感应电动势变化一个周期。

对于 B 相和 C 相,感应电动势的波形也是如此,只不过在相位上分别滞后于 A 相 120°和 240°。实际上,感应电动势的梯形波形取决于转子永磁体磁场和定子绕组空间分布,以及两者的匹配情况。感应电动势的梯形波形有利于电动机产生一个恒定的转矩。由于在换相时电流不能突变,因此,实际的相电流波形不是纯粹方波,而是接近方波的梯形波,这会使产生的转矩除了平均转矩外,还有脉动分量。

3. 转子位置检测

转子位置检测包括有位置传感器检测和无位置传感器检测两种方式。但位置传感器的存在增加了系统的成本和体积,降低了系统可靠性。多旋翼无刷直流电动机多采用无位置传感器来检测转子位置,通过检测和计算与转子位置有关的物理量间接地获得转子位置信息。在各种无位置传感器控制方法中,反电动势法是目前技术最成熟、应用最广泛的一种位置检测方法。

对于最常见的两相导通星形三相六状态工作方式,除了换相的瞬间之外,在任意时刻,电动机总有一相绕组处于断电状态。由图 4.32 可见,当断电相绕组的反电动势过零点之后,再经过 30°电角度,就是该相的换相点。因此,只要检测到各相绕组反电动势的过零点,就可确定电动机的转子位置和下次换流的时间。

目前,反电动势法的关键是如何准确检测反动电势过零点,国内外众多学者对反电动势法进行了深入研究,已提出了端电压检测法、反电动势积分法、反电动势一次谐波法、续流二极管法以及线反动电势法等多种检测方式。下面主要介绍采用端电压检测法来检测反电动势的过零点。

端电压检测法通过检测非导通相绕组的端电压,经软件计算或利用硬件电路获得反电动势过零点,从而控制无刷直流电动机正确换相。由端电压信号经软件计算得到反电动势过零点的推导过程如下所述。

无刷直流电动机数学模型为

$$\left.\begin{array}{l} u_{AG}=Ri_A+(L-M)\dfrac{di_A}{dt}+e_A+U_N \\[2mm] u_{BG}=Ri_B+(L-M)\dfrac{di_B}{dt}+e_B+U_N \\[2mm] u_{CG}=Ri_C+(L-M)\dfrac{di_C}{dt}+e_C+U_N \end{array}\right\} \qquad (4-47)$$

式中,u_{AG}、u_{BG}、u_{CG}为端电压;U_N为中性点电压;$L-M$为绕组等效电感。

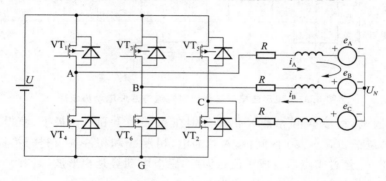

图 4.33　AB 相导通电流回路示意图

以 AB 相导通、C 相悬空为例说明端电压检测法原理,如图 4.33 所示。此时,AB 相反电动势处于梯形波平顶处,方向相反;C 相反电动势处于梯形波斜坡处,随转子位置而变化。无刷直流电动机绕组 A 相与 B 相反电动势及电流的关系为

$$e_A+e_B=0 \qquad (4-48)$$
$$i_A+i_B=0 \qquad (4-49)$$

将 AB 相端电压相加,得

$$u_{AG}+u_{BG}=R(i_A+i_B)+(L-M)\left(\dfrac{di_A}{dt}+\dfrac{di_B}{dt}\right)+(e_A+e_B)+2U_N \qquad (4-50)$$

将式(4-48)、式(4-49)代入式(4-50),可得

$$U_N=\dfrac{u_{AG}+u_{BG}}{2} \qquad (4-51)$$

C 相悬空无导通电流,存在 $i_C=0$,$\dfrac{di_C}{dt}=0$。由式(4-47)可得

$$e_C=u_{CG}-U_N=u_{CG}-\dfrac{u_{AG}+u_{BG}}{2} \qquad (4-52)$$

同理,AC 相导通、B 相悬空时,有

$$e_{\mathrm{B}} = u_{\mathrm{BG}} - \frac{u_{\mathrm{AG}} + u_{\mathrm{CG}}}{2} \tag{4-53}$$

BC 相导通、A 相悬空时,有

$$e_{\mathrm{A}} = u_{\mathrm{AG}} - \frac{u_{\mathrm{BG}} + u_{\mathrm{CG}}}{2} \tag{4-54}$$

根据式(4-52)~式(4-54),将端电压信号经过软件计算,在每个周期内就能得到 6 个相差 60°电角度的反电动势过零点信号,从而为电机正常运行提供换相信息。

换相时刻由反电动势过零点延迟 30°电角度获得,延迟 30°电角度可以根据前两次过零点时间间隔计算得到(忽略该时间间隔内转速变化),即

$$\left. \begin{array}{l} T_{(k-1)} = Z_{(k-1)} + \dfrac{1}{2}\Delta T \\[2mm] \Delta T = Z_{(k-1)} - Z_{(k-2)} \end{array} \right\} \tag{4-55}$$

式中,$T_{(k-1)}$ 为第 $k-1$ 次换向时刻,$Z_{(k-1)}$ 为第 $k-1$ 次反电动势过零点时刻,$Z_{(k-2)}$ 为第 $k-2$ 次反电动势过零点时刻。

端电压检测法中的反电动势过零点信号不仅可以通过软件计算得到,还可以通过硬件电路处理直接获得,硬件电路如图 4.34 所示。

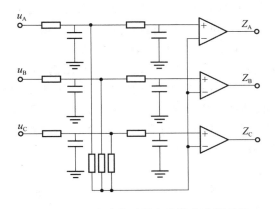

图 4.34　反电动势过零点比较电路原理图

图 4.34 中,电动机端电压信号经过滤波后输出至比较器,同时用对称 Y 接电阻负载构造"虚拟中性点"N'。当非导通相反电动势 $e_{\mathrm{C}} = 0$ 时,有 $u_{\mathrm{CG}} = U_N$。因此,利用硬件比较电路将滤波器的输出信号和"虚拟中性点"信号进行比较,可得到反电动势过零点信号。

反电动势法的缺陷是当电动机在静止或低速运行时反电动势为零或太小,因而无法利用。由于电动机依靠位置进行换相操作,因此电动机开始启动时,转子的位置稳定非常重要,要对电动机转子进行预定位,使电动机转子锁定在预定的位置。启动时不管转子在什么位置,首先给电动机固定两相上一个确定的通电状态,使电动机定子合成磁动势在空间有一个确定的方向。转子到达定位平衡点以后,并不立刻静止,而是在平衡点附近摆动,在黏滞摩擦和磁滞涡流的阻尼作用下,经过几次摆动后静止在预定位点。所以,为了使转子有足够的时间定位,两相通电需要保持一定的时间,以产生足够的电磁转矩,保证把转子磁极拖到与定子合成磁动势轴线重合的位置,实现预定位。

4. 传递函数模型

传递函数是控制理论最重要的概念之一,基于传递函数的数学模型在自动控制领域应用非常广泛,诸如根轨迹法和频率响应分析法等一些系统分析和控制方法都是在传递函数基础上发展起来的。

通常情况下,无刷直流电动机的动态过程可以简化为一个一阶低通滤波器,其传递函数可简化为

$$G_u(s) = \frac{Y_\omega(s)}{U_\omega(s)} = \frac{1}{T_m s + 1} \qquad (4-56)$$

5. 主要参数

（1）尺　寸

电机的尺寸取决于定子的大小,在型号名称中用 4 位数字来表示,例如"2212"（或写成"22×12"）,其前 2 位数字"22"代表定子直径（单位:mm）,后 2 位数字"12"代表定子高度（单位:mm）。因此"2212"电机表示电机定子直径是 22 mm、定子高度为 12 mm。前两个数字越大,电机越粗,后两个数字越大,电机越高。高大粗壮的电机,功率更大,适用于更大的多旋翼。

（2）电机 KV 值

无刷直流电动机的 KV 值（单位:r/(min·V),转每分伏）是指在空载（不安装螺旋桨）情况下,外加 1 V 电压得到的电机转速值（单位:r/min,转每分）。比如,1 000 KV 值意味着电机空载时,当施加电压为 1 V 时,电机空载转速将达到 1 000 r/min。

KV 值高,电动机内阻小,电流大,功率高,转速快,或者说相同电压下爆发出来的功率高,拥有很好的极限转速,但是受到电动机自身的设计与材料限制,会有一个功率上限。电动机的 KV 值越高,提供的扭力就越小。KV 值越低,效率越高,在可承受的功率范围内,要达到同样的拉力,KV 值低的电动机,消耗的电流要远小于 KV 值高的电动机。选择时遵循的准则是:高 KV 值电动机适合在低电压、高转速环境下工作,搭配小直径螺旋桨;低 KV 值电动机适合在高电压、低转速环境下工作,搭配大直径螺旋桨。

（3）空载电流和电压

在空载试验中,对电机施加空载电压时测得的电机电流被称为空载电流。

（4）最大电流和最大功率

根据散热量的大小,每个电动机工作时的最大电流（电动机能够承受并安全工作的电流）是有限的。这个指标称为最大允许电流,以安培（A）为单位。因为无刷直流电动机都是三线电动机,所以一般以电调（电子调速器）输入电流,即电池输出线上的电流作为其总电流,超额运转时很容易烧毁。

电动机能够承受并安全工作的最大功率极值称为最大功率。功率的选择首先要确定负载的总质量,计算所需电动机功率。例如,按照 1 W 功率带起 4 g 质量计算,飞行器质量（含电池）为 800 g 时,实际所需的功率是 200 W（800/4＝200）。

（5）内　阻

电机电枢本身存在内阻,虽然其值很小,但是考虑到电机电流通常可以达到几十安培,所以其内阻不可忽略。内阻让一部分电能转化成热能,使电机发热,从而使电机效率降低。

（6）转矩与转速

转矩（力矩、扭矩）是电动机中转子产生的可以用来带动机械负载的驱动力矩。转速是电

动机每分钟的转动量。

电动机输出功率、转速和转矩的关系为

$$电动机输出功率＝转速×转矩 \tag{4-57}$$

在同等的功率下，转矩和转速在同一个电动机内永远是此消彼长的关系，即同一个电动机的转速越高，其转矩越低。

（7）总力效

总力效（单位：g/W）用来表示电机和螺旋桨两者组合的整体效率，其定义和计算方式如下：

$$总力效＝\frac{螺旋桨拉力}{输入电功率}＝\frac{螺旋桨拉力}{电机输入电压×有效电流} \tag{4-58}$$

由于螺旋桨拉力和输入功率都不是常数，因此总力效会随着运行状态变化而变化。

4.2.3　电子调速器

1. 功　能

多旋翼无人机的无刷直流电动机系统多以电动机主体和电子调速器驱动组成。电子调速器（ESC，Electronic Speed Controller，简称电调）的基本功能是根据飞行控制器传输的 PWM 信号来控制电机转速。由于飞行控制器输出的 PWM 信号非常微弱无法直接驱动无刷直流电动机，因此需要电调对信号进行处理和放大，从而驱动电机。一些电调还可以作为制动器或者稳压电源，给遥控器接收机和舵机供电。与一般的电调不同，无刷电调还可以充当一个换相器，把多旋翼上的直流电源转化为可以供给无刷直流电动机使用的三相交流电源。除此之外，它还有其他功能，如电池保护和启动保护等。

由电调的上述功能可知，多旋翼无人机无刷直流电动机系统中的电调，可以实现图 4.29 中逆变器、控制器以及转子位置检测器的功能。

2. 主要参数

（1）最大持续/峰值电流

最大持续电流和峰值电流是无刷电调最重要的参数，其常用单位是安培（A），如 10 A、20 A、30 A 等。不同电机需要配备不同的电调，不合理的配置会导致电调烧坏甚至电机失效。

最大持续电流是指在正常工作模式下的持续输出电流，峰值电流是指电调能承受的最大瞬时电流。每个电调都会在型号上标注最大持续电流，如 Hobbywing XRotor 15 A。

挑选电调时，要注意留有一定的安全裕度（如 20% 的安全裕度），以有效避免功率管被烧坏。如 50 A 的电调一般留出 10 A 的安全裕度。

（2）电压范围

电调能够正常工作所允许输入的电压范围也是非常重要的参数。例如，在电调说明书上可以看到标注"3～4S LiPo"字样，表示此电调适用于 3～4 节电芯串联的锂聚合物电池，其正常工作的电压范围为 11.1 V～14.8 V。

（3）内　阻

电调都有内阻，由于通过电调的电流有时可以达到几十安培，电调的发热功率不能被忽视。为了减少热能耗散,电调的内阻应当尽可能小。

（4）刷新频率

电机响应速度很大程度上依赖于电调刷新频率。在多旋翼发展之前,电调是专为航模或车模设计的。当时伺服电机的最大工作频率是 50 Hz,因此电调的刷新频率也定为 50 Hz。理论上来说,电调刷新频率越高,电机响应速度越快。多旋翼需要实现螺旋桨转速的快速变化来改变拉力大小,所以多旋翼电调的刷新频率往往比其他电调要高。此外,为了保证输出信号的平滑性,电调通常会在输入或输出端加入低通滤波,这在一定程度上会降低电调的响应速度。

（5）可编程性

通过调整电调内部参数,可以使电调的性能达到最优。

设置电调的参数有 3 种方法,即:通过编程卡直接设置电调参数;通过连接 USB 在计算机上设置电调参数;通过接收机,用遥控器摇杆设置电调参数。

可以设置的参数包括:油门行程校准,低压保护阀值设定、电流限定设定、刹车模式设定、油门控制模式、切换时序设定、起动模式设定以及 PWM 模式设定等。

（6）兼容性

如果电调与电机不兼容,那么电机很可能发生堵转,从而导致多旋翼在空中失控坠机。堵转可能发生在一些极端情况而不易被察觉,如多旋翼在进行模态切换时可能导致控制量变化较大,最终引起大的瞬时电流而触发堵转。

思 考 题

1. 常用于固定翼无人机和多旋翼无人机的执行机构有何不同?
2. 试分析铰链力矩是如何影响舵机特性的。
3. 画出三种常用舵回路的方块图,并比较说明这三种舵回路的特点。
4. 概述余度系统设计的主要任务。
5. 飞行控制系统对舵回路具体有哪些主要的技术要求?
6. 无刷直流电动机由哪几部分组成,各部分的功能作用是什么?
7. 常用的无刷直流电动机的转子位置检测有哪些方式?
8. 无刷直流电动机的主要参数有哪些,各是如何定义的?
9. 电子调速器的功能是什么?其主要参数有哪些?

第 5 章　传感器

惯性导航系统是无人机最基本的导航系统,其通过加速度计和陀螺仪这两种传感器来完成无人机线运动和角运动的测量工作。无人机飞行控制系统的工作需要用到姿态角、转动角速度、速度、位置等信息,这些信息除了可由惯性导航系统提供外,还可通过相应的传感器获得。本章主要介绍惯性导航系统和飞行控制系统常用的传感器,包括陀螺仪、加速度计、大气数据系统、高度传感器(无线电高度表、气压高度表)、磁传感器等。

5.1　概　　述

5.1.1　飞行器运动参数的测量方法

要实现飞行的自动控制,首先要解决的问题是如何精确测量飞行器的各种运动参数,例如飞行器的姿态角、角速度、过载、飞行高度和速度等。惯性导航系统几乎可对飞行控制所需的所有运动参数进行测量,除此之外,飞行控制系统还可通过陀螺仪、加速度计、大气数据系统、高度传感器等部件测量这些参数。

一个运动参数传感器从探测物理量到将其测量值用于飞行控制,可分成测量、变换、传输、纯化、处理五个部分。

1. 测　量

为了确定一个运动变量,首先要找到一种能测量这个变量的物理效应。如果这个变量本身是不能测量的,应寻求一种替代量,通过这个替代量计算出所要的变量(例如通过动压计算飞行速度、通过对地速度计算航向等)。

2. 变　换

把物理效应变换成便于测量的转动、位移等物理量或电信号,也可以将其直接变换成数字量。通常,这类变换以多个等级进行(如机械—电—模拟量—数字量),而且尽量要包括对非线性和误差影响的补偿,并换算成所希望的测量变量。

3. 传　输

把测量数据从测量点传送给导航系统、飞行控制系统或者显示、存储装置。老式系统使用单线传输,甚至飞行控制系统、导航系统和显示系统各使用不同的传感器,而现代传感器测量系统通常采用数据总线来传输。

4. 纯　化

在进一步处理之前,测量值要做纯化处理,即检验测量值的有效性,通过滤波去除测量噪声,以便抑制测量误差。

5. 处　理

利用计算机把测量数据换算成所希望的运动变量,如大气数据计算机根据测量的大气参数计算出空速等运动变量,惯性导航计算机根据测量的比力计算出地速、航向等。

测量飞行器运动参数的方法大致包括基于空气动力学原理的方法、惯性测量方法、无线电测量方法及磁传感器测量等。另外,基于计算机视觉技术的视觉导航、基于天体观测的天文导航等也已运用于无人机。

5.1.2　可测的无人机运动参量

可测量的无人机运动参量可分为直接可测量的量、间接可测量的量和需要复杂计算得到的量。

1. 直接可测量的量

直接可测量的量主要包括:①大气状态(大气压强和温度);②加速度(更准确地应称为比力);③角速度;④姿态角;⑤航向角;⑥迎角和侧滑角等。

上述物理量可由相应传感器直接测量。例如,加速度计测量加速度,速率陀螺仪测量角速度,垂直陀螺或陀螺平台测量姿态角,航向陀螺或磁罗盘测量航向角等。

2. 间接可测量的量

间接可测量的量主要包括:①角加速度;②飞行速度;③高度;①马赫数;⑤气压高度;⑥航迹速度和位置、距离;⑦航向角;⑧航迹方位角和爬升角等。

上述物理量需要测量装置根据测得的其他量计算才能得到。例如,可根据向心加速度的变化计算出角加速度,根据动压计算飞行速度(空速),根据静压计算高度(称为气压高度),惯性导航系统根据测得的加速度计算速度、位置、航向角、航迹方位角、爬升角等。

3. 需要复杂计算得到的量

下面的运动参量只有通过大量复杂的测量、计算才能确定,而且在飞行中还不能足够准确地加以确定,主要有:①风速梯度;②风速矢量;③力矩矢量和力矢量;④质量、惯性矩等。

上述 4 种参量可通过基于空气动力学原理的方法、惯性测量方法、无线电测量方法及磁传感器等进行测量。在无人机导航系统和飞行控制系统的传感器中,陀螺仪和加速度计测量的是惯性量,而大气数据系统测量的是空气动力学量,无线电高度表采用无线电测量方法。导航系统因其构造和工作原理十分复杂,将在第 7 章中进行详细介绍。下面主要介绍陀螺仪、加速度计、大气数据系统、无线电高度表、磁力计等传感器。

5.2　陀螺仪

5.2.1　陀螺仪的基本概念

1. 陀螺仪的概念及分类

陀螺仪是敏感载体相对惯性空间角运动的装置。作为传感器的陀螺仪问世至今已有 100

多年,最初的陀螺仪是由高速旋转的刚体转子支承在框架上构成的。随着科学技术的发展,多种可以用来敏感角运动的物理效应相继被发现。人们把"陀螺仪"这一名称扩展到没有刚体转子而功能与经典陀螺仪等同的传感器。

目前陀螺仪可分成两大类:一类以经典力学为基础,称为传统陀螺仪,如刚体转子陀螺仪、流体转子陀螺仪、振动陀螺仪等;另一类以近代物理学为基础,称为新型陀螺仪,如激光陀螺仪、光纤陀螺仪、核磁共振陀螺仪、超导陀螺仪等。微机械陀螺仪虽然是采用新材料、新技术、新工艺制造的新型陀螺仪,但目前成熟的微机械陀螺仪是基于科里奥利效应工作的,因此与传统陀螺仪在原理上的联系十分密切。

刚体转子陀螺仪是把绕自转轴高速旋转的刚体转子支承起来,使自转轴获得转动自由度的陀螺仪。陀螺仪按支承轴的数目可分为单自由度陀螺仪和两自由度陀螺仪(也称双自由度陀螺仪),或按转子相对陀螺仪壳体所具有的转动自由度的数目分为二自由度陀螺仪和三自由度陀螺仪。按转子支承方式的不同,可分为框架陀螺仪、液浮陀螺仪、气浮陀螺仪、挠性陀螺仪及静电陀螺仪等。

在刚体转子陀螺仪中,框架陀螺仪在航空陀螺仪表、飞行控制系统、战术导弹制导系统等方面被广泛应用,但因框架轴上的轴承存在较大的摩擦力矩,陀螺仪不可能达到很高的精度。为了满足惯性导航系统对陀螺仪的精度要求,传统的技术途径是把陀螺仪的框架做成薄壁密封浮子,并由浮液的浮力来支承浮子组件,这就是液浮陀螺仪。提高刚体转子陀螺仪精度的另一个技术途径是去除其框架装置,采用各种特殊的支承方法来支承转子。其中,应用转子高速旋转时产生的气体动压力来支承转子的称为动压气浮陀螺仪,利用挠性接头来支承转子的称为挠性陀螺仪,采用在真空腔内的静电悬浮来支承转子的称为静电陀螺仪。静电陀螺仪的精度在刚体转子陀螺仪中是最高的,其成本也很高,一般应用在核潜艇和远程飞机上。

虽然惯性导航系统和飞行控制系统都用到陀螺仪,但两个系统的陀螺仪在选型和性能上有很大差别。飞行控制系统的陀螺仪一般为传统陀螺仪,而目前的惯性导航系统更多地采用光学陀螺仪。即使惯性导航系统采用传统陀螺仪,其性能要求也要比飞行控制系统的陀螺仪高很多。为了减小导航系统的成本和体积,许多民用小型无人机采用的是微机械陀螺仪和微机械加速度计。

按陀螺仪的基本功能,可将陀螺仪分为角位置陀螺仪和角速率陀螺仪。前者用于敏感角位置或角位移(角度的相对变化值),常简称位置陀螺仪(速率积分陀螺仪可归于此类);后者用于敏感角速度,常简称速率陀螺仪。这两种陀螺仪都可用于惯性导航系统。速率陀螺仪用于测量飞行器沿机体纵轴、横轴方向的角速率大小,并将其按比例转换为电压信号输出。

速率陀螺仪的类型很多,最常用的有三类:扭杆式速率陀螺仪、反馈式速率陀螺仪以及积分陀螺仪。随着光纤陀螺在技术上日益成熟,且成本显著降低,光纤陀螺仪在无人机上已开始应用。

根据陀螺仪的精度,常把随机漂移率达到 $0.015(°)/h$ 的陀螺仪称为惯性级陀螺仪。一般来说,惯性导航系统中的陀螺仪应至少达到惯性级陀螺仪的要求。

2. 传统框架陀螺仪的基本组成

(1) 两自由度陀螺仪

两自由度陀螺仪是指自转轴具有两个转动自由度的陀螺仪,其基本组成如图 5.1 所示,由内环和外环组成的环架装置使陀螺自转轴获得两个转动自由度。

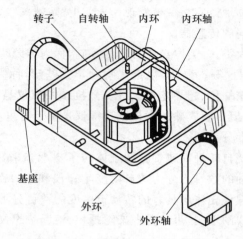

图 5.1　两自由度陀螺的基本组成

陀螺转子借助自转轴上的一对轴承安装于内环中,内环借助内环轴上的一对轴承安装于外环中,外环轴借助外环轴上的一对轴承安装于基座或仪表壳体上。自转轴线与内环轴线垂直且相交,内环轴线与外环轴线垂直且相交,这三根轴线相交于一点,称为环架支点。陀螺转子由电机驱动绕自转轴高速旋转,转子连同内环可绕内环轴转动,转子连同内环和外环又可绕外环轴转动。转子具有绕自转轴、内环轴和外环轴这三个轴转动的自由度,而转子的自转轴具有绕内环轴和外环轴这两个轴转动的自由度。

（2）单自由度陀螺仪

单自由度陀螺仪是指自转轴具有一个转动自由度的陀螺仪,其基本组成如图 5.2 所示。同两自由度陀螺仪相比,单自由度陀螺仪只有内环而无外环。

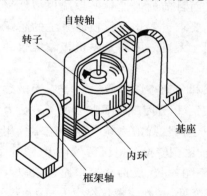

陀螺转子借助自转轴上的一对轴承安装于内环中,内环借助内环轴上的一对轴承安装于基座或仪表壳体中。转子具有绕自转轴和内环轴这两个轴转动的自由度,而自转轴具有绕内环轴的一个转动自由度。

3. 陀螺力矩

刚体转子陀螺仪的转子高速旋转,使转子具有一定的角动量,角动量的方向沿转子自转轴并与转子旋转方向一致。取动坐标系与陀螺转子支承环架（内环）相固连,这样动坐标轴就与陀螺仪转子及内环的惯性主轴相重合。根据角动量定理,当外界对陀螺仪施加的力矩在垂直于转子自转轴和内环轴的方向上有分量

图 5.2　单自由度陀螺仪的基本结构

时,陀螺仪内环将带动转子绕内环轴一起转动,外力矩 $\boldsymbol{M}$、陀螺仪角动量 $\boldsymbol{H}$ 及转动角速度 $\boldsymbol{\omega}$ 之间的关系为

$$\boldsymbol{\omega} \times \boldsymbol{H} = \boldsymbol{M} \tag{5-1}$$

此时,陀螺仪的转动方向与外力矩的作用方向不一致,而是与后者相垂直,这种特性称为陀螺仪的进动。式（5-1）就是以矢量形式表示的陀螺仪进动方程式。需要指出,这种进动是

瞬间实现的,即在外力矩加在陀螺仪的瞬间,陀螺仪立刻出现进动,陀螺角动量矢量立刻出现变化率而相对惯性空间改变方向。

　　作用与反作用是同时存在的一对矛盾。有作用力(或力矩),必有反作用力(或力矩),二者大小相等,方向相反,但分别作用在两个不同的物体上。当外界对陀螺仪施加力矩使它进动时,陀螺仪也必然存在反作用力矩,其大小与外力矩的大小相等,而方向与外力矩的方向相反,并且是作用在给陀螺仪施加力矩的那个物体上。这就是陀螺仪反作用力矩,通常称为陀螺力矩。由式(5-1)可知,陀螺力矩与角动量和转子进动角速度的关系为

$$M_g = H \times \omega \tag{5-2}$$

陀螺力矩是转子内所有质点的科氏惯性力所形成的科氏惯性力矩。

　　图 5.3 所示为陀螺仪进动过程中转子内质点在不同位置科氏加速度的变化(该图是从自转轴 z 的正向俯视陀螺仪)。取内环坐标系 z 轴为自转轴,x 轴为内环轴,y 轴与 x 轴和 z 轴构成右手坐标系,初始状态下,y 轴与外环轴重合。设转子绕自转轴 z 的正向以角速度 Ω 相对内环转动,即角动量方向为 z 轴正向。沿 x 轴正向对陀螺仪施加外力矩 M,在外力矩 M 作用下,转子以角速度 ω 进动,由式(5-1)可知,转子的进动方向为 y 轴正向。转子内同一个质点的线速度 V 在转动过程中大小是相同的,但方向随转动而改变。科氏加速度为 $a_c = 2\omega_y \times V$,即垂直于进动角速度和相对运动线速度。当质点转到 y 轴正向区域(第 1、4 象限)时,科氏加速度指向 z 轴正向,科氏力指向 z 轴负向;质点转到 x 轴坐标值为 0 时,科氏加速度和科氏力的幅值最大;当质点转到 y 轴负向区域(第 2、3 象限)时,科氏加速度指向 z 轴负向,科氏力指向 z 轴正向;质点转到 x 轴坐标值为 0 时,科氏加速度和科氏力的幅值最大。虽然同一个质点在不同位置时科氏力的大小是不同的,方向也会发生改变,但在同一位置,对应的科氏力的大小和方向是相同的。由转子所有质点的科氏力构成了绕 x 轴负向的力矩,其大小与外力矩 M 相同,方向与外力矩 M 相反,这就是陀螺力矩。

　　引入陀螺力矩后,陀螺仪内环轴或外环轴上的合力矩就是陀螺力矩在该轴上的分量与作用于该轴的外力矩之和。正常情况下,陀螺仪内环轴或外环轴上的合力矩为零,这意味着,陀螺仪绕内环轴或外环轴要么静止,要么以恒定的角速度转动。

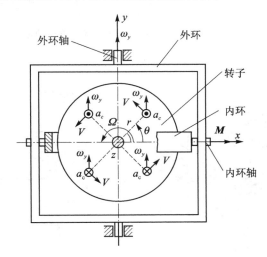

图 5.3　陀螺仪转子内质点的科氏加速度

5.2.2 两自由度陀螺仪

1. 两自由度陀螺仪的基本特性

两自由度陀螺仪的转子没有自转时,其运动表现与一般刚体没有区别。而陀螺仪的转子高速自转,即具有较大的角动量时,其运动表现与一般刚体大不相同。两自由度陀螺仪的基本特性,最主要是进动性和稳定性。

(1) 进动性

两自由度陀螺仪受外力矩作用时,若外力矩绕内环轴作用,则陀螺仪绕外环轴转动(见图 5.4(a));若外力矩绕外环轴作用,则陀螺仪绕内环轴转动(见图 5.4(b))。陀螺仪的转动方向与外力矩的作用方向不一致,而是与后者垂直,把陀螺仪这种绕着与外力矩方向相垂直方向的转动称为进动,其转动角速度称为进动角速度,把陀螺仪进动所绕的轴称为进动轴。陀螺仪进动的方向可以这样简单判断:角动量矢量沿最短途径趋向外力矩矢量转动的方向,即为陀螺仪进动的方向。或者说,从角动量矢量沿最短途径握向外力矩矢量的右手旋进方向,即为进动角速度的方向,如图 5.5 所示。

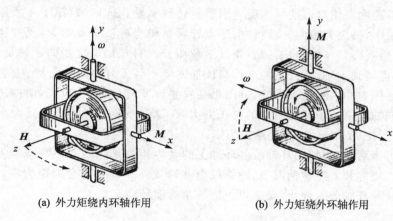

(a) 外力矩绕内环轴作用　　　　　　　(b) 外力矩绕外环轴作用

图 5.4　两自由度陀螺仪在外力矩作用下的进动

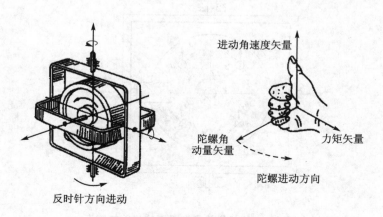

图 5.5　陀螺仪进动方向的判定

由式(5-1)可知,角动量、进动角速度和外力矩三者之间存在如下关系:$\boldsymbol{\omega} \times \boldsymbol{H} = \boldsymbol{M}$;而由式(5-2)可知,在陀螺仪进动的同时,会在垂直于进动轴的另一轴上产生陀螺力矩:$\boldsymbol{M}_g = \boldsymbol{H} \times \boldsymbol{\omega}$。可见,陀螺力矩与外力矩都作用于同一轴上,大小相等,方向相反。

当外力矩作用于内环轴、陀螺仪绕外环轴进动时,角动量、进动角速度和外力矩三者相互垂直,三者的大小存在如下关系:

$$M = H\omega \qquad (5-3)$$

但当外力矩作用于外环轴、陀螺仪绕内环轴进动时,自转轴(角动量)和外环轴(外力矩方向)不能保持垂直状态。此时,陀螺力矩 $H \times \omega$ 与外力矩 M 不在一条线上,外力矩应与陀螺力矩在外环轴上的分量大小相等,即

$$M = H\omega\cos\theta \qquad (5-4)$$

式中,θ 为自转轴偏离外环轴垂直位置的角度,如图 5.6 所示。显然,式(5-3)是式(5-4)的特例。由式(5-4)可知,陀螺进动角速度的大小取决于外力矩的大小、角动量的大小及陀螺自转轴偏离外环轴垂直位置的角度,即

$$\omega = \frac{M}{H\cos\theta} \qquad (5-5)$$

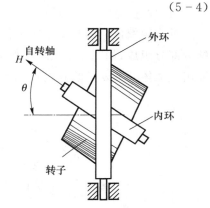

图 5.6 自转轴与外环轴不垂直的情况

需要指出,两自由度陀螺仪的进动性只有在自转轴与外环轴不重合时才会出现。如果自转轴绕内环轴的进动角度达到 90°,或者基座带动外环轴绕内环轴方向的转动角度达到 90°,那么自转轴就与外环轴重合,陀螺仪也就失去了一个转动自由度。这时,陀螺特性消失,绕外环轴作用的外力矩将使外环连同内环绕外环轴转动起来。这种状态称为环架自锁或环架锁定,因为把内、外环锁定在一起时,也会出现这种运动现象。

(2)稳定性

两自由度陀螺仪具有抵抗干扰力矩,力图保持其自转轴相对惯性空间方位稳定的特性,称为陀螺仪的稳定性或定轴性。

在内环轴和外环轴上没有任何干扰力矩的理想情况下,只要自转轴与外环轴不重合,无论基座或仪表壳如何转动,都不会影响自转轴相对惯性空间的方位。不过,在实际的陀螺仪中,总是不可避免地存在着干扰力矩,例如环架轴上支承的摩擦力矩、陀螺组合件的不平衡力矩以及其他因素引起的干扰力矩。在干扰力矩作用下,陀螺仪将产生进动,使自转轴偏离原来的惯性空间方位。这种干扰力矩所引起的陀螺仪的进动,称为陀螺仪的漂移,简称陀螺漂移。陀螺漂移的角速度常称为漂移率。陀螺漂移率越小,自转轴相对惯性空间的方位稳定精度越高。

设陀螺角动量为 H,作用在陀螺仪上的干扰力矩为 M_d,自转轴偏离外环轴垂直位置的角度为 θ,则陀螺漂移角速度为

$$\omega_d = \frac{M_d}{H\cos\theta} \qquad (5-6)$$

由式(5-6)可知,虽然陀螺仪在干扰力矩作用下会产生漂移,但只要具有较大的角动量,

陀螺漂移角速度就会很小,在一定时间内自转轴相对惯性空间的方位改变也就很微小。在干扰力矩作用下,陀螺仪以进动的形式做缓慢漂移,这是陀螺仪稳定性的一种表现。陀螺角动量越大,陀螺漂移也就越缓慢,陀螺仪的稳定性也就越高。

当作用于陀螺仪的干扰力矩是冲击力矩时,自转轴将在原来的空间方位附近做锥形振荡运动,这种振荡运动称为章动。在冲击力矩作用下陀螺仪以章动的形式做微幅振荡,这是陀螺仪稳定性的又一表现。陀螺角动量越大,章动振幅也越微小,陀螺仪的稳定性也就越高。

2. 垂直陀螺仪

垂直陀螺仪是两自由度陀螺仪的一个典型应用,用于测量飞行器的俯仰、倾斜姿态角信号。

(1) 垂直陀螺仪的结构

垂直陀螺仪由两自由度陀螺仪(也称为位置陀螺仪)、修正机构、角度传感器、托架伺服系统等部分组成,如图 5.7 所示。俯仰角和倾斜角通过安装在内环轴和外环轴上的角度传感器输出。液体开关及安装在内环轴和外环轴上的修正电机构成修正机构。

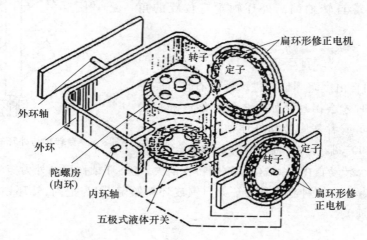

图 5.7 垂直陀螺仪的一般结构

(2) 修正机构

理想的两自由度陀螺仪是相对惯性空间稳定的。在飞机飞行过程中,为准确测量飞机的倾斜角和俯仰角,要求陀螺仪的自转轴始终与水平面相垂直。但是,由于地球的自转、飞机的运动以及陀螺仪受到不平衡、摩擦等干扰力矩的影响,陀螺的自转轴不能与水平面保持垂直。修正机构就是为了使陀螺自转轴始终垂直于水平面而设置的。

自由悬挂的单摆因重力的作用对地垂线敏感,可以稳定地指向地垂线或围绕地垂线以很小的幅度摆动。但是,当有加速度时,摆质量会同时受到重力和惯性力的作用,此时单摆围绕地垂线以一定幅值摆动;加速度消失后,若单摆支承轴存在摩擦力矩或阻尼力矩,单摆将振荡衰减回位。

由上可知,陀螺转子具有抵抗干扰力矩保持相对惯性空间指向的稳定性,但受其重力的影响;而摆对地垂线敏感,在没有加速度时可准确指向地垂线。垂直陀螺仪将两者结合,即将敏感的垂线的摆式元件直接装在陀螺仪的内环上,判别陀螺转子轴相对地垂线的偏差并输出偏差信号。在实际设备中,摆式敏感元件通常采用液体开关(又称液体电门)或水银开关(又称水银电门)。

利用两自由度陀螺仪的进动性,可以根据转子轴和摆式元件之间的偏差方向和大小,输出偏差信号分别送给装在内、外环轴上的修正电机产生修正力矩,使陀螺转子绕内环轴或外环轴进动来消除偏差,使转子轴指向地垂线。例如,当陀螺仪转子轴出于某种原因绕外环轴偏离了地垂线,摆式元件就产生一个电信号,送到安装在内环轴上的修正电机,使之产生绕内环轴的修正力矩作用到陀螺仪上,使转子轴绕外环轴产生进动而恢复到地垂线的方向。同理,如果陀螺仪转子轴绕内环轴偏离了地垂线,则摆式元件产生的电信号送到安装在外环轴上的修正电机,使之产生绕外环轴的修正力矩,从而使转子轴绕内环轴进动而恢复到地垂线的方向。

(3)托架伺服系统

直接用两自由度陀螺仪构成姿态测量装置有一个弊端,假设陀螺仪外环轴与飞机纵轴平行,当飞行俯仰角达到 90°,陀螺转子轴、内环轴和外环轴就会在一个平面,这种状态称为环架锁定。在环架锁定状态下,飞机绕纵轴的转动将破坏转子轴的稳定状态;此外,由于外环轴与转子轴在一条直线上,当外环轴上有摩擦力矩时,将会使外环带动内环一起转动,内环轴上的干扰力矩也将使转子轴偏离原来的方位。为避免出现环架锁定,有些垂直陀螺仪增加了一个托架,如图 5.8 所示。

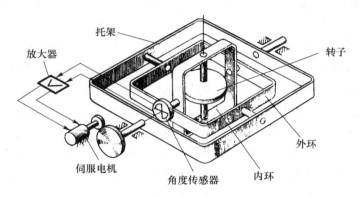

图 5.8 带托架垂直陀螺仪

用一个角度传感器敏感陀螺仪绕内环轴相对外环的转动角度,当有角度输出时,通过托架伺服系统产生力矩驱动托架并带动外环绕内环轴转动,使陀螺转子轴与外环轴保持垂直,从而避免出现环架锁定。安装在托架轴和外环轴上的角度传感器分别输出飞机的倾斜角和俯仰角。

3. 挠性陀螺仪

陀螺仪是惯性导航系统的核心元件,是决定惯性导航系统工作精度最重要的因素之一。常规的框架陀螺仪采用环架装置并由滚珠轴承来支承,使转子获得所需的转动自由度。但是,滚珠轴承不可避免地存在摩擦力矩而造成陀螺漂移。通过提高滚珠轴承生产工艺来降低陀螺漂移是十分困难的。因此,为满足惯性导航系统对陀螺仪的精度要求,必须在陀螺仪中采用新的支承方式,而挠性陀螺仪就是为了适应这种需要而出现的一种陀螺仪。

在挠性陀螺仪中,转子是由挠性接头来支承的。挠性接头是一种无摩擦的弹性支承,最简单的结构是做成细颈轴,转子借助于挠性接头与驱动轴相连,如图5.9所示。挠性接头易于弯曲,"挠性"二字形象地表示了这种支承形式的特点。驱动电机带动驱动轴经过挠性接头使转子高速旋转,从而产生陀螺角动量。挠性接头允许转子绕着垂直于自转轴的两个正交轴方向旋转,从而使转子获得绕这两个正交轴的转动自由度。也就是说,挠性陀螺仪的转子具有三个转动自由度,而自转轴具有两个转动自由度。所以,挠性陀螺仪同样具有前述两自由度陀螺仪的基本特性,即陀螺仪的进动性和稳定性。

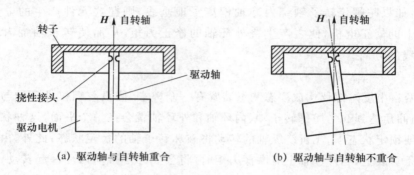

(a) 驱动轴与自转轴重合   (b) 驱动轴与自转轴不重合

图 5.9　挠性接头支承转子的原理

挠性陀螺仪同框架陀螺仪一样,都有一个高速旋转的刚体转子,但两者的支承形式有很大的区别。挠性支承从根本上去除了支承的摩擦,因而挠性陀螺仪易于实现低漂移。

不过,挠性支承是一种弹性元件,在它弯曲变形时必然产生一个弹性力矩作用到转子上使它进动,从而使自转轴偏离原来所稳定的惯性空间方位。挠性陀螺仪必须对挠性支承所固有的弹性力矩进行补偿,这是采用挠性支承所要解决的一个主要问题。

挠性陀螺仪转子调整旋转时,由于转子周围介质阻尼和磁场感应涡流阻尼等影响,将产生阻尼力矩作用于转子。当自转轴与驱动轴重合时,驱动力矩与阻尼力矩恰好平衡,作用于转子的总力矩为零。当自转轴相对驱动轴出现偏角时,阻尼力矩仍沿自转轴方向,但电机的驱动力矩与阻尼力矩不再共线,驱动力矩在克服阻尼力矩的同时,在垂直于自转轴的方向会对转子作用一个力矩分量,如图5.10所示。由于这个力矩分量与自转轴垂直,并且与转子的阻尼力矩有关,因此称之为正交阻尼力矩。在正交阻尼力矩作用下,转子将产生进动,使自转轴趋于同驱动轴重合。因此,减小正交阻尼力矩,也是挠性陀螺仪必须要解决的一个重要问题。

动力调谐式挠性陀螺仪(简称动力调谐陀螺仪)是一种应用十分广泛的挠性陀螺仪,也是目前在航空惯性导航系统中应用较多的刚体转子陀螺仪,精度较高而成本相对较低。动力调谐陀螺仪的原理结构如图5.11所示。转子通过一对外扭杆与平衡环连接,平衡环通过一对内扭杆与电机轴连接。由于扭杆具有很大的抗弯刚度和很小的抗扭刚度,因此电机的驱动力矩可通过内、外扭杆传给陀螺转子,而转子可绕内、外扭杆轴线转动,具有两个转动自由度,所以动力调谐陀螺仪是一种两自由度陀螺仪。陀螺仪壳体上安装了位置中心对称的两对力矩器和两对信号器:力矩器用于对陀螺仪施加力矩;信号器用来测量转子相对壳体基准面的偏转角,同轴上的信号器输出接成差动形式。

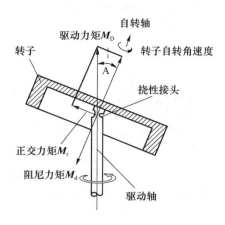

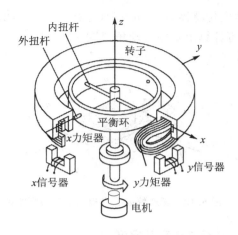

图 5.10　挠性陀螺仪的正交阻尼力矩　　　图 5.11　动力调谐陀螺仪原理结构

在动力调谐陀螺仪中,内外扭杆组成的挠性接头运动(或称扭摆运动)将产生一个与扭杆弹性力矩方向相反的动力反弹性力矩作用到转子上。适当选择扭杆的刚性系数、转子的自转角速度及平衡环的转动惯量,可使平衡环的动力反弹性力矩正好补偿挠性支承(扭杆)的机械弹性力矩,在这种情况下,自转轴相对惯性空间才会具有很高的方位稳定性。这就是所谓的"动力调谐",这也是这种陀螺仪被称为动力调谐式挠性陀螺仪的原因。

5.2.3　单自由度陀螺仪

1. 单自由度陀螺仪的基本特性

单自由度陀螺仪的基本特性,是其具有敏感绕其缺少自由度方向转动的特性。当基座绕陀螺自转轴或内环轴方向转动时,单自由度陀螺仪的转子不会一起转动,即内环仍然起隔离运动的作用。但是,当基座绕陀螺仪缺少自由度的 y 轴正向以角速度 ω 转动时,如图 5.12 所示,必然有一个力矩通过内环轴支承作用到陀螺仪上,其方向与 ω 的方向一致。这相当于两自由度陀螺仪在外环轴上有一个外力矩,这个力矩会使陀螺仪产生绕内环轴的进动,进动角速度沿内环轴 x 的负向,使自转轴 z 趋向与 y 轴重合。不过,与两自由度陀螺仪不同的是,这个力矩还强迫陀螺仪跟随基座转动。

可以用陀螺力矩来解释上述现象。当基座绕陀螺仪缺少自由度的 y 轴正向以角速度 ω_y 转动时,便有绕内环轴 x 负向的陀螺力矩 $H\omega_y$ 作用在陀螺仪上,在这个陀螺力矩作用下,陀螺仪产生绕内环轴的转动——进动,使自转轴趋向与基座转动角速度的方向重合。如果此时绕内环轴作用有外力矩,并且恰好能够平衡陀螺力矩 $H\omega_y$,那么陀螺仪绕内环轴便停止转动。

下面分析单自由度陀螺仪受到绕内环轴的外力矩作用时的运动情况。如图 5.13 所示,假设外力矩 M_x 绕内环轴 x 的正向作用,那么陀螺仪将力图以角速度 M_x/H 绕 y 轴正向进动。显然,由于内环轴上一对支承和基座的约束,这个进动是不可能实现的。在外力矩 M_x 的作用下,陀螺仪如一般刚体那样绕内环轴转动,方向与外力矩方向一致。

角速度是飞行器的重要运动参数。利用单自由度陀螺仪具有敏感绕其缺少自由度方向转动的特性可制成角速度测量装置,这就是角速度陀螺仪(或称速率陀螺仪),其敏感轴(或称输入轴)为缺少转动自由度的方向,而输出轴为内环轴。在内环轴上设置能产生弹性反力矩的装置及角度传感器,以平衡驱动陀螺仪进动的陀螺力矩,测量陀螺仪进动角度或弹性反力矩的大小,即可计算出基座转动角速度。

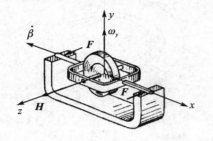

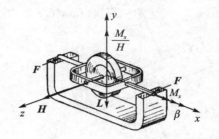

图 5.12　基座绕缺少自由度的方向转动图　　　图 5.13　外力矩绕内环轴作用

2. 扭杆式速率陀螺仪

扭杆式速率陀螺仪采用弹性扭杆产生弹性反力矩,同时,设置阻尼器抑制陀螺仪进动过程的振荡,如图 5.14 所示。速率陀螺仪的输入轴、输出轴与转子转动方向三者之间相互垂直。当飞行器绕输入轴有角速度时,陀螺仪壳体将通过支承迫使转子跟着转动;与此同时,沿输出轴会产生陀螺力矩使转子绕输出轴进动,引起扭杆扭转,沿输出轴遂产生一个弹性力矩,弹性力矩与陀螺力矩方向相反。稳态时,扭杆弹性力矩与陀螺力矩相平衡,陀螺仪进动达到某一角度,扭杆也不再继续扭转;转子绕输出轴进动角度的大小与扭杆弹性力矩也就是陀螺力矩成正比,而陀螺力矩与输入角速度成正比,所以转子绕输出轴的转角与飞行器的角速度成正比。用角度传感器测量陀螺仪进动角度,即可得到飞行器的角速度。

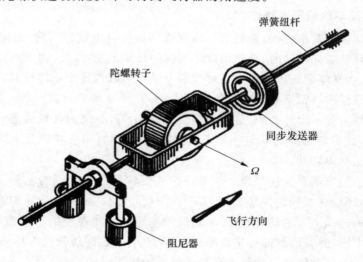

图 5.14　扭杆式速率陀螺仪

扭杆式速率陀螺仪因结构简单而广泛用于飞行器姿态控制。它的缺点是有角速度输入时转子会偏离零位,使输出产生交叉耦合误差。输入角速度越大,这个误差越大,因而精度不太高。

3. 反馈式速率陀螺仪

为了弥补扭杆式速率陀螺仪的缺点,采用电动力矩器替代机械扭杆产生力矩。将角度传感器的输出信号经放大后反馈到输出轴上的力矩器中构成回路,以电弹簧代替机械扭杆。只要回路的增益足够大,就能使转子始终保持在零位附近。流入力矩器的电流正比于输入角速度,可作为仪表的输出。

4. 积分陀螺仪

速率陀螺仪去掉扭杆(或弹簧)而仅保留阻尼器则成为积分陀螺仪。当飞行器绕积分陀螺仪输入轴有角速度时,沿陀螺仪输出轴会产生陀螺力矩,转子绕输出轴进动;同时,阻尼器产生大小与进动角速度成正比、方向与进动角速度相反的阻尼力矩。稳态时,陀螺力矩与阻尼力矩达到平衡。因陀螺力矩与输入角速度成正比,故稳态时进动角速度与输入角速度呈比例关系,即进动角度与输入角速度的积分(飞行器转动角度)成正比。通过输出轴上的角度传感器可输出与飞行器转角成正比的信号。

因输入是角速度而输出是角度信号——角速度的积分,故这种陀螺仪称为积分陀螺仪。

5.2.4　光学陀螺仪

在以近代物理学为基础的陀螺仪中,最为突出的代表是激光陀螺仪,其主体是一个环形谐振腔,在谐振腔的环路中有沿正反向绕行的激光束。光纤陀螺仪的工作机理与激光陀螺仪相似,它用光纤线圈构成激光传播的通路。激光陀螺仪和光纤陀螺仪已成为目前捷联式惯性导航系统主要的角运动传感器。激光陀螺仪和光纤陀螺仪统称光学陀螺仪,都是利用萨格纳克(Sagnac)效应制成的角速率敏感器件,主要有干涉型、谐振型和受激布里渊散射型。

如图 5.15 所示,两束光波在一个注入点同时进入圆形闭合光路,并分别围绕光路的逆时针方向和顺时针方向传播,对应的光程长度用 $L_逆$ 和 $L_顺$ 表示。两束光沿相反方向循行一周后会合于注入点,产生干涉。假设光路正在旋转,那么两束光波的实际光程就会不同(图中光路顺时针旋转,逆时针传播光程 $L_逆$ 比顺时针传播光程 $L_顺$ 要长一些),两束光之间会产生相位差或频率差,从而使干涉条纹发生移动或差拍,这就是萨格纳克效应。通过光电探测器检测干涉效应,即可计算出转动角速度。

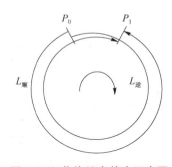

图 5.15　萨格纳克效应示意图

5.2.5　MEMS 陀螺仪

MEMS 是微机电系统(Micro-Electro-Mechanical-System)的简写,是基于微电子技术和机械加工技术的新型机电系统。

基于 MEMS 技术的陀螺通常被称 MEMS 陀螺。该类陀螺的设计原理都是基于科里奥利加速度

$$a_c = 2\omega \times V_r \tag{5-7}$$

即当载体的牵连运动为旋转运动时,如果某一物体存在相对于载体的线速度,则会出现科里奥利加速度,通过测量这个加速度和相对线速度即可求得载体的旋转角速度。也就是说,此类陀螺是通过测量科里奥利加速度来测量角速度的。

5.3 加速度计

加速度传感器是用来测量载体运动加速度的装置。飞行器运动包括重心的线运动和绕机体三轴的角运动,因此,加速度传感器也分为线加速度传感器和角加速度传感器。多数飞行器的角加速度信号是通过速率陀螺仪与微分电路得到的,所以这里仅介绍广泛用于各类飞行器上的线加速度传感器又称加速度计。

加速度计按输出与输入的关系可分为普通加速度计、积分加速度计;根据检测质量的支撑结构形式和材料特点可分为挠性加速度计、液浮加速度计、气浮加速度计、石英加速度计等;根据将测得的加速度转换为电信号时利用的物理原理不同,又可分为摆式陀螺加速度计、压电加速度计、振弦加速度计等。此外,还有采用新材料、新工艺的新型加速度计,如利用微机电技术(MEMS)的硅微机械加速度计和石英振梁式加速度计等。按输出信号的方式,加速度计分为模拟式和数字脉冲加速度计;按敏感加速度输入轴的数目,加速度计分为单轴、双轴和三轴加速度计。

5.3.1 加速度计一般原理

将加速度计的敏感轴置于机体的三个轴向,可测量飞行器三个轴向的线加速度。

图 5.16 所示为一种简单的加速度计工作原理图,主要由弹簧和弹簧所支承的可动质量块(称为敏感质量)以及信号变换器(图中为电位计)和阻尼器等部分组成。质量块可沿敏感轴方向移动,电位计电刷与质量块固连,因此,电位计输出的电压体现了质量块在仪表壳内的位置。

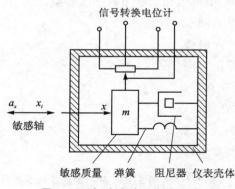

图 5.16 加速度计工作原理图

设质量块的质量为 m,弹簧的弹性系数为 K,阻尼器的阻尼系数为 D。假定飞行器在惯性空间内运动,其位移量为 x_i,相应的线加速度为 $a_x = \dfrac{\mathrm{d}^2 x_i}{\mathrm{d}t^2}$。由于加速度计通过仪表壳体与飞行器固连,因此飞行器的位移量也就是仪表壳体位移量,而其线加速度就是加速度计的输入量。仪表中的敏感质量块具有惯性,相对惯性空间有运动,其位移量为 z。电刷固连于质量块(包括阻尼器的活塞),在仪表壳体内相对电位计骨架(仪表壳体)的位移量为 x。位移量 x 与其绝对位移量 z 和飞机位移量 x_i 之间的关系为

$$x = z - x_i \tag{5-8}$$

忽略弹簧质量和电刷与电位计间的摩擦力,质量块所受的力包括惯性力 $m\dfrac{\mathrm{d}^2 z}{\mathrm{d}t^2}$、阻尼力 $D\dfrac{\mathrm{d}x}{\mathrm{d}t}$、弹簧力 Kx,相应的运动方程为

$$m\frac{\mathrm{d}^2 z}{\mathrm{d}t^2} + D\frac{\mathrm{d}x}{\mathrm{d}t} + Kx = 0 \tag{5-9}$$

将式(5-8)代入,消去变量 z,可得

$$\frac{\mathrm{d}^2 x}{\mathrm{d}t^2} + \frac{D}{m}\frac{\mathrm{d}x}{\mathrm{d}t} + \frac{K}{m}x = -\frac{\mathrm{d}^2 x_i}{\mathrm{d}t^2} \tag{5-10}$$

将 $a_x = \dfrac{\mathrm{d}^2 x_i}{\mathrm{d}t^2}$ 代入式(5-10),可得相应的传递函数为

$$\frac{x(s)}{a_x(s)} = -\frac{1}{s^2 + 2\xi\omega_0 s + \omega_0^2} \qquad (5-11)$$

式中, $\xi = \dfrac{D}{2\sqrt{mK}}$ 为相对阻尼系数, $\omega_0 = \sqrt{\dfrac{K}{m}}$ 为固有频率。

稳态时, $\dfrac{\mathrm{d}x}{\mathrm{d}t} = 0$, $\dfrac{\mathrm{d}^2 x}{\mathrm{d}t^2} = 0$, 由式(5-10)得

$$x = -\frac{m}{K}a_x \qquad (5-12)$$

上式表示当飞行器做等加速度运动时,敏感质量块惯性力 ma_x 与弹簧变形引起的弹簧力 Kx 大小相等、方向相反,从而使质量块处于平衡位置 x。

将输出电压 $U = K_U x$ (K_U 为电位计传递系数)代入式(5-12),可得

$$U = -\frac{K_U m}{K}a_x \qquad (5-13)$$

表明,线加速度传感器的输出电压正比于飞行器线加速度,但相位差为 $180°$。

简单的加速度计构造简单、价格较低,广泛用于增稳、控制增稳和电传操作系统以及自动驾驶仪中。但这种传感器的电刷与电位计之间存在摩擦力,而且质量块的移动易受振动等因素的影响,弹簧工作特性易受温度影响,造成传感器的线性度较差,灵敏度比较低,精度不高(一般为 $0.5\%\sim1\%$),难以满足高精度的要求。为了解决上述问题,可用力矩器取代弹簧。

5.3.2　挠性摆式力矩反馈加速度传感器

挠性摆式力矩反馈加速度计(简称挠性加速度计)是目前在惯性导航系统中用得较多的一种加速度计,主要由挠性支撑(也称挠性轴)、摆组件、角位移信号器、力矩器及反馈电子组件(放大器和校正网络等)组成,如图 5.17 所示。

摆组件顶端到挠性轴的连线称为摆性轴。输入轴(敏感轴)与挠性轴和摆性轴相垂直。挠性轴对摆组件起支承作用;摆组件用于敏感加速度,当沿输入轴方向有加速度时,摆组件会朝着与加速度相反的方向偏移,偏转量与加速度的大小成正比;角位移信号器用于敏感摆组件偏转,输出与摆组件偏转大小和方向相对应的电信号,该电信号经放大后送入力矩器线圈,使力矩器产生与摆组件偏转方向相反的力矩(称为再平衡力矩);力矩器产生的力矩和挠性轴的弹性反力矩共同平衡由摆组件的惯性力产生的力矩。需要指出,角位移信号器输出的电信号并非加速度计的输出。实际的挠性加速度计中力矩器的传递系数很大,摆组件的偏转角度非常小,惯性力产生的力矩主要由力矩器产生的力矩

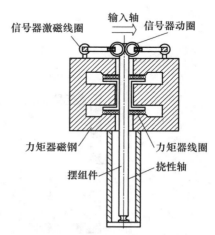

图 5.17　挠性摆式力矩反馈加速度计结构示意图

平衡,即再平衡力矩的大小与加速度的大小成正比。在稳定状态下,摆组件的偏转、信号器输出的电信号都很小,而力矩器线圈的电流与输入加速度成正比。因此,加速度计的输出是由力

矩器线圈电流转换而来的。

当沿加速度输入轴方向有加速度 a 输入时,摆组件将产生惯性力,该惯性力的作用方向与加速度 a 的方向相反。稳态时惯性力为 ma,对挠性轴产生惯性力矩 $M=mla$。设力矩器对挠性轴产生的再平衡力矩为 $M_t=K_tI$,并忽略挠性轴产生的弹性力矩。这时 $K_tI=mla$,即

$$I=\frac{mla}{K_t} \tag{5-14}$$

式中,m 为摆的质量,l 为摆长,K_t 为力矩系数,I 为力矩器线圈的电流。式(5-14)表明,力矩器线圈电流与输入加速度成正比。

挠性摆式力矩反馈加速度传感器具有较高的精度和可靠性,在惯性导航和飞行控制中得到了广泛应用。

5.3.3 液浮摆式加速度传感器

液浮摆式加速度计有两种形式:一种是利用弹性扭杆形成弹性力矩的形式,另一种是利用力矩器形成平衡力矩的形式。图 5.18 所示就是利用力矩器来平衡惯性力矩的液浮摆式加速度计的原理图。图 5.19 显示了挠性摆式加速度计的测量原理。其测量原理和液浮式加速度计的测量原理近似,在下面一并讲述。

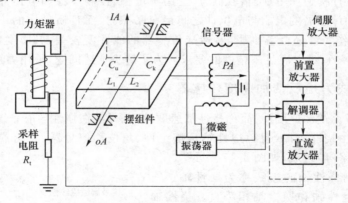

图 5.18 液浮摆式加速度计原理图

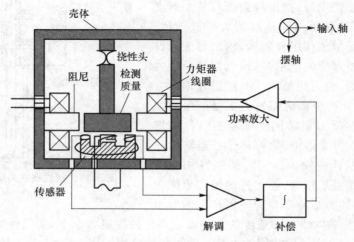

图 5.19 摆式加速度计的测量原理

摆组件的浮力中心、几何中心分别处于旋转轴的两侧,测量传感器是电感式位移传感器或者电容式位移传感器,采用力矩器来平衡惯性力矩,平衡力矩的产生需要信号的检测、放大、解调、校正和直流功率放大,使得传感器始终工作在零位,亦即平衡位置。通过对高精度采样电阻上的电压测量来得到外界输入加速度的大小。

不论是挠性摆式加速度计还是液浮摆式加速度计,里面均注入一种叫作硅油的液体作为阻尼器。之所以选用这种液体,是因为其运动学黏度和动力学黏度随温度的变化较小,比较稳定,热膨胀系数也较小。

此类摆式加速度计的动力学模型可以统一列写为

$$J\ddot{\theta}+C_d\dot{\theta}+K_d\theta=mla\cos\theta-mgl\sin\theta \tag{5-15}$$

式中,θ 为摆组件偏离零位的偏角,J 为摆组件的转动惯量,C_d 为阻尼系数,K_d 为弹性系数,a 为外界输入的加速度。

当摆组件处于零位附近时,偏角 θ 很小,当摆组件处于稳态时,有

$$mla=mgl\theta+K_d\theta \tag{5-16}$$

进而可得

$$\theta=\frac{mla}{mgl+K_d}=K_a a \tag{5-17}$$

由此可见,当加速度计的指针指向稳态的指示值时,偏角和外界输入的加速度是成正比例的。

5.3.4　MEMS 加速度传感器

与传统加速度计相同,MEMS 加速度计也以牛顿惯性定律为基本工作原理。其内部均含有一个可沿敏感轴方向运动的敏感质量以检测此轴向的加速度。图 5.20 为 MEMS 加速度计的简化原理图。

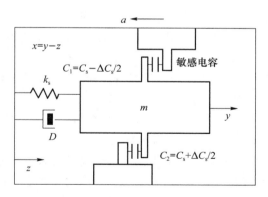

图 5.20　MEMS 加速度计简化原理图

由图 5.20 可知,加速度计的敏感质量 m 由弹簧和阻尼器支撑,弹簧的弹性系数为 k_s,阻尼器的阻尼系数为 q。应用牛顿第二定律,可得加速度计传递函数为

$$H(s)=\frac{x(s)}{a(s)}=\frac{1}{s^2+\frac{q}{m}s+\frac{k_s}{m}}=\frac{1}{s^2+2\xi\omega_0 s+\omega_0^2} \tag{5-18}$$

式中，$\omega_0=\sqrt{\dfrac{k_s}{m}}$ 为角频率，$\xi=\dfrac{q}{2\sqrt{k_s m}}$ 为品质因数。

对于弹性系数 k_s，有

$$k_s = k_m - k_e \tag{5-19}$$

式中，k_m 和 k_e 分别为器件的机械硬度系数和电气硬度系数，表示为

$$k_m = 4E_x h\left(\frac{w}{l}\right)^3$$

$$k_e = \frac{C_s V_{dd}^2}{2d^2} \tag{5-20}$$

式中，E_x 为硅材料质在敏感轴向的弹性模量；h、w、l 分别为其长、宽、高；C_s 表示敏感电容初始值的 $1/2$，而此时电容间的电压为 $0.5V_{dd}$；d 表示极板间距。

5.4 大气数据系统

气压高度、垂直速度、飞行速度（空速）和马赫数等运动参数，都是空气总压、静压、总温等大气参数的函数。大气数据系统就是通过测量飞行器所在位置的大气参数，从而计算出飞行器运动参数的装置。

大气数据系统由空速管、大气温度传感器、迎角传感器及大气数据计算机（简称大气机）等构成。它向飞行器的其他系统提供所需的真空速、气压高度等信息。

5.4.1 大气温度与大气压力

1. 大气温度

（1）静 温

大气静温描述大气静止时的冷热程度。在大气对流层中，大气静温随高度的升高而降低，每升高 1 km 温度下降约 $6.5\,^\circ\!C$，在平流层的 25 km 以下，大气静温几乎不变。

（2）总 温

当气流流经物体表面时，由于物体表面的阻碍作用，使气流流速降为零的点称为驻点，该点的温度就是总温。其数学表达式为

$$T_t = T_s(1+0.2Ma^2) \tag{5-21}$$

式中，T_t 为大气总温，T_s 为大气静温，Ma 为飞行马赫数。

由式（5-21）可看出，总温由两部分组成：一部分是静温，另一部分是因气流受阻而由动能转化而来的附加温度（简称动温）。总温的大小与飞行高度和速度直接相关。

（3）阻滞温度

因任何感温元件在测温的过程中都存在热能损耗，故飞行器上实际测得的温度都小于总温，把实际测得的温度称为阻滞温度，其与总温有如下关系：

$$\frac{T_r}{T_t} = N \tag{5-22}$$

式中，T_r 为阻滞温度；N 为温度恢复系数（或称品质因数），表示动能转换热能的恢复程度。

将式（5-22）代入式（5-21），得阻滞温度与静温之间的关系为

$$T_r = NT_s(1+0.2Ma^2) \tag{5-23}$$

大气数据系统感测大气温度一般采用阻滞温度传感器。阻滞温度传感器又称总温探头，并向大气机提供总温信号，以便计算与大气温度有关的大气参数。

2. 大气压力

大气压力是物体受大气层自身重力产生的作用于物体上的压力。大气压力分为静压、总压和动压。

静压是空气作用在相对静止物体表面单位面积上的力。

总压是空气作用到相对运动物体表面单位面积上的总压力。气流的定向运动具有动能，飞机在大气中运动时，在正对大气运动的表面，空气完全受阻，此处的空气速度为零，空气的动能转变为压力能和热能，其压力称为全受阻压力，简称全压或总压。

总压与静压之差，称为动压。动压是因飞机与大气的相对运动产生的，飞行速度越大，动压越大。而静压与飞行高度有关。

5.4.2　大气数据计算原理

1. 飞行高度

飞行高度是飞机在空中距离某一基准面的垂直距离。测量基准面不同，测出的高度也不同。如图 5.21 所示，按选定基准面的不同，飞行高度可以分为下列几种。

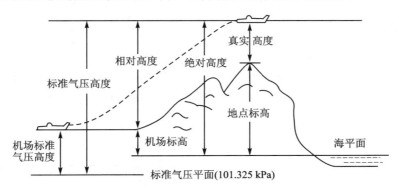

图 5.21　飞行高度的定义

① 绝对高度：飞机与海平面之间的垂直距离，也称为海拔高度。

② 真实高度：飞机与地面目标（山顶、地面等）之间的垂直距离。

③ 相对高度：飞机与机场地面之间的垂直距离。

④ 标准气压高度：飞机与气压为 101 325 Pa 的气压面之间的垂直距离。

飞行高度与静压和大气温度存在一定的函数关系，但由于标准大气温度的不连续性，故只能用分段函数的形式描述气压高度与静压之间的关系。

气压高度 H_p 与大气静压之间的函数关系如下：

$$\begin{cases} H_p = [1-(P_s/P_0)^{0.1903}] \times 10^4 / 0.225\,694 \text{（m）}, & H_p \leqslant 11\,000 \text{ m} \\ H_p = 11\,000 + 14\,593.7(\lg P_{11\,000} - \lg P_s) \text{（m）}, & H_p > 11\,000 \text{ m} \end{cases} \tag{5-24}$$

式中，P_0 为标准海平面大气压，数值为 101.325 kPa，$P_{11\,000}$ 为 11 000 m 高度时的标准大气压，数值为 22.615 kPa，P_s 为大气静压。

2. 空 速

飞行器的飞行速度是指飞行器在静止空气中的相对运动速度。飞行器的飞行速度有四种:真空速、指示空速、地速和垂直速度。

① 真空速 是飞行器相对于空气的运动速度,或者说考虑空气密度影响的飞机运动速度,简称为空速。

② 指示空速 是归划到标准空气速度(海平面的空气密度 $\rho_0 = 1.225 \text{ kg/m}^3$)的真空速,或者说忽略空气密度变化的飞机运动速度。指示空速又称为仪表空速,简称表速。

③ 地速 飞行器相对于地面运动速度的水平分量,也是真空速和风速水平分量的向量和。

④ 垂直速度 飞行器相对于地面运动速度的垂直分量,即飞行器的升降速度。

(1)计算空速理论基础

目前常用的测量方法是通过测量相对气流的压力来间接测量飞行速度。根据流体连续方程和能量守恒定理所导出的伯努利方程是测量速度的基本方程。

在不可压缩流中

$$p_1 + \frac{\rho_1 V_1^2}{2} = p_2 + \frac{\rho_2 V_2^2}{2} = C \tag{5-25}$$

在可压缩流中

$$\frac{K}{K-1}\frac{p_1}{\rho_1} + \frac{V_1^2}{2} = \frac{K}{K-1}\frac{p_2}{\rho_2} + \frac{V_2^2}{2} = C \tag{5-26}$$

式中,p_1,p_2 分别为流场中 I,II 处的密度;C 为常数;$K=1.4$ 为传热系数;ρ_1,ρ_2 分别为流场中 I,II 处的密度。

由以上两个方程可知,只要测出流场中某处的压力 p 和密度 ρ,即可间接测出空气的流速 V。测量空速的空速管(皮托管)如图 5.22 所示。空速管由一个正对迎面气流开口的内管和一个侧面有若干个圆形小孔的外管构成。内管成为总压管,相应的开口称为总压孔,外管称为静压管,侧面孔称为静压孔。

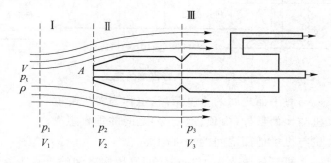

图 5.22 空速管测量压力的原理

迎面气流流过空速管被分成两路,一路气流受到阻滞,完全失去功能。因总压孔直径很小,在点 A 处出现停滞点(即零速度点 $V_2=0$,又称为驻点),气流不能沿内管流动,但因能量守恒,停滞点上的动能完全转换为压力能。

根据式(5-25),在不可压缩流情况下,I,II 截面处的伯努利方程为

$$p_1 + \frac{1}{2}\rho_1 V_1{}^2 = p_2 \tag{5-27}$$

式中，p_2 为气流收到全阻滞点上的压力，称为总压 P_t。P_t 包括大气静压 P_s 和流速转换的压力能 $\left(\frac{1}{2}\rho V^2\right)$，后者亦称速压或动压 Q。显然，$Q=P_t-P_s=\Delta P=\frac{1}{2}\rho V^2$。

另一股气流继续流动。此时可认为离空速管头部一定距离的静压孔的气流（Ⅲ截面处）与Ⅰ截面处一样未受扰动（静压孔位置就是这样决定的），即

$$V_3=V_1=V,\ p_3=p_1=p_h \tag{5-28}$$

（2）计算空速的基本方法

通常飞行速度小于 400 km/h 时，可以认为空气是不可压缩的，其流动过程是等密的，即 $\rho_1=\rho_2=\rho_3=\rho_h$，将式(5-27)代入式(5-25)可得空速

$$V=\sqrt{\frac{2(P_t-P_h)}{\rho_h}}=\sqrt{\frac{2\Delta P}{\rho_h}} \tag{5-29}$$

式中，P_h 为高度 h 处的大气静压，ρ_h 为高度 h 处的大气密度，ΔP 为总压与静压之差，也就是动压。

当飞行速度大于 400 km/h 时，空气压缩效应较显著，空速 V 计算公式为

$$V=\sqrt{\frac{2\gamma P_h}{(\gamma-1)\rho_h}\left[\left(1+\frac{\Delta P}{P_h}\right)^{\frac{\gamma-1}{\gamma}}-1\right]} \tag{5-30}$$

式中，γ 为比热比，$\gamma=1.4$。

不过，式(5-29)和式(5-30)难以直接用来计算空速，因为高度 h 处大气密度的确切数值并不知道。

当飞行速度大于 1400 km/h（即 $Ma>1.14$）时，将产生激波，动压和飞行速度的关系可由下式确定：

$$\Delta P=\frac{167V^2}{c^2\ (7V^2-c^2)^{2.5}}-1 \tag{5-31}$$

式中，$c=\sqrt{\lambda RT}$ 为声速，其中，λ 为定压比热与定容比热之比，$\lambda=1.4$；T 为热力学温度，量纲为 K；R 为普适气体常数，$R=287.14$ J。

必须指出，当超声速飞行时，对静压的测量是十分困难的。在空速管前面通常都会产生激波，其轴线稍有倾斜，就会产生很大的测量误差。

（3）指示空速与真空速的计算

由于大气密度不易测准，因此人们用标准大气下海平面的空气密度 ρ_0 与压力 P_0 代替高度 h 时的空气密度 ρ_h 和静压 P_h，即忽略了密度随飞行高度的变化。当飞行速度小于 400 km/h 时，表速 V_{bs} 由下式计算：

$$V_{bs}=\sqrt{\frac{2(P_t-P_0)}{\rho_0}}=\sqrt{\frac{2\Delta P}{\rho_0}} \tag{5-32}$$

真空速 V_{zs} 与表速的关系为

$$V_{zs}=V_{bs}\sqrt{\frac{P_0}{P_h}\frac{T_h}{T_0}} \tag{5-33}$$

式中，P_0，T_0 为标准大气下海平面的压力与热力学温度；P_h，T_h 为高度为 h 处的大气压力与热力学温度。

3. 马赫数

马赫数是飞行速度与飞机所在高度的声速之比。

当飞机马赫数 Ma 超过临界马赫数 Ma_{cr} 时,飞机某些部位由于局部激波的出现,使得飞机的空气动力特性发生显著的变化,导致飞机的稳定性和操纵性变坏。

由于 $Ma = \dfrac{V}{c}$,而声速为

$$c = \sqrt{\lambda R T_h} \approx 20 \sqrt{T_h} \approx \sqrt{\dfrac{T_h}{T_0}} \qquad (5-34)$$

式中,c_0 为标准海平面处的声速。当飞行速度小于 400 km/h 时,即认为空气是不可压缩的情况下,由前述可知

$$V = \sqrt{\dfrac{2(P_t - P_h)}{\rho_h}} = \sqrt{\dfrac{2\Delta P}{\rho_h}} \qquad (5-35)$$

因此

$$Ma = \dfrac{1}{c_0} \sqrt{\dfrac{2 T_0 \Delta P}{T_h \rho_h}} = A \sqrt{\dfrac{\Delta P}{\rho_h}} \qquad (5-36)$$

式中,$A = \dfrac{1}{c_0} \sqrt{\dfrac{2 T_0}{T_h}}$ 为常数。

当飞行速度大于 400 km/h 时,即认为空气是可压缩的情况下,由前述可知

$$V = \sqrt{\dfrac{2\gamma P_h}{(\gamma - 1)\rho_h} \left[1 + \dfrac{\Delta P}{P_h} \right]^{\frac{\gamma-1}{\gamma}} - 1} \qquad (5-37)$$

所以

$$Ma = \sqrt{\dfrac{2}{(\gamma - 1)} \left[\left(1 + \dfrac{\Delta P}{P_h} \right)^{\frac{\gamma-1}{\gamma}} - 1 \right]} \qquad (5-38)$$

可见马赫数 Ma 仅与 ΔP 和 P_h 有关,而与 T_h 无关。

5.5　其他传感器

5.5.1　无线电高度表

无线电高度表用来测量无人机到地面的真实高度和垂直速度,主要用于无人机的自动起飞和着陆。

无线电高度表的一般工作机理:通过发射装置向地面发射无线电波,经地面反射后被接收装置接收,无线电波经历两倍飞行高度的行程;电波传播的速度为恒值,只要测出这段时间便可求出飞行高度。

无线电高度表由发射装置和接收装置组成,如图 5.23 所示,发射天线 A 与接收天线 B 相距为 l,无线电发射机所发射的无线电波一部分直接传到接收天线,所需时间为

$$t_1 = \dfrac{l}{c} \qquad (5-39)$$

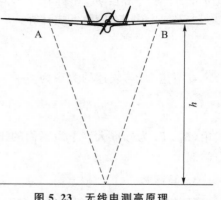

图 5.23　无线电测高原理

式中, c 为光速, $c=299\,792.458$ km/s$\approx3\times10^5$ km/s。

另一部分无线电波经过地面反射后由接收天线接收,所需的时间为

$$t_2=\sqrt{\frac{4h^2+l^2}{c^2}}\qquad\qquad(5-40)$$

接收天线接收上述两个无线电波的时间间隔为

$$\tau=t_2-t_1=\sqrt{\frac{4h^2+l^2}{c^2}}-\frac{l}{c}\qquad\qquad(5-41)$$

故飞行高度 h 为

$$h=\frac{1}{2}\sqrt{c\tau(c\tau+2l)}\qquad\qquad(5-42)$$

因为发射天线与接收天线之间距离很小, l 可忽略,所以飞行高度 h 为

$$h\approx\frac{c\tau}{2}\qquad\qquad(5-43)$$

利用无线电波反射特性来测量飞机飞行高度的方法,是将飞行高度测量转换为时间的测量,它所能测量的最小高度取决于所能测量的最小时间间隔。例如当所能精确测量的最小时间间隔 τ 为 10^{-9} s 时,所能测量的最小飞行高度为 0.15 m。

5.5.2　无线电测距

无线电测距,即用无线电的方法测量距离,是无线电导航的基本任务之一。无线电测距按其工作原理可分为三种:脉冲测距(也称为时间测距)、相位测距和频率测距。按工作方式可分为带有独立定时器的测距和不带有独立定时器的测距两种。

带有独立定时器的测距器原理如图 5.24 所示。图中定时器为一个由基准振荡器组成的时间(或相位)标准。测距开始之前,定时器 1 和定时器 2 相互校对好,使其起始时间(或相位)相同。定时器 1 控制发射机的发射时间(或相位),当信号经过一定的传播时间被接收机接收后,与定时器 2 的时间进行比较,测量出时间差(或相位差)即可确定电波的传播时间 τ,按下述公式即可求得距离,即

$$R=c\tau\qquad\qquad(5-44)$$

式中, c 为光速, τ 为电波传播的时间。

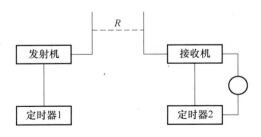

图 5.24　带有独立定时器的测距器原理

由于这种方式直接利用的是发射机辐射的信号,所以工作距离较近,适用于远距离导航参数的计算。不带有独立定时器的测距器根据目标的特点可分为无源反射式和询问回答式两种。

（1）无源反射式测距

图 5.25 为无源反射式测距器原理图。此定时器兼有控制发射机的起始时间与测量时间间隔的基准时间两种功能。距离计算公式为

$$R = \frac{1}{2}c\tau \qquad (5-45)$$

式中，τ 为电波总的传播时间。

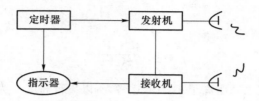

图 5.25　无源反射式测距器原理图

与前一种方式相比，由于是无源反射，因而接收到的信号强度较弱。为保证正常工作，需要有较大的发射功率和较高的接收灵敏度。雷达测量目标的距离和飞机上测量距地面的相对高度多采用该方式。

（2）询问回答式测距

图 5.26 为询问回答式测距器原理图。询问回答式测距与无源反射式测距不同之处在于由接收机和发射机组成的回答器代替了原来的无源反射目标；询问器与无源反射式测距器的组成相同。在回答器中有一定的延迟时间 τ_0，所以询问器接收到的信号相对于发射信号的总延迟时间为

$$\tau = \frac{2R}{c} + \tau_0 \qquad (5-46)$$

距离计算公式为

$$R = \frac{c}{2}(\tau - \tau_0) \qquad (5-47)$$

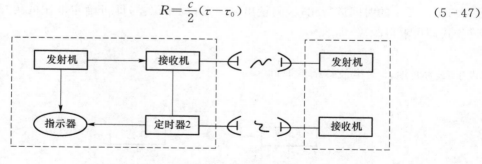

图 5.26　询问回答式测距器原理图

5.5.3　磁力计

磁力计指的是各种用于测量磁场的仪器，也称磁力仪、高斯计。

磁感应强度是矢量，具有大小和方向特征，只测量磁感应强度大小的磁强计称为标量磁强计，而能够测量特定方向磁场大小的磁强计称为矢量磁强计。无人机所用的磁力计为后者。磁力计为无人机的飞行控制系统提供地磁场在飞行器机体系中的三个分量，以便于确定飞行

器的磁航向。

　　能够测量磁场的物理原理有很多,根据不同原理进行分类,常见的标量磁强计有质子旋进磁强计、Overhauser 磁强计、碱金属光泵磁强计等,常见的矢量磁强计有磁通门磁强计、磁阻磁强计等。

　　测量地磁场强度的磁力仪可分为绝对磁力仪和相对磁力仪两类。绝对磁力仪测定值的准确度由仪器本身确定,相对磁力仪测定值的准确度需要与绝对磁力仪比测后才能确定。常用的磁力仪有以下几种:

　　① 地磁感应仪　为测量地磁倾角的仪器。它是 W. E. 韦伯于 1837 年根据电磁感应原理制成的。测量精度可达数角秒。

　　② 磁偏计　为测量地磁偏角的仪器,主要由磁系、悬丝、照准望远镜和水平度盘等组成。测量精度可达数角秒。

　　③ 石英丝水平强度磁力仪　为测量地磁场水平强度的相对磁力仪。它是丹麦学者 D. 拉库尔于 1936 年根据扭力矩与磁力矩平衡的原理设计制成的。仪器的主要部分是一条精制的石英丝和磁针。这种仪器可供野外地磁测量使用,也可供地磁台作地磁记录的校正。使用前必须先用绝对磁力仪对它的常数进行标定。

　　④ 零点磁秤　为测量地磁场垂直强度的相对磁力仪,它是拉库尔于 1942 年根据重力矩与磁力矩平衡的原理,利用两根磁针间的相互作用制成的。

　　⑤ 磁通门磁力仪　为测量地磁场强度和方向的相对磁力仪。仪器由独立的磁通门探头组合而成。每一个磁通门探头能独立地探知某一方向上地磁场的强度,把 3 个探头相互垂直地组合在一起,即可同时测出地磁场强度的 3 个分量。磁通门磁力仪是在第二次世界大战中为了从飞机上探测敌方潜艇而发展起来的,已在地磁台以及陆地磁测、航空磁测、卫星磁测等方面得到广泛应用。

　　⑥ 质子旋进磁力仪　为测量地磁场总强度的绝对磁力仪。强磁场使水或碳氢化合物中的质子极化,当强磁场突然去掉时,质子就以一定角速度绕地磁场旋进,测定质子的旋进频率即可算出地磁场总强度。这种仪器不怕震动,适于装载在船舶、气球、飞机、人造卫星等运载工具上使用。

　　磁传感器包括地磁感应元件和电位计。地磁感应元件用来测量磁航向,磁电位计则用来将磁航向信息转变为电信号。磁电位计由环形电阻和一对电刷组成。环形电阻上有 3 个互隔 120° 的固定抽头,分别与指示器和陀螺电位计的 3 个电刷连接。磁电位计的磁航向由电阻与电刷之间的相对位置确定。

5.5.4　迎角和侧滑角的传感器

　　迎角大小与飞机的升力和阻力密切相关,当迎角达到临界迎角时,飞机将发生失速,所以迎角的测量是十分重要的。

　　在飞机上要准确测量真实迎角是非常困难的。由于飞机和迎角传感器对气流存在干扰,使得在飞机上不同位置处的气流流场与理想流场间存在差别,因此迎角传感器只能测量出传感器所在处的气流方向与飞机弦线间的夹角,即局部迎角。

　　当机翼(或机身)的迎角改变时,机翼上、下表面的压力将发生变化。压力的重新分配将造成机翼产生一个与迎角大小有关的压力差。所以可利用这个压力差来衡量迎角的大小。

迎角传感器按其敏感方式可分为风标式和探头式两大类(按其具体结构可分为风标式、压差管式和探头式三种),按信号转换方式分类又可分为电位计式和同步器式两大类。

1. 风标式迎角(侧滑角)传感器

图 5.27 所示为典型风标式迎角传感器的原理结构图,该传感器由具有对称剖面并随气流变化而转动的翼形叶片、放大传动机构和电位计构成。翼形叶片与放大传动机构的轴固连,传动机构的另一端与电刷固连。

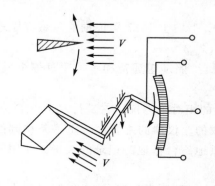

风标式迎角传感器的工作原理是:当翼形叶片中心线平行于迎面气流时(迎角 $\alpha = 0$ 时),作用于叶片上下表面的压力相等,叶片不转动,电刷处于中立位置,无电信号输出;当飞机以一定的迎角飞行时,作用在叶片上下表面的气动力不相等,产生压差,使叶片绕其轴旋转,直到中心线与迎面气流方向一致为止。叶片转角就是飞机当时的迎角,经放大传动机构,带动电刷转动,输出与迎角成比例的电信号。风标式迎角传感器就因为它能使翼面与气流方向一致而得名。为使风标(叶片)工作稳定,风标式迎角传感器装有阻尼器;为防止风标表面结冰,传感器还有加温装置。

图 5.27 典型迎角传感器原理结构图

风标式迎角传感器一般安放在机头或机翼处。如果必须安放在其他地方,则需经过风洞和飞行试验校正误差。制造良好、安装正确的迎角传感器可达较高精度($\pm 0.1° \sim \pm 0.2°$)。

若将具有对称剖面的翼形叶片安放在飞行对称面中,使之能绕平行于机体竖轴的方向转动,则传感器可用来测量飞机的侧滑角。

2. 压差管式迎角(侧滑角)传感器

压差管式迎角传感器由压差管和开口膜盒式压力传感器组成。压差管头部为半球形,在其轴线的对称两边开有两个夹角为 90° 的对称小孔,如图 5.28 所示。开口膜盒式压力传感器包括开口膜盒、放大传动机构和电位计 3 个部分,如图 5.29 所示。

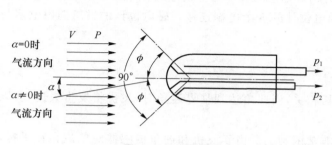

图 5.28 压差管

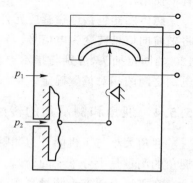

图 5.29 开口膜盒式压力传感器

当压差管轴线与气流方向一致时(迎角 $\alpha = 0$),两个小孔所感受的压力 p_1 与 p_2 相等。p_1 与 p_2 通过导管分别送到开口膜盒和密封的仪表壳体内,压差 $\Delta p = p_1 - p_2 = 0$,电刷处于中立位置,输出信号为零。当气流方向与压差管轴线出现迎角($\alpha \neq 0$)时,两个小孔所感受的压力

p_1 与 p_2 不再相等，$\Delta p = p_1 - p_2 \neq 0$。

设总压为 p，由图 5.28 可知，$p_1 = p\cos(\phi+\alpha)$，$p_2 = p\cos(\phi-\alpha)$，压差为

$$\Delta p = p_1 - p_2 = p[\cos(\phi+\alpha) - \cos(\phi-\alpha)] \quad (5-48)$$

所以

$$\frac{\Delta p}{p_1} = \frac{2p\sin\phi\cos\alpha}{p\cos(\phi+\alpha)} = \frac{2\sin\phi\tan\alpha}{\cos\phi+\sin\phi\tan\alpha} \quad (5-49)$$

当 $\phi = 45°$ 且 α 较小时，有

$$\frac{\Delta p}{p_1} \approx \frac{2\tan\alpha}{1+\tan\alpha} \approx 2\alpha \quad (5-50)$$

即 $\alpha = f\left(\dfrac{\Delta p}{p_1}\right)$，表明用压差管与开口膜盒传感器所构成的仪表确能测量迎角。

与风标式传感器类似，压差管式传感器安装位置同样影响迎角的测量精度，必须正确选择安装位置，尤其在超声速飞行时更应注意。

在这里需要说明一下，压差管头部有五个小孔。除了测量迎角的两个对称孔外，与其成 90° 的轴线上有两个对称孔，用以测量侧滑角，还有一个孔开在其中心轴线处，以测量当时的总压。显然，它们有五个导管，各自把所测得的信号传送出去，即同时测出飞机的迎角和侧滑角。

3. 零压差式迎角传感器

零压差式迎角传感器是在压差管式迎角传感器的基础上发展而来的，其结构如图 5.30 (a) 所示。它由敏感部分（探头）、变换传动部分（气道、气室和桨叶）、输出部分（电刷、电位计）和温控部分（探头、壳体加热器及其温度继电器）组成。探头是一个圆锥，中间有隔板，中心线两侧有两排对称的出气孔，图 5.30(b) 所示为探头的横截面。圆锥形探头与中间有气道的空心轴相连，在空心轴上固定着桨叶和电刷。飞行时探头的轴线平行于飞机的横轴 y（若轴线平行于飞机的纵轴 x，则可测出飞机的侧滑角）。

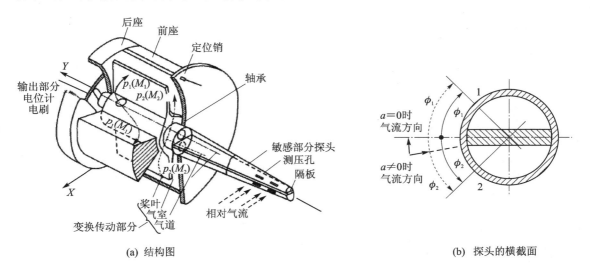

(a) 结构图　　　　　　　　　　　　　　　　　(b) 探头的横截面

图 5.30　零压差式迎角传感器

当迎角为零时，两排对称测压孔均正对着迎面气流，夹角相等，感受压力相等，桨叶不动，无信号输出。当迎角不为零时，两排测压孔感受的压力 p_1 和 p_2 不相等，设 $p_2 > p_1$（见图 5.30(b)），

气流经过气道进入气室,分别作用于等面积的桨叶,产生沿 y 轴的负向力矩,使桨叶和探头转动,直至压差 $\Delta p = p_2 - p_1 = 0$。此时,两排对称测压孔均正对着迎面气流。显然,探头的转角等于飞机当时的迎角;固定在转轴上的电刷也转过相同的角度,并输出与迎角成比例的电信号。

零压差式迎角传感器具有较好的阻尼,输出的电信号较平稳,精度可达 $0.1°$。传感器中只有锥形探头露在飞机蒙皮之外,对飞机造成的附加阻力很小,其缺点是传感器结构比较复杂,装配精度要求高。

思 考 题

1. 单自由度陀螺具有什么特性?
2. 阐述两自由度陀螺仪的基本特性。
3. 当单轴加速度计的敏感轴在水平面内时,能否直接对加速度计的测量值进行积分以得到无人机地速的水平分量?
4. 试述常用高度的定义。
5. 简述空速管测速的基本原理。
6. 在无人机整个飞行阶段,如何合理地运用气压高度和无线电高度?
7. 大气动压和静压的定义是什么? 请定性描述大气动压和静压与相关运动参数的关系。
8. 说明无线电测距的基本原理。

第6章 无人机飞行控制系统

6.1 概 述

描述飞行器运动的参数主要有三个姿态角、三个角速度、迎角、侧滑角、三个位置以及速度等。无人机飞行控制系统的任务即是在无人参与的情况下,稳定无人机绕质心的角运动,并根据上述全部或部分运动参数的指令正确而快速地自动控制无人机的飞行。飞行器飞行控制的基本思想是:通过传感器测量飞行器的实际运动信息,与控制指令做比较后形成飞行器实际运动与理想运动的偏差,然后按设计的控制规律对偏差信号进行综合处理,形成控制信号,经放大后驱动执行机构动作,产生相应的操纵力和操纵力矩,从而实现对飞行器运动参数的稳定和控制。

典型的飞行控制系统包括以下几个基本组成部分:

① 敏感元件(即传感器) 是飞行控制系统的信息来源,用来测量飞行控制所需要的运动参数。例如,常用的有垂直陀螺仪、航向陀螺仪、磁传感器、速率陀螺以及加速度计等,垂直陀螺仪用来测量俯仰角及滚转角,航向陀螺仪或磁传感器可以测量航向角,速率陀螺用来测量飞行器绕机体坐标系三个轴向的角速度,加速度计用来测量飞行器沿机体坐标系三个轴向的线加速度。

② 信号处理单元(即计算装置) 主要负责将敏感元件的测量信号按控制律加以处理,形成符合控制要求的信号和飞行自动控制规律。其输出信号经由放大部件驱动执行机构,例如机载计算机等设备。所谓的飞行自动控制规律,是指飞行控制系统的输出信号(如操纵面偏转角、油门杆位置、螺旋桨转速等)与所有输入信号(控制指令、敏感元件测量量)之间的动态数学关系,简称控制律。

③ 放大部件 用来将信号处理部件的输出信号进行必要的放大处理,以便驱动执行机构。

④ 执行机构 根据放大部件的输出信号驱动舵面偏转或改变螺旋桨转速。例如,常用的电动伺服舵机和液压伺服舵机等。

由图6.1可见,典型的飞行控制系统一般由三个反馈回路构成,即执行机构、稳定回路和控制回路。

对于固定翼无人机来说,其执行机构多采用舵回路来实现,对于多旋翼无人机来说,其执行机构多以电机和电调构成。

舵回路为了改善舵机的性能以满足飞行控制系统的要求,通常将舵机的输出信号反馈到输入端形成负反馈回路(或称为伺服回路)的随动系统(或称为伺服系统)。舵回路一般包括舵机、反馈部件和放大器。典型舵回路的方框图如图6.2(虚线框内)所示。

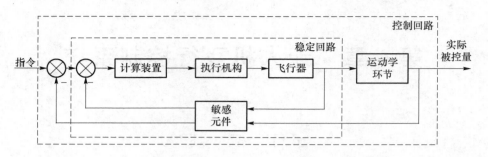

图 6.1　典型飞行控制系统的构成

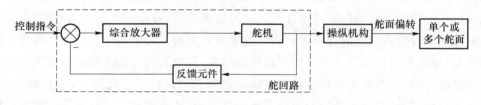

图 6.2　舵回路方框图

在图 6.1 中,如果敏感元件测量的是飞行器的飞行姿态信息,则计算装置、姿态测量部件和执行机构就构成了自动驾驶仪;自动驾驶仪和被控对象(飞行器)又构成了稳定回路(内回路),主要起稳定和控制飞行器姿态的作用。

如果敏感元件测量的是飞行器的重心位置信息,则由稳定回路和飞行器重心位置测量部件(如导航系统)以及描述飞行器空间位置几何关系的运动学环节构成了控制(制导)回路(外回路),主要起稳定和控制飞行器运动轨迹的作用。

可见,由于控制(制导)回路是在稳定回路的基础上构成的,也就是说,是在飞行器的角运动稳定与控制的基础上构成的,因此,具有图 6.1 结构的飞行控制系统是通过控制飞行器的角运动来改变飞行器重心的运动(即飞行轨迹)的。这种通过姿态的变化来控制飞行轨迹的方式是目前大多数大气层飞行器控制飞行轨迹的主要方式。

根据被稳定或控制的参数,飞行控制回路可以分为俯仰通道、倾斜通道和航向通道。对于固定翼无人机来说,由于没有独立的高度通道,所以其高度的稳定控制是通过俯仰通道来完成的。而多旋翼无人机有独立的高度通道,其高度的稳定和控制是通过改变旋翼总拉力来实现的。

倾斜角的稳定控制与航向角的稳定控制相互影响,而俯仰角和高度的稳定控制与倾斜角和航向角的稳定控制相互独立,因此往往将俯仰角控制回路和高度控制回路称为纵向回路,而把倾斜角控制回路和航向角控制回路称为横侧向回路和侧向回路。在飞行控制回路中,通常以姿态角的稳定控制为内回路,而以高度、位置的稳定控制为外回路。

6.2　飞行控制系统的设计方法

对于飞行控制系统的设计和分析,在控制理论的应用上有两种不同的方法,即经典控制理论和现代控制理论。

经典控制理论是以单输入—单输出的常参量系统作为主要研究对象。它的研究方法以传递函数作为系统基本数学描述,以根轨迹法和频率响应法作为分析和设计系统的两类方法。它的基本内容是研究系统的稳定性及在给定输入下系统的分析或在给定指标下系统的设计。这样,无人机作为飞行控制系统的一个环节,即控制对象,其特性完全可由经典控制理论的概念和定义表示,如输入量、输出量、传递函数、稳定性、过渡过程品质指标等。

20 世纪 60 年代由于探索空间需要和电子计算机的飞速发展逐渐形成现代控制理论。它的研究对象既可以是线性的,也可以是非线性的,既可以是常参量的,也可以是变参量的。它的研究方法本质上是时域的方法(经典控制理论是频域的),是建立在对系统状态变量的描述上的,即所谓的状态空间法,是直接求解微分方程组的一种方法。利用它来设计和分析系统时,可以揭示系统内在的规律,实现系统在一定条件下的最优控制。

现代控制理论在解决大型复杂的控制问题时,具有许多突出的优点,目前在飞行控制系统分析和设计中也得到愈来愈多的应用,但是它不能够完全取代经典控制理论,在工程的实际应用中,两者各有所长,互为补充。

6.2.1　飞行控制系统的经典设计方法

在飞行控制系统的设计技术中,经典的设计技术占有十分重要的位置。例如,根轨迹、极点/特征值配置和波德分析等方法很适合单输入/单输出(SISO)系统的设计。应用这样的经典设计技术,可以通过配置闭环极点,来选择一个合适的单反馈增益,从而得到所期望的系统时域响应和鲁棒品质。而对于多输入/多输出(MIMO)或者多回路系统,经典设计技术通常需要采用按回路递次设计的方法(一般遵循"先内后外,最后综合"的设计原则,即先设计频带宽的回路,然后再设计频带窄的回路,即按照"先宽后窄"的原则进行设计),并通过大量的反复试验过程来设计满足指标要求的控制系统。

在无人机的经典设计方法中,最为常见的就是 PID 控制,其应用较为普遍,运用也比较成功,主要是因为其控制方法简单,参数物理意义明确。

本书主要是应用经典控制理论进行无人机飞行控制系统的分析和设计。下面介绍几种飞行控制系统经典设计技术中的典型方法。

1. 根轨迹法

根轨迹法是一种图解法。所谓根轨迹就是当开环系统的某一参数由零变到无穷大时,闭环系统的特征根在 S 平面上变化的轨迹。

根轨迹法具有一系列绘制、设计以及分析步骤,下面举例说明。

已知系统开环传递函数

$$G(s) = \frac{K}{s(s+1)(s+3)} \tag{6-1}$$

则系统有三个开环极点 $s_1 = 0$, $s_2 = -1$, $s_3 = -3$,且 $n = 3$,系统没有开环零点且 $m = 0$,故有 3 条根轨迹,分别起始于三个开环极点,均终于无穷远处。

根据根轨迹法则,实轴上根轨迹区段的右侧开环零、极点数目之和应为奇数,能够判断出实轴上的根轨迹区间为 $(-\infty, 3]$ 和 $[-1, 0]$。

根据渐近线法则,计算渐近线与实轴的交点为 $\sigma_a = \dfrac{0-1-3-0}{3-0} = -\dfrac{4}{3}$,渐近线与实轴正方向的夹角为 $\phi_a = \dfrac{(2k+1)\pi}{3-0} = \pm 60°$、$\pm 180°$。

根据分离点坐标计算公式，可得分离点坐标为 $d=-\dfrac{4}{3}+\dfrac{\sqrt{7}}{3}$。

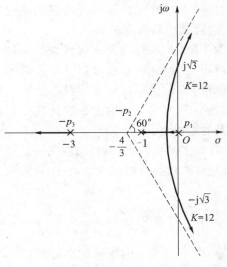

图 6.3　根轨迹图

利用根轨迹与虚轴交点的计算方法，可求得根轨迹与虚轴交点处 $\omega=\pm\sqrt{3}$ 且 $K=12$。

通过上述步骤，即可绘制出系统的根轨迹如图 6.3 所示。取开环放大系数 K 为变化量，由根轨迹图可以看出当 K 由零变到无穷大时，闭环极点在 S 平面上的位置变化轨迹，可以直接确定出能够使闭环系统稳定的 K 值范围，并迅速确定期望的控制参数取值。由于系统的设计过程，也就是确定系统闭环极点位置的过程，系统的稳定性和动态品质一目了然，这是它比频率法设计优越的地方。

显然，通过系统的根轨迹，可以直观地由满足飞行品质要求的闭环系统的特征根，来确定所对应的控制系统增益的值。

2. 频率响应法

频率响应法是应用奈奎斯特判据，根据系统的开环频率响应曲线来确定闭环系统的绝对稳定性和相对稳定性（见图 6.4）。从系统开环频率响应曲线（极坐标图或对数坐标图）也容易看出开环零、极点如何变化才能使系统的相对稳定性满足要求，从而确定系统参数。

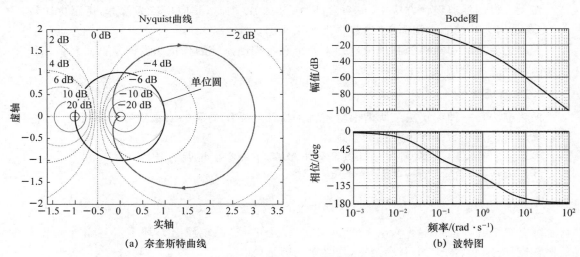

(a) 奈奎斯特曲线　　　　　　　　　(b) 波特图

图 6.4　系统开环频率响应曲线

频率响应法的优点在于：不必解闭环特征方程，直接应用系统的开环响应，而这些响应曲线可以从实物或数学模型测试出来，这对于像伺服机构那样复杂的环节是很方便的，不必去推导非常复杂的传递函数；在频率响应图上，系统的带宽非常清晰，抗干扰能力一目了然，另外还可以考虑某些非线性因素的影响。

3. 极点配置法

对于单输入/单输出(SISO)系统,通过配置闭环极点,可以选择一个合适的单反馈增益,从而得到所期望的系统时域响应和鲁棒品质。

下面通过一个简单的单输入/单输出(SISO)系统的设计例子,来说明极点配置法的设计过程。

图 6.5(a)中给出了一个简单的 SISO 系统的方框图,其开环传递函数为

$$G(s)=\frac{b}{s(s-a)}, \quad a>0, \quad b\neq0 \tag{6-2}$$

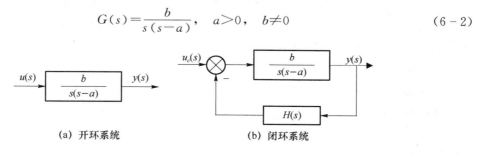

(a) 开环系统　　　　　　(b) 闭环系统

图 6.5　系统的方框图

显而易见,图 6.5(a)系统是一个不稳定的单输入/单输出(SISO)系统,其极点为 $s_1=0$ 和 $s_2=a>0$。现在需要增加一个负反馈回路 $H(s)$,并通过选择合适的反馈增益,使图 6.5(b)的闭环系统的特征值配置为 $s_1=-5a$ 和 $s_2=-12a$,使其变为一个稳定的闭环系统。采用极点配置法的设计过程如下:

(1) 具有所期望特征值的闭环系统的特征多项式为

$$D_e(s)=(s+5a)(s+12a)=s^2+17as+60a^2 \tag{6-3}$$

(2) 所要设计的闭环系统的特征多项式为

$$D(s)=s(s-a)+bH(s)=s^2-as+bH(s) \tag{6-4}$$

(3) 要使所设计系统的特征多项式(6-4)与期望特征多项式(6-3)具有相同的特征值,那么,只需令 $D_e(s)=D(s)$,即

$$s^2+17as+60a^2=s^2-as+bH(s) \tag{6-5}$$

就可以得到反馈环节:

$$H(s)=\frac{18as+60a^2}{b}=\frac{18a}{b}s+\frac{60a^2}{b} \tag{6-6}$$

经过验证,增加反馈回路 $H(s)$ 后,确实可以将图 6.5(b)所示的闭环系统配置为具有期望性能的闭环系统。

6.2.2　飞行控制系统的现代设计技术

对于现代飞行器,飞行控制律的设计所面临的一个挑战就是多变量特性,包括以下几个方面:

① 多控制面和推力矢量装置;

② 多传感器,包括多余度组合导航系统;

③ 多种扰动,包括大气扰动、武器投放、质量变化和传感器误差等;

④ 纵向、侧向和方位机动等多种控制任务受飞行器和控制装置限制;

⑤ 与综合和设计控制律所使用的数学模型相关的多种不确定性。

随着控制系统的日趋复杂,经典控制方法越来越难以解决上述问题。为解决上述相关问题,基于现代控制理论的飞行控制系统大多利用系统状态方程解决较为复杂系统的控制问题。

现代飞行控制系统普遍基于状态空间的分析方法,通过研究输入对系统状态的作用、系统状态对输出的影响来研究整个系统的特性,这为研究系统的特性提供了颇为有用的工具和手段。目前应用在飞行器飞行控制系统设计中的现代设计方法包括带有输出反馈的线性二次型调节器、带有全状态反馈的线性二次型设计、具有预定稳定度的最优状态调节器设计、最优指令控制系统设计、定量反馈理论等。

另外,随着数学工具应用的深化和拓展,将经典控制和现代控制相融合,并结合信息科学和其他相关学科通过对系统的信息进行智能学习处理后做出合理反馈和决策,形成先进控制方法。目前在飞行器飞行控制中所用到的先进控制方法主要有鲁棒控制、滑模变结构控制、反步控制、神经网络自适应控制、模糊控制、智能控制等。

1. LQR 控制方法(线性二次型调节器)

LQR 控制方法是应用较为成功的方法之一,其对象是能用状态空间表达式表示的线性系统,目标函数为状态变量或控制变量的二次函数的积分。

首先,确定飞行器期望的时域性能指标,并以二次型的形式定义状态调节性能指标 J,即

$$J = \frac{1}{2} \int_0^\infty (\boldsymbol{X}^\mathrm{T} \boldsymbol{Q} \boldsymbol{X} + \boldsymbol{U}^\mathrm{T} \boldsymbol{R} \boldsymbol{U}) \mathrm{d}t \qquad (6-7)$$

其中,$\boldsymbol{X}$ 是无人机的状态向量,$\boldsymbol{U}$ 是无人机的控制输入向量。

设计反馈调节器 K 使性能指标 J 最小,并保证所用的控制能量以及飞行器状态的震荡最小。设计者可以通过调整 Q 和 R 来给状态和输入变量不同的加权。例如,当需要用较少的能量以使性能指标 J 达到最小时,R 就要相应变大。另外,Q 和 R 的选择决定了闭环极点的位置。然而,Q 和 R 对极点的影响是不直观的,要想得到性能较好的系统,对 Q 和 R 要做几次调整和试凑。

提高性能的方法有很多,可以将性能函数增广,使问题转化为跟踪问题而不是单纯的调节问题。用 LQR 方法取代经典方法的好处在于,对多变量系统而言,LQR 方法能更快地设计出反馈增益,因为反馈阵中的所有增益都可以同时设计出来。

当 LQR 采用状态反馈时,如果飞行器的状态不能够全部观测,这时就需要对状态进行估计。卡尔曼滤波能够在存在量测噪声的情况下给出系统的状态估计。采用卡尔曼滤波估计状态并采用 LQR 来设计 K 的设计方法就称作 LQG 方法(LQR 方法中假定噪声为白噪声,LQG 方法中假定为高斯分布)。

回路传递恢复(LTR)在为一个输出反馈系统选用合适的补偿结构时要用到 LQG。实际上,LTR 就是采用反复调节卡尔曼滤波器的方法来恢复系统由状态反馈转变为输出反馈的过程中失去的鲁棒性能。这个过程要通过消去系统的零点实现,所有这种方法对于非最小相位系统和存在小阻尼零点的系统都是不适用的。

LQR/LTR 方法基于分离定理,包括设计一个全状态反馈控制器,然后设计一个观测器来提供反馈所需的状态量估计,最终得到一个与经典控制方法类似的动态补偿器。分离定理的重要性在于,可以直接设计补偿器,并将其用于多变量系统。应用这种方法时,只需求解矩阵方程,而相应的软件算法已经较为成熟。

用 LQG/LTR 设计的控制器是简单的静态增益矩阵,这些矩阵可以用标准算法求得。所以,对大部分习惯于古典设计法的设计人员来说,LQG/LTR 是很直观的。用 LQG/LTR 设计的反馈系统能够保证稳定鲁棒性和性能鲁棒性。系统精确的稳定性和性能之间的关系取决于为性能函数 J 所选的加权函数。这些加权函数不容易确定,需要一定的经验。

LQG/LTR 设计方法与经典的频域设计方法有很大的不同,在运用 LQG/LTR 方法设计控制器时,无需将一个 MIMO 系统化简成多个 SISO 系统去设计,而系统的幅值裕度由控制器的特性来保证。此外,在设计中不需要特意对耦合的两个通道进行解耦,飞行器的两个控制通道均能具有良好的解耦效果。从计算方面来讲,LQG/LTR 方法的设计工程只需要求解两个代数 Riccati 方程,已有成熟的软件包辅助计算,相较经典的设计方法而言其参数选择更加简明。

2. 定量反馈理论(QFT)

所谓定量反馈就是根据对象不确定性的数学量化描述和稳定裕度、抗干扰性能、跟踪性能等数值上的要求,得到控制器的约束条件,在满足约束条件的控制器集合中选择反馈代价最低的控制器。这种反馈是以对象和指标要求的量化描述为设计出发点的,是定量的,而不是定性的随意的选择。

QFT 就是要解决如何设计定量反馈的问题。QFT 有一套独特的设计方法,它将对象的不确定模型和系统的性能指标用定量的方式在 Nichols 图上形成边界,进而以标称对象对应的系统开环频率特性曲线满足其边界条件为目标在图形上对系统进行设计与综合。本质上这是一种频域上的回路成形技术。早在 20 世纪 40 年代,Bode 就已经采用回路成形进行了反馈控制器的设计,不过那时是在 Bode 图上进行设计的,而且设计的依据比较简单。Horowitz 把这种思想发扬光大,形成了针对不确定对象的鲁棒控制理论,经过多年的努力,发展到今天应用广泛的定量反馈理论。

QFT 设计的这种思想体现在回路成形的过程中。在回路成形中,首先根据低频段的抗干扰边界缺陷和跟踪性能边界曲线调整开环频率特性,然后根据稳定裕度和一致测量噪声的要求调整高频段的特性。这样,低频段和高频段的开环频率特性各取所需,刚好满足各自边界条件的要求即可,兼顾了各项要求。如果一味追求抗干扰性能或跟踪性能,那么开环增益必然要求很高,会不可避免地影响系统的稳定裕度,并且会高倍放大高频测量噪声对系统造成的恶劣影响,这样的系统是不能正常工作的;反之,如果对稳定裕度或噪声抑制的要求过高,则开环增益会压得很低,这又影响了系统的抗干扰性能和跟踪性能,不可能满足控制指标要求。

QFT 的巧妙之处正是在于可以用图形的方式,直观地显示出设计时需要掌握的折中尺度。有了边界曲线,设计者可以自然而然地指导各频段的频率特性如何调整,最终设计出控制器,而设计结果必然定量满足各项设计要求。

QFT 实际上是一种频域设计方法，优点是使用了 Nichols 图、频率域边界以及古典控制理论相似的控制指标。对习惯古典方法的设计者来说，这种方法是直观的。另外，QFT 是针对系统的鲁棒性而提出的，它的一个基本原则就是反馈应该与系统的不确定性的数量相关，借助可以用传统概念解释的术语系统阐述了稳定鲁棒性和性能鲁棒性。这对大多数现代设计技术来说是个重大进展。

3. 特征结构配置方法

特征结构配置方法的研究始于 20 世纪 60 年代。它属于多变量系统设计方法，着重于闭环系统的内部结构，关注闭环特征值的位置和闭环特征向量的方向。

特征结构配置不但配置闭环系统的极点，而且还配置它们的重数并同时配置闭环特征向量，因而可以更加准确地掌握系统的性能。特征结构配置的意义不仅在于其自身的含义，还在于它提供了系统设计中的全部自由度，可以作为线性系统设计中一种基本的参数优化方法。在实际应用中，通过合适地选择设计参数便可以实现对系统某种希望的设计要求。

一个系统的特征结构包含下述与系统矩阵相关的三个方面：

① 系统的特征值；

② 系统特征值的重数；

③ 系统矩阵的特征向量和广义特征向量。

因而，一个线性系统在某种形式控制律下的特征结构配置问题就是确定这样的控制律，使得闭环系统具有希望的特征值和重数，同时确定闭环系统对应的特征向量和广义的特征向量。

特征结构配置是基于时域的方法，这一点限制了它的使用，因为它很难用古典控制理论的概念阐述。但是，实际飞行控制系统的反应往往表现为时域形式，这种方法又是直观且适用的。特征结构配置能够设计出简单的控制器，但如果要求的控制器结构复杂，它直观的特点也随之减弱。所以，特征结构配置常用于调节器和内回路控制器，而用古典控制理论设计外回路。

4. 鲁棒控制

所谓鲁棒控制，就是设计一种控制器，使得当系统存在一定程度的参数不确定性及一定限度的未建模动态时，闭环系统仍能保持稳定，并保持一定的动态性能品质的控制。建立在传递函数基础上的经典反馈控制理论及建立在状态空间描述基础上的现代控制理论存在的一个重大缺陷，就是要求知道被控对象精确的数学模型。鉴于建模方法的局限性及实际过程自身参数摄动现象的存在，对象数学模型中不可避免地存在着各种形式的不确定性。因此，获得被控对象精确数学模型的难度很大。控制界针对不确定性对系统性能影响的研究产生了鲁棒控制理论，并使其向深层次化、实用化的方向发展。虽然不确定性是未知的，但总可以假定其是有界的。在鲁棒控制理论中，将不确定性分为参数不确定性及未建模动态。前者通常不改变系统的结构及阶次，只是使对象的参数发生摄动，对系统的影响发生在低频段；后者则表现为高频不确定性，通常不知道其结构和阶次，但可通过频率响应实验测出其幅值界限。根据研究的需要，可将未建模动态分为加性不确定性、乘性不确定性和分子分母不确定性。根据不确定性的不同划分，鲁棒控制理论产生了不同的理论分支，其中引人注目的有 Kharitonov 区间理论、

结构奇异值理论和 H_∞ 控制理论。和其他控制理论一样,鲁棒控制理论研究的主要问题是分析与综合。分析研究的是当系统存在各种不确定性及外加干扰时对系统性能变化的分析,包括系统的动态性能分析和稳定性分析等;综合研究的是采用什么控制结构,用什么设计方法可保证控制系统具有更强的鲁棒性,包括如何对付系统中存在的不确定性和外在干扰的影响等。

H_∞ 鲁棒控制理论是在 H_∞ 空间(即 Hardy 空间)通过对某些反映性能指标的无穷范数优化,而获得具有鲁棒性能的控制器的一种控制理论。H_∞ 鲁棒控制理论实质上是为 MIMO 且具有模型摄动的系统提供一种频域的鲁棒控制器设计新方法。它很好地解决了常规频域理论不适于 MIMO 系统设计及 LQG 理论不适于模型摄动情况的两大难题,且其计算复杂性的缺点已因计算机技术的飞速发展及标准软件开发工具箱的出现而得到克服,是控制理论的一个热点研究领域。

5. 滑模变结构控制

滑模变结构控制本质上是一类特殊的非线性控制,其非线性表现为控制的不连续性,这种控制策略与其他控制的不同之处在于:系统的"结构"并不固定,而是可以在动态过程中根据系统当前的状态(如偏差及其各阶导数等)有目的地不断变化,迫使系统按照预定"滑动模态"的状态轨迹运动。由于滑动模态可以进行设计且与对象参数及扰动无关,这就使得滑模变结构控制具有快速响应、对参数变化及扰动不灵敏、无需系统在线辨识,物理实现简单等优点。该方法的缺点在于:当状态轨迹到达滑模面后,难以严格地沿着滑模面向着平衡点滑动,而是在滑模面两侧来回穿越,从而产生颤动,即抖振问题。

从理论角度上讲,在一定意义上,由于滑动模态可以按需要设计,而且系统的滑模运动与控制对象的参数变化和系统的外干扰无关,因此滑模变结构控制系统的鲁棒性要比一般常规的连续系统强。然而,滑模变结构控制在本质上的不连续开关特性将会引起系统的抖振。对于一个理想的滑模变结构控制系统,假设"结构"切换的过程具有理想开关特性(即无时间和空间滞后),系统状态测量精确无误,控制量不受限制,则滑动模态总是降维的光滑运动而且渐近稳定于原点,不会出现抖振。但是对于一个现实的滑模变结构控制系统,这些假设是不可能完全成立的。特别是对于离散系统的滑模变结构控制系统,都将会在光滑的滑动模态上叠加一个锯齿形的轨迹。于是实际上抖振是必定存在的,而且消除了抖振也就消除了变结构控制的抗摄动和抗扰动的能力,因此,消除抖振是不可能的,只能在一定程度上将其削弱到一定的范围内。抖振问题成为变结构控制在实际系统中应用的突出障碍。

6. 反步设计法

反步设计法的基本思想是将复杂的非线性系统分解成不超过系统阶数的子系统,然后为每个子系统设计部分 Lyapunov 函数和中间虚拟控制量,一直"后退"到整个系统,将它们集成起来完成整个控制律的设计。其基本设计方法是从一个高阶系统的内核开始(通常是系统输出量满足的动态方程)。设计虚拟控制律保证内核系统的某种性能,如稳定性等;然后对得到的虚拟控制律逐步修正算法,但应保证既定性能;进而设计出真正的镇定控制器,实现系统的全局调节或跟踪,使系统达到期望的性能指标。反步设计法适用于可状态线性化或具有严参数反馈的不确定非线性系统,可用符号代数软件较为方便地实现。反步设计方法有两个主要优点:

① 通过反向设计使控制 V 函数和控制器的设计过程系统化、结构化。

② 可以控制相对阶为 n 的非线性系统,消除了经典无源性设计中相对阶为 1 的限制。

反步法一经提出,便得到广泛的关注,并被推广到输出调节问题、自适应控制、鲁棒控制、滑模变结构控制等领域。在设计不确定系统的鲁棒或自适应控制器方面,特别是当干扰或不确定性不满足匹配条件时,反步法具有明显的优越性。

7. 神经网络控制

神经网络控制是 20 世纪 80 年代末期发展起来的自动控制领域的前沿学科之一。它是先进控制的一个新的分支,为解决复杂的非线性、不确定、不确知系统的控制问题开辟了新途径。神经网络控制是(人工)神经网络理论与控制理论相结合的产物,是发展中的学科。它汇集了包括数学、生物学、神经生理学、脑科学、遗传学、人工智能、计算机科学、自动控制等学科的理论、技术、方法及研究成果。在控制领域,将具有学习能力的控制系统称为学习控制系统,属于智能控制系统。神经网络控制是一种以动物或人物神经元为特征,对输入的大量信息进行并行处理的一种控制方法。神经网络控制可以在经过训练后进行自我学习,该控制方法在非线性控制领域具有广阔的发展前景。Napolition M. R 等人通过对 BP 神经网络控制方法的分析研究,设计出一种基于 BP 算法的扩展算法,在舵机或者传感器出现故障时,神经网络能够通过自我调节,进而保证后续飞行的安全。Byoung S. Kim 等人在面对飞机的气动参数辨识、非线性飞行控制和飞行器故障检测等问题时,采用神经网络控制设计了控制系统。Calise A. J 等人研究了模型不确定下的神经网络控制,设计了自适应控制器,得到了较好的控制效果。Harmon F. G 等人利用 CMAC 神经网络控制方法设计了并联式混合推进控制系统,并将其应用于某小型无人机上,验证了设计的控制方法的有效性。

8. 模糊控制

模糊控制(Fuzzy Control)是以模糊集合论、模糊语言变量和模糊逻辑推理为基础的一种计算机数字控制技术。模糊控制实质上是一种非线性控制,从属于先进控制的范畴。模糊控制的一大特点是既有系统化的理论,又有大量的实际应用背景。近年来,模糊控制不论在理论上还是技术上都有了长足的进步,成为自动控制领域一个非常活跃而又硕果累累的分支,其典型应用涉及生产和生活的许多方面。例如,在家用电器设备中有模糊洗衣机、空调、微波炉、吸尘器、照相机和摄像机等,在工业控制领域中有水净化处理、发酵过程、化学反应釜、水泥窑炉等,在专用系统和其他方面有地铁靠站停车、汽车驾驶、电梯、自动扶梯、蒸汽引擎以及机器人的模糊控制。

模糊控制方法便于程序设计实现,具有较好的鲁棒性和适应性,可以对复杂对象进行有效的控制。模糊控制不需要明确被控系统精确的数学模型,它以大量操纵过程中的实际经验为基础,将各个参数采用先前经验并用语言表达出来,从而设计出符合应用的控制规律,最终在实际系统运行中进行调节和整定。

模糊控制的主要特点:

① 简化系统设计的复杂性,特别适用于非线性、时变、滞后、模型不完全系统的控制;

② 不依赖被控对象的精确数学模型;

③ 利用控制法则来描述系统变量间的关系;

④ 不用数值而用语言式的模糊变量来描述系统,模糊控制器不必对被控制对象建立完整的数学模式;

⑤ 模糊控制器是一台语言控制器,便于操作人员使用自然语言进行人机对话;

⑥ 模糊控制器是一种容易控制掌握的、较理想的非线性控制器,具有较佳的鲁棒性、适应性,以及较佳的容错性。

模糊控制的主要缺点:

① 设计尚缺乏系统性,对复杂系统的控制难以奏效。难以建立一套系统的模糊控制理论,以解决模糊控制的机理、稳定性分析、系统化设计方法等一系列问题。

② 对于如何获得模糊规则及隶属函数缺乏系统的设计办法,完全凭经验进行。

③ 信息简单的模糊处理将导致系统的控制精度降低和动态品质变差。若要提高精度必然增加量化级数,导致规则搜索范围扩大,降低决策速度,甚至不能进行实时控制。

④ 如何保证模糊控制系统的稳定性即如何解决模糊控制中的稳定性和鲁棒性问题还有待解决。

9. 智能 PID 控制

智能 PID 控制是将智能控制与传统的 PID 控制相结合,是自适应的,它的设计思想是利用专家系统、模糊控制和神经网络技术,将人工智能以非线性控制方式引入控制器中,使系统在任何运行状态下均能得到比传统 PID 控制更好的控制性能。具有不依赖系统精确数学模型和控制器参数在线自动调整等特点,对系统参数变化具有较好的适应性。

智能 PID 控制主要有模糊 PID 控制器、专家 PID 控制器和基于神经网络的 PID 控制器等。模糊 PID 控制是利用当前的控制偏差,结合被控过程动态特性的变化,并针对具体过程的实际经验,根据一定的控制要求或目标函数,通过模糊规则推理,对 PID 控制器的三个参数进行在线调整。

专家系统是一种能在某个特定领域内,以人类专家水平解决该领域中专门任务的计算器系统,其内部具有某个领域中大量专家水平的知识与经验,能够利用人类专家的知识和解决问题的方法来解决该领域的问题。专家 PID 控制采用规则 PID 控制形式,通过对系统误差和系统输出的识别,以了解被控过程动态特性的变化,在线调整 PID 三个参数,直到过程的响应曲线为某种最佳响应曲线。它是一种基于启发式规则推理的自适应技术,其目的就是为了应对过程中出现的不确定性。

神经网络系统亦称为人工神经网络,是将人工神经元按某种方式联结组成的网络。用于模拟人脑神经元活动的过程,实现对信息的加工、处理、存储等。神经网络有前向网络(前馈网络)、反馈网络等结构形式。与模糊 PID 控制和专家 PID 控制等不同,基于神经网络的 PID 控制不是用神经网络来整定 PID 的参数,而是用神经网络直接作为控制器,通过训练神经网络的权系数间接地调整 PID 参数。智能 PID 控制吸收了智能控制与常规 PID 控制两者的优点:一方面,它具备自学习、自适应、自组织的能力,能够自动识别被控过程参数,自动整定控制参数,能够适应被控过程参数的变化;另一方面,它又有常规 PID 控制器结构简单、鲁棒性强、可靠性高、为现场设计人员所熟悉等特点。

6.3 固定翼无人机飞行控制系统

6.3.1 姿态控制系统

姿态控制也称为角运动控制,是指对飞行器姿态角的稳定与控制,是飞行控制系统的基本功能。

1. 姿态控制的一般特征

由于无人机作为被控对象具有较复杂的特性,使得姿态控制一般具有以下特征:运动参数的时变性;控制对象及设备的非线性;参数及干扰的随机性;气动性能的可变性;机体的弹性振动。

(1) 运动参数的时变性

运动参数的时变性是飞行器姿态运动的重要特点。它是由燃料消耗、推力变化、飞行轨迹变化等因素造成的。参数时变性给姿态控制系统设计带来两个问题:一是变参数的处理方法问题;二是如何适应变参数的问题。

判断变参数系统的稳定性,至今没有一个既严格又实用的准则,只能借助于某些粗略的分析方法,分析和设计姿态控制系统。冻结系数法已广泛用于姿态控制系统设计中,其基本思想是对于预先选定的若干特征时刻"冻结"系统参数,把系统当成常参数系统进行分析和综合,从而确定系统参数。至于参数变化对系统稳定性的影响,则通过仿真试验检查。这种方法的使用条件是系统参数变化缓慢,一般认为在系统特征响应时间内,参数没有明显的变化,可视为参数变化缓慢。实践证明,系数冻结法对于飞行器的姿态控制系统设计是有效的。

为了适应参数变化,系统可采用变增益措施,增益变化可以是连续的函数形式,也可分段取常值。

(2) 控制对象及设备的非线性

飞行器的刚体动力学模型可以用一组非线性微分方程组来描述。在小扰动条件下,可以相对于基准运动进行线性化处理,得到俯仰、偏航、滚转三个通道相互独立的线性化方程组,从而可以应用线性定常系统的分析和综合方法来设计其姿态控制系统。

另外,对于固定翼无人机常用的执行机构——舵回路来说,存在多种非线性因素,如继电特性、死区、饱和、间隙和摩擦等,这些非线性因素在很大程度上影响飞行控制系统的性能。并且在大姿态指令偏差情况下,将出现伺服机构的速度饱和与位置饱和,也会影响系统稳定性,并造成各控制通道之间的交联。

因此,在大姿态角偏差情况下,整个姿态控制系统将成为包含有多个非线性环节、三个通道互相交联的复杂的非线性系统。系统设计时,必须分析非线性、多输入/多输出系统的大范围稳定性,解决复杂非线性系统的设计方法、大姿态稳定性及确定控制设备的工作范围等问题。

(3) 参数及干扰的随机性

发动机燃烧过程非常复杂。推进剂的质量、初始温度和制造误差等多种因素都将影响到发动机的秒耗量。秒耗量的偏差及比冲的误差,使发动机的推力也发生偏差。另外,机体结构的制造误差、质量误差、转动惯量误差以及气动力系数误差,都将造成姿态运动的动力学模型的参数误差。

组成姿态控制系统的各仪器设备,由于元器件参数误差、环境条件的影响等,使其静态、动态特性都有一定的随机误差。因此,姿态控制系统的开环对数频率特性也有较大的随机误差,这就要求系统有足够的稳定裕度适应这些随机误差。

在飞行器的飞行过程中,姿态控制系统还受到来自推力偏斜、质心横移的结构干扰、风干扰以及来自控制设备的电气干扰,这些都是随机量。

由于系统参数及干扰都是随机量,系统设计最好用概率法。为了简化设计,通常把随机问题当成确定性问题进行处理。具体做法是把随机变化的参数和干扰以一定概率取其最大值,并根据它们对系统的影响组合出最不利的工作状态(即上、下限状态),再根据最不利的状态进行系统综合和仿真,确保系统能够适应参数和干扰的变化。实践证明,这种做法对于飞行器的姿态控制系统设计是有效的。但值得指出的是,所谓系统的最不利工作状态是人为组合出来的,实际上各种随机因素同时出现最大值的可能性是非常小的,因素越多,同时出现的可能性越小。因此,按此方法设计的系统,如果没有差错和遗漏,实际飞行结果总是优于设计指标的。

(4)气动性能的可变性

由于发动机燃料的消耗,飞行器的质心是变化的。在气动力压心不变的前提下,飞行器的静稳定度相应会改变。飞行器的静不稳定,意味着当有一个扰动使飞行器产生一个迎角增量$\Delta \alpha$时,它产生的气动力矩就会使飞行器向$\Delta \alpha$继续增大的方向转动,如不加控制,迎角将按指数规律迅速增大。静不稳定度越大,迎角的增加就越快。

因此,在姿态控制系统设计时必须考虑到飞行过程中静稳定性的变化,尤其要考虑到静不稳定带来的影响,避免系统开环增益过大或过小,造成系统失稳。

(5)机体的弹性振动

机体结构并非刚体,在外力作用下会产生弯曲变形,这就是所谓的弹性振动。弹性振动信号由敏感元件测量进入姿态控制系统,经变换放大后驱动伺服机构,并形成闭合回路。如果弹性振动回路不稳定,激励后广义坐标将越来越大。过大的弹性振动有可能引起机体结构上的破坏,也可能引起伺服放大器的电流饱和与伺服机构的速度饱和,影响刚体姿态运动的正常控制,严重时可造成姿态控制系统失稳。

敏感元件敏感到的弹性振动,不仅与广义坐标有关,还与振型有关,而振型随机体上的位置不同而变化。因此,可以通过选择敏感元件的安装位置来改善弹性振动回路的稳定性,其中速率陀螺的安装位置对改善振动的稳定性最有效,从而成为解决弹性振动回路稳定性的重要措施之一。一般要求速率陀螺安装在振型的波腹处,而加速度计应安装在振型的波节处。

另外,为消除弹性振动对稳定控制的影响,可以在控制回路中引入陷波滤波器(也称结构滤波器),以消除一阶振型的谐振峰,但会使回路的相位裕度有所下降,需要重新评估整个系统的性能。

2. 姿态控制的性能指标

控制系统的性能指标有稳定性指标、精度指标、动态品质指标、抗干扰及可靠性指标等。

每一项指标还可以细分成许多具体要求,这些指标应根据系统的实际需要和现实可能提出,指标之间也是互相联系、互相制约的。

(1) 稳定性指标

姿态稳定是飞行器正常飞行的必要条件,不同设计方法对稳定性指标有不同提法。在频率域设计姿态控制系统时,以相位裕度、幅值裕度来表示相对稳定性;在用根轨迹法、极点配置和多项式矩阵法设计系统时,以闭环极点的位置来表示稳定性。由于姿态控制系统一般在频率域进行设计,下面提出频率域稳定性指标。

工程上多采用系统的开环对数频率特性进行系统综合,利用奈奎斯特稳定判据表述闭环系统稳定的充要条件是:当角频率 ω 由 0 变化到 ∞ 时,开环幅值对数频率特性 $20\log|G(j\omega)|$ 在大于 0 的频带范围内,相频特性正、负穿越 $-\pi$ 的次数差为 $p/2$。p 为系统开环传递函数位于 S 右半平面的极点数。

为了保证系统的动态品质和适应可能的参数变化,还必须考虑相对稳定性。相对稳定性一般用幅、相稳定裕度来表示。幅值裕度就是当开环相频特性曲线穿越 $-\pi\pm 2k\pi$ 线时,开环对数幅频特性的分贝数;相位裕度就是当开环对数幅频特性曲线穿越零分贝线时,开环相频特性与相邻的 $-\pi\pm 2k\pi$ 线的角度差。在进行系统设计时,首先应判断系统是否稳定,而后求出其幅、相稳定裕度。

姿态控制系统设计要考虑变参数、非线性和随机误差对稳定性的影响。这就要求系统在各个特征点的上、下限参数变化范围内及各种干扰作用下能够稳定。在前期设计阶段,各部分数学模型经过较大简化,忽略了许多不确定的因素,系统允许的最小裕度应取得大些;在后期设计阶段,数学模型较为完善,参数也较为准确,允许的最小裕度可取得小些。事实上最小裕度出现在上、下限状态,而系统出现上、下限状态的可能性很小,所以如果设计条件可靠,留过大的稳定裕度是没有必要的。

另外,弹性振动也会通过多种方式对系统稳定性产生影响,必须采取幅值稳定和相位稳定的方式来保证系统具有足够的稳定性。

(2) 精度指标

为了使扰动运动在各种干扰作用下不过大的偏离基准运动,以满足小扰动假设条件,要求系统的状态量 $\Delta\beta$、$\Delta\psi$、$\Delta\phi$、$\Delta\delta$ 等小于各自的允许值。因此,状态量的控制精度也是一个重要的设计指标。在不同飞行阶段,对状态量的精度要求也不同,应分别对待。

由于控制设备的死区、回环、干摩擦以及开关特性等非线性因素的影响,在小信号工作状态时,系统将出现一个稳定的极限环,产生自振。由于伺服机构速度饱和的影响,在大姿态情况下,系统存在一个不稳定的极限环,当系统的状态超过这个极限环时系统将发散。对于稳定的系统自振,将影响系统的控制精度,必须加以限制,特别是幅值大、频率高的自振,应尽量避免。完全消除自振也是没有必要的,只要它对正常控制无明显影响,反而对克服干摩擦等非线性因素的影响有一定好处。系统设计的任务是将稳定的极限环限定在允许的范围内。

(3) 动态品质指标

在常系数线性系统中,时域的动态性能主要是指上升时间、超调量、过渡过程时间、振荡次数等,而且与系统的稳定性密切相关。在经典控制理论中已经给出了闭环幅频特性与动态性能的关系,只要频率特性确定后,时域动态性能也随之确定。在姿态控制系统设计中,由于非线性、变参数的影响,虽然仍可用上升时间、超调量、过渡过程时间、振荡次数等提出动态性能指标,但它与稳定性指标的关系却是未知的,不可能把它们转换成稳定性指标,必须单独提出。

要尽量减小姿态超调量和振荡次数,超调量大则要求姿态测量范围大,振荡次数多会过多地消耗伺服机构能量,使伺服机构的动态性能变坏,严重时造成系统发散。为了实现要求的动态性能,对执行机构的最大偏转角、最大偏转角速度等都要提出适当要求。

姿态控制系统的动态性能必须通过仿真试验检验,如果检验结果不能满足要求,要修改系统参数或系统方案再进行仿真,直到满足要求为止。

（4）抗干扰指标

在姿态控制系统中,既存在结构误差造成的结构干扰,平稳风、切变风造成的风干扰,也存在由阵风、电源噪声、振动噪声、量化误差造成的快变化的随机干扰。

对于慢变化的力和力矩类干扰,要求姿态控制系统有足够的控制力和控制力矩与之平衡,同时此类干扰还将造成状态量的稳态误差,影响控制精度,但一般来说不影响系统的稳定性。对于快变化的随机干扰,虽然对控制精度影响不大,但由于其变化快有可能引起伺服放大器的电流饱和及伺服机构抖动,影响正常控制,严重时可使系统的稳定裕度下降,甚至造成系统发散。在数字系统中,由于高频随机干扰的频率可能高于采样频率的 1/2,从而引起频率折叠效应,造成低频干扰,因此,系统的抗干扰能力成为系统设计的主要指标之一。为了保证系统在各种干扰下能正常工作,要求控制系统对高频干扰有足够的衰减,但这与系统的稳定性和快速性相矛盾。为了检验系统的抗干扰能力,在系统仿真试验时,加入飞行中可能出现的各种干扰,观察对系统的性能是否有明显的坏影响,如果影响达到不能容忍的程度,应改变系统参数提高抗干扰能力。

（5）可靠性指标

姿态控制系统的可靠性包括两个方面:一方面是系统设计的可靠性;另一方面是组成系统的设备和电路的可靠性。系统设计的可靠性是指系统设计所用的原始数据是否准确可靠,系统方案是否正确,采取措施是否有效,参数选择是否合理,系统性能是否留有足够余量,地面试验是否充分,设计中是否有漏项、差错等。它是由高品质的系统设计保证的。

（6）性能指标的其他提法

在最优系统的设计中,经常用到积分指标,其一般形式为

$$J = \int_{t_0}^{t_f} L(\boldsymbol{x}, \boldsymbol{u}, t) \, \mathrm{d}t \qquad (6-8)$$

式中,t_0、t_f 为系统起始时刻和终止时刻,$\boldsymbol{x} = (x_1, x_2, \cdots, x_n)^\mathrm{T}$ 为系统的状态变量,$\boldsymbol{u} = (u_1, u_2, \cdots, u_m)^\mathrm{T}$ 为系统的控制变量。

设计目标是选择控制矢量 $\boldsymbol{u}$,使性能指标 J 达到最小。广泛应用的积分指标有两种形式,即

$$J_1 = \frac{1}{2} \int_0^{t_f} (\boldsymbol{x}^\mathrm{T} \boldsymbol{Q} \boldsymbol{x} + \boldsymbol{u}^\mathrm{T} \boldsymbol{R} \boldsymbol{u}) \, \mathrm{d}t \qquad (6-9)$$

$$J_2 = \int_0^{t_f} \mathrm{d}t = t_f \qquad (6-10)$$

满足 J_1 的控制称为二次型性能指标的最优控制,其中 $\boldsymbol{Q}$ 为非负定的加权矩阵,$\boldsymbol{R}$ 为正定的对称矩阵;满足 J_2 的控制称为时间最优控制。

3. 姿态控制系统的构成与工作原理

为了控制某一物理量,首先必须由敏感元件测量其值。自动驾驶仪中用垂直陀螺仪测量俯仰角及滚转角,用航向陀螺仪或磁传感器测量航向角,用速率陀螺测量飞行器绕机体坐标系三个轴向的角速度。各通道在原理上基本相似。下面以俯仰通道为例说明姿态控制的工作原理,其中包括比例式自动驾驶仪,积分式自动驾驶仪和比例加积分式自动驾驶仪(均衡反馈式自动驾驶仪)。

(1)比例式自动驾驶仪

图 6.6 所示为俯仰角姿态控制系统原理方框图。图中,计算装置、舵回路和垂直陀螺仪组成自动驾驶仪;$G_c(s)$ 为由计算装置实现的控制律传递函数表达式;$G_\delta(s)$ 为舵回路传递函数;$W_{\Delta\delta_e}^{\Delta q}(s)$ 为无人机俯仰角速度运动(短周期)传递函数;K_θ 为垂直陀螺仪输出电压与角度之间的转换比;$\Delta\theta$ 为无人机相对平衡状态的俯仰角变化量,$U_{\Delta\theta}$ 为俯仰角变化量经垂直陀螺仪信号转换后的输出电压,即 $U_{\Delta\theta}=K_\theta\Delta\theta$;$U_{\Delta\theta g}$ 为对应俯仰角控制量 $\Delta\theta_g$ 的电压,并有 $U_{\Delta\theta g}=K_\theta\Delta\theta_g$。

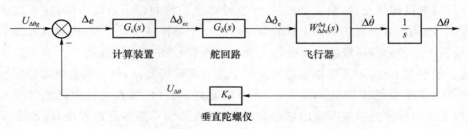

图 6.6 俯仰角姿态控制系统原理方框图

将 $U_{\Delta\theta g}$ 与 $U_{\Delta\theta}$ 的误差信号 Δe 送入计算装置,计算装置按控制律计算后,向舵回路输出与 Δe 成比例的控制指令 $\Delta\delta_{ec}$,舵回路驱动升降舵相对平衡状态产生舵偏角增量 $\Delta\delta_e$。根据升降舵极性定义,升降舵相对平衡状态向下偏转为正,即 $\Delta\delta_e$ 为正时产生低头力矩,产生负的俯仰角增量,所以 $W_{\Delta\delta_e}^{\Delta q}(s)$ 的表达式中有负号。考虑到 $\Delta e>0$ 时,即控制量 $U_{\Delta\theta g}$ 的数值大于实际值 $U_{\Delta\theta}$ 时,需要使无人机抬头,舵偏角 $\Delta\delta_e$ 应为负值,故计算装置是一个负比例系数的比例环节。令 $G_c(s)=-K_{\delta e}$,略去舵回路的惯性(舵回路用系数为 1 的比例环节代替),即 $G_\delta(s)=1$。$\Delta\delta_e$ 与 Δe 存在如下关系

$$\Delta\delta_e=-K_{\delta e}\Delta e$$
$$=-K_{\delta e}(U_{\Delta\theta g}-U_{\Delta\theta})=-K_{\delta e}K_\theta(\Delta\theta_g-\Delta\theta)=-L_\theta(\Delta\theta_g-\Delta\theta) \quad (6-11)$$

式中,$L_\theta=K_{\delta e}K_\theta>0$。

由于设计的控制律是一个负比例系数的比例环节,即式(6-11)中升降舵偏角 $\Delta\delta_e$ 与俯仰角偏差信号 Δe 成比例,具有这种控制规律的姿态角控制回路称为比例式自动驾驶仪。

首先,分析图 6.6 所示的俯仰角姿态控制系统的工作过程。

姿态稳定过程:假设初始时刻无人机处于等速水平直线飞行状态,要求无人机保持平飞,即外加控制信号 $U_{\Delta\theta g}=0$,也就是要求无人机实际俯仰角在发生变化后恢复至初始俯仰角状态。若无人机受到某种干扰后(如受到紊流干扰),出现俯仰角增量 $\Delta\theta>0$,假定初始俯仰角

$\theta_0=0$，则垂直陀螺仪测出俯仰角偏差 $\Delta\theta$ 后，输出电压信号 $U_{\Delta\theta}=K_\theta\Delta\theta$。由于外加的控制信号 $U_{\Delta\theta g}=0$，则通过计算装置与舵回路后，按照控制规律式（6-11）驱动升降舵向下偏转 $\Delta\delta_e=K_{\delta e}K_\theta\Delta\theta>0$，使无人机产生低头力矩，减小俯仰角偏差 $\Delta\theta$，最后实现姿态稳定的功能。

姿态控制过程：仍假设无人机处于等速水平直线飞行状态，即 $\Delta\theta=\theta_0=\theta=0$。如果有外加控制信号 $U_{\Delta\theta g}>0$（其物理意义是期望无人机俯仰角在原值基础上增大），则通过计算装置与舵回路后，按照控制规律式（6-11）驱动升降舵向上偏转 $\Delta\delta_e=-K_{\delta e}U_{\Delta\theta g}<0$，使无人机产生抬头力矩，使误差信号 Δe 趋于零，从而使 $U_{\Delta\theta}$ 逼近 $U_{\Delta\theta g}$，实现姿态控制的功能。

进一步，通过拉式变换终值定理阐述上述结论。无人机俯仰角速度运动（短周期）传递函数 $W^{\Delta q}_{\Delta\delta e}(s)=\dfrac{\Delta q(s)}{\Delta\delta_e(s)}=\dfrac{M_{\delta e}(s+Z^*_a)}{s^2+2\xi_{sp}\omega_{sp}s+\omega^2_{sp}}$，由图 6.6 所示的俯仰角姿态控制系统方框图，可得系统在参考输入 $U_{\Delta\theta g}$ 作用下的误差传递函数

$$\frac{\Delta e(s)}{U_{\Delta\theta g}(s)}=\frac{s(s^2+2\xi_{sp}\omega_{sp}s+\omega^2_{sp})}{s(s^2+2\xi_{sp}\omega_{sp}s+\omega^2_{sp})-K_{\delta e}K_\theta M_{\delta e}(s+Z^*_a)} \tag{6-12}$$

根据终值定理，系统在常值输入信号 $U_{\Delta\theta g}=U_0$ 作用下的稳态误差

$$\begin{aligned}
\Delta e(\infty)&=\lim_{s\to 0} s\Delta e(s)\\
&=\lim_{s\to 0} s\times\frac{s(s^2+2\xi_{sp}\omega_{sp}s+\omega^2_{sp})}{s(s^2+2\xi_{sp}\omega_{sp}s+\omega^2_{sp})-K_{\delta e}K_\theta M_{\delta e}(s+Z^*_a)}\times\frac{U_0}{s}\\
&=0
\end{aligned} \tag{6-13}$$

以某机型纵向短周期运动的近似传递函数为例

$$W^{\Delta q}_{\Delta\delta e}(s)=\frac{\Delta q(s)}{\Delta\delta_e(s)}=\frac{-1.995\left(\dfrac{s}{1.371}+1\right)}{\left(\dfrac{s}{4.27}\right)^2+2\left(\dfrac{0.493}{4.27}\right)s+1} \tag{6-14}$$

取 $K_\theta=1$，$G_c(s)=-K_{\delta e}=-0.2$，$G_\delta(s)=\dfrac{1}{0.037s+1}$。假设在干扰作用下初始姿态角偏差 $\Delta\theta_0=1$，经过比例式自动驾驶仪控制后的姿态角偏差 $\Delta\theta$ 的姿态稳定过程如图 6.7 所示。如果设置俯仰角控制量 $\Delta\theta_g=1$，初始姿态角偏差 $\Delta\theta_0=0$，则经比例式自动驾驶仪控制后的姿态角偏差 $\Delta\theta$ 的姿态控制过程如图 6.8 所示。

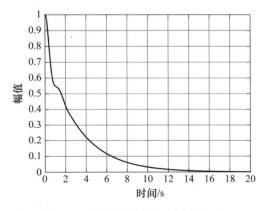

图 6.7　俯仰角姿态稳定过程示意

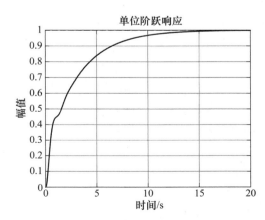

图 6.8　俯仰角姿态控制过程示意

在上述姿态稳定和控制过程中,如果存在使无人机产生俯仰运动的常值干扰力矩 M_f,则比例式自动驾驶仪将存在静差问题。此时在图 6.6 所示的俯仰角姿态控制系统方框图中引入常值干扰力矩 M_f,得到存在干扰力矩下的俯仰角姿态控制系统方框图 6.9。

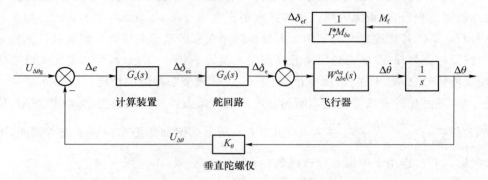

图 6.9   存在干扰力矩下的俯仰角姿态控制系统原理方框图

由图 6.9,可得系统在干扰输入 M_f 作用下的误差传递函数

$$\frac{\Delta e(s)}{M_f(s)} = \frac{-(s+Z_a^*)/I_y^*}{s(s^2+2\xi_{sp}\omega_{sp}s+\omega_{sp}^2)-K_{\delta e}K_\theta M_{\delta e}(s+Z_a^*)} \tag{6-15}$$

根据终值定理,系统在常值干扰输入信号 $M_f=M_{f0}$ 作用下的稳态误差

$$\Delta e(\infty)=\lim_{s\to 0}s\Delta e(s)$$

$$=\lim_{s\to 0}s\times\frac{-(s+Z_a^*)/I_y^*}{s(s^2+2\xi_{sp}\omega_{sp}s+\omega_{sp}^2)-K_{\delta e}K_\theta M_{\delta e}(s+Z_a^*)}\times\frac{M_{f0}}{s}$$

$$=\frac{M_{f0}}{K_{\delta e}K_\theta I_y^* M_{\delta e}} \tag{6-16}$$

同样以式(6-14)所示的某机型纵向短周期运动的近似传递函数为例,系统中引入常值干扰力矩 $M_{f0}=1$,取 $I_y^*=1$ 不影响结论性质,其他仿真参数设置同前,此时经过比例式自动驾驶仪控制后的姿态角误差 Δe 响应曲线如图 6.10 所示。可见系统在常值干扰力矩 M_{f0} 作用下确实存在稳态误差,并且仿真响应曲线结果与理论计算稳态误差值 $\Delta e(\infty)=\dfrac{M_{f0}}{K_{\delta e}K_\theta I_y^* M_{\delta e}}=-0.1923$ 相同。

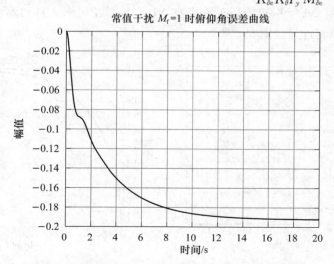

图 6.10   常值干扰力矩下的俯仰角误差 Δe 响应曲线

　　由比例式自动驾驶仪的俯仰角稳态误差式(6-16)可以得到如下的结论:常值干扰力矩 M_f 将引起俯仰角静差,此静差与常值干扰力矩 M_f 成正比,并与控制器增益 $K_{\delta e}$ 成反比;增大控制器增益 $K_{\delta e}$ 可减小俯仰角的静差。但是,过大的控制器增益 $K_{\delta e}$ 会导致升降舵偏角 $\Delta\delta_e$ 过大,易引发振荡。

　　下面通过根轨迹法分析增大控制器增益 $K_{\delta e}$ 引发振荡的问题。

　　由图 6.6 所示的俯仰角姿态控制系统方框图,可得系统开环传递函数

$$W_K(s) = -K_{\delta e}K_\theta \frac{M_{\delta e}(s+Z_a^*)}{s(s^2+2\xi_{sp}\omega_{sp}s+\omega_{sp}^2)} \tag{6-17}$$

以式(6-14)所示的某机型纵向短周期运动的近似传递函数为例,系统随参数 $K_{\delta e}$ 变化的根轨迹如图 6.11 所示,可知随着 $K_{\delta e}$ 的增大,实轴上的一个极点在有限范围内左移,不引起振荡,但描述飞行器短周期运动的另一对复根将右移,实部逐渐减小,并且虚部逐渐增大,导致短周期运动衰减变慢同时振荡加剧。

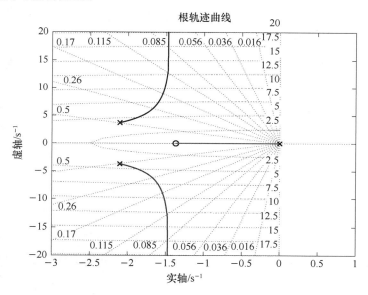

图 6.11　系统随参数 $K_{\delta e}$ 变化的根轨迹

　　为克服上述缺陷(抑制振荡),在控制律中引入俯仰角速率 $\Delta\dot{\theta}$ 的反馈 $L_{\dot{\theta}}$(见图 6.12),可以有效增加无人机的阻尼,减小振荡运动。下面同样通过根轨迹法分析引入俯仰角速率 $\Delta\dot{\theta}$ 反馈的作用。

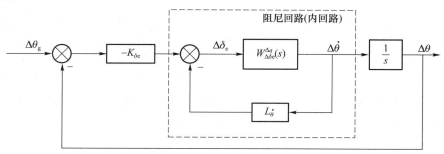

图 6.12　引入俯仰角速率的反馈结构图

图 6.12 中虚线框内的是引入角速度反馈后的角速度回路(内回路)也称阻尼回路,显然阻尼回路的开环传递函数为

$$W_K(s) = \frac{L_{\dot{\theta}}^{\cdot} M_{\delta e}(s + Z_a^*)}{s^2 + 2\xi_{sp}\omega_{sp}s + \omega_{sp}^2} \qquad (6-18)$$

由此可以做出阻尼回路随参数 $L_{\dot{\theta}}^{\cdot}$ 变化的根轨迹如图 6.13 所示。由图可知,随着 $L_{\dot{\theta}}^{\cdot}$ 的增大,描述飞行器短周期运动的一对根从复平面上的起点 s_1, s_2 出发,逐渐左移且虚部减小,即系统阻尼逐渐增大,振荡减缓,最后闭环极点到达实轴上后短周期运动变为指数衰减的单调运动。因此,俯仰角速率反馈系数 $L_{\dot{\theta}}^{\cdot}$ 的增大,有利于增加阻尼回路的阻尼效果。

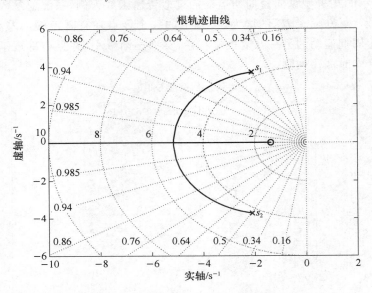

图 6.13 阻尼回路随参数 $L_{\dot{\theta}}^{\cdot}$ 变化的根轨迹

采用俯仰角速率反馈 $L_{\dot{\theta}}^{\cdot}$ 的姿态控制系统,在常值干扰力矩 M_f 作用下的方框图见图 6.14。

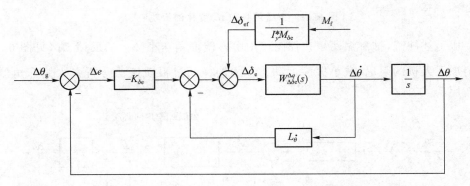

图 6.14 引入俯仰角速率反馈情况下的干扰力矩对姿态控制的影响

由图 6.14,可得系统在干扰输入 M_f 作用下的误差传递函数

$$\frac{\Delta e(s)}{M_{\mathrm{f}}(s)}=\frac{-(s+Z_{\mathrm{a}}^{*})/I_{y}^{*}}{s(s^{2}+2\xi_{\mathrm{sp}}\omega_{\mathrm{sp}}s+\omega_{\mathrm{sp}}^{2})+L_{\dot{\theta}}M_{\delta\mathrm{e}}(s+Z_{\mathrm{a}}^{*})s-K_{\delta\mathrm{e}}M_{\delta\mathrm{e}}(s+Z_{\mathrm{a}}^{*})}\qquad(6-19)$$

根据终值定理,系统在常值干扰输入信号 $M_{\mathrm{f}}=M_{\mathrm{f0}}$ 作用下的稳态误差

$$\Delta e(\infty)=\lim_{s\to0}s\Delta e(s)$$

$$=\lim_{s\to0}s\times\frac{-(s+Z_{\mathrm{a}}^{*})/I_{y}^{*}}{s(s^{2}+2\xi_{\mathrm{sp}}\omega_{\mathrm{sp}}s+\omega_{\mathrm{sp}}^{2})+L_{\dot{\theta}}M_{\delta\mathrm{e}}(s+Z_{\mathrm{a}}^{*})s-K_{\delta\mathrm{e}}M_{\delta\mathrm{e}}(s+Z_{\mathrm{a}}^{*})}\times\frac{M_{\mathrm{f0}}}{s}$$

$$=\frac{M_{\mathrm{f0}}}{I_{y}^{*}K_{\delta\mathrm{e}}M_{\delta\mathrm{e}}}\qquad(6-20)$$

上式表明,虽然引入俯仰角速率反馈 $L_{\dot{\theta}}$ 可以改善系统的阻尼运动,但是姿态控制系统在常值干扰力矩作用下仍存在静差。

上述分析过程中,是将舵回路用系数为 1 的比例环节代替,但实际舵回路的特性对系统是有很大影响的。下面以图 6.15 所示的某型号无人机的自动驾驶仪系统为例,分析舵回路惯性对于系统阻尼特性的影响(不考虑常值干扰力矩)。

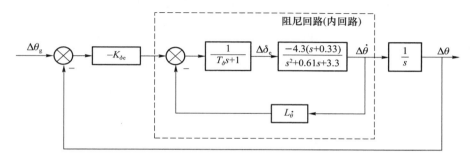

图 6.15　某型号无人机采用俯仰角速度反馈姿态控制系统方框图

利用根轨迹方法来分析舵回路惯性对此角位移控制系统阻尼特性的影响。做出舵回路具有三种不同的时间常数($T_{\delta}=0,T_{\delta}=0.1$ 和 $T_{\delta}=0.25$)情况下的阻尼回路的根轨迹如图 6.16 所示。

$T_{\delta}=0$——舵回路为理想环节,增加 $L_{\dot{\theta}}$ 阻尼回路可得到满意的性能,且 $L_{\dot{\theta}}$ 越大,阻尼越大,直至最后不出现振荡,成为指数衰减的单调运动。

$T_{\delta}\neq0$——由于 T_{δ} 的不同,有不同的根轨迹,但有其共同特点。当反馈增益 $L_{\dot{\theta}}$ 增大到某一值时,可得到一定的阻尼效果,若再增加到一定程度后,其阻尼性能将急剧地恶化。

由上述的分析可以得到下列结论:

① 在一定的舵回路时间常数下,用增加反馈增益 $L_{\dot{\theta}}$ 来增大阻尼是有限度的,特别当 T_{δ} 较大时;

② 为确保角稳定回路的性能,不能单纯增加速率陀螺信号强度(即 $L_{\dot{\theta}}$ 不能过大),必须同时减小舵回路的惯性,使舵回路具有足够宽的通频带;

③ 舵回路的频带一般比飞行器频带宽 3~5 倍,其时间常数 T_{δ} 一般限制在 0.03~0.1 s 内。

(2)积分式自动驾驶仪

上面讨论的比例式自动驾驶仪是一种具有硬反馈舵回路形式的自动驾驶仪,在常值干扰

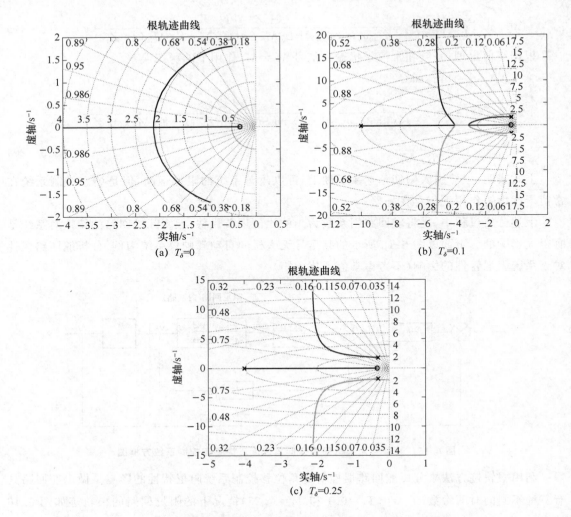

图 6.16　舵回路具有不同时间常数时阻尼回路的根轨迹图

力矩 M_f 作用下存在着角位移静差问题。为了平衡掉常值干扰力矩，操纵舵需要相应地偏转一个恒定偏角 $\Delta\delta_e$ 来产生操纵力矩。如果要消除这种角位移静差，采用速度反馈（即软反馈）舵回路形式的自动驾驶仪是一种解决方案。

在舵回路中采用速度反馈或称为软反馈形式的信号，就组成了所谓的积分式自动驾驶仪。根据 4.1.3 节软反馈式舵回路章节内容，在舵回路中采用软反馈式的舵回路方框图示于图 6.17（$B=0$）。

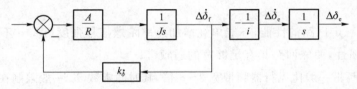

图 6.17　采用速度反馈信号的舵回路方框图

由图 6.17 可以得到具有速度反馈式舵回路的闭环传递函数为

$$W_\delta(s) = \frac{\Delta\delta_e(s)}{\Delta\delta_{ec}(s)} = \frac{K_{\dot\delta}}{T_{\dot\delta}s+1} \times \left(-\frac{1}{i}\right) \times \frac{1}{s} \tag{6-21}$$

式中，$K_{\dot\delta} = \dfrac{1}{k_{\dot\delta}}$，$T_{\dot\delta} = \dfrac{JR}{k_{\dot\delta}A}$。

利用闭环传递函数式(6-21)可以画出具有速度反馈舵回路形式的自动驾驶仪，即积分式自动驾驶仪的方框图，如图 6.18 所示。

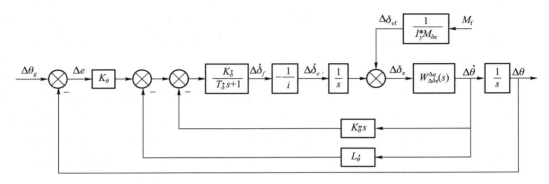

图 6.18　舵回路采用速度反馈的自动驾驶仪方框图

在图 6.18 中，同时引入了俯仰角反馈、俯仰角速度反馈以及俯仰角加速度反馈，其中 $K_\theta = -K_{\delta e}$ 为俯仰角位移回路的反馈增益，$K_{\dot\theta}$ 为俯仰角速率回路的反馈增益，$K_{\ddot\theta}$ 为俯仰角加速度回路的反馈增益，$K_{\dot\delta}$ 为软反馈舵回路的增益。

由图 6.18 可得系统在干扰输入 M_f 作用下的误差传递函数

$$\frac{\Delta e(s)}{M_f(s)} = \frac{-\dfrac{1}{I_y^*}s(T_{\dot\delta}s+1)(s+Z_a^*)}{s^2(s^2+2\xi_{sp}\omega_{sp}s+\omega_{sp}^2)(T_{\dot\delta}s+1)+\left(-\dfrac{1}{i}\right)K_{\dot\delta}M_{\delta e}(s+Z_a^*)[K_\theta+s(K_{\dot\theta}+K_{\ddot\theta}s)]} \tag{6-22}$$

根据终值定理，系统在常值干扰输入信号 $M_f = M_{f0}$ 作用下的稳态误差

$$\Delta e(\infty) = \lim_{s\to 0}s\Delta e(s) = \lim_{s\to 0}s \times \frac{\Delta e(s)}{M_f(s)} \times \frac{M_{f0}}{s} = 0 \tag{6-23}$$

系统在参考输入 $\Delta\theta_g$ 作用下的误差传递函数

$$\frac{\Delta e(s)}{\Delta\theta_g(s)}$$

$$= \frac{s^2(s^2+2\xi_{sp}\omega_{sp}s+\omega_{sp}^2)(T_{\dot\delta}s+1)+s(K_{\dot\theta}+K_{\ddot\theta}s)\left(-\dfrac{1}{i}\right)K_{\dot\delta}M_{\delta e}(s+Z_a^*)}{s^2(s^2+2\xi_{sp}\omega_{sp}s+\omega_{sp}^2)(T_{\dot\delta}s+1)+s(K_{\dot\theta}+K_{\ddot\theta}s)\left(-\dfrac{1}{i}\right)K_{\dot\delta}M_{\delta e}(s+Z_a^*)+\left(-\dfrac{1}{i}\right)K_\theta K_{\dot\delta}M_{\delta e}(s+Z_a^*)} \tag{6-24}$$

则系统在常值输入信号 $\Delta\theta_g = \theta_{g0}$ 作用下的稳态误差

$$\Delta e(\infty) = \lim_{s\to 0}s\Delta e(s) = \lim_{s\to 0}s \times \frac{\Delta e(s)}{\Delta\theta_g(s)} \times \frac{\theta_{g0}}{s} = 0 \tag{6-25}$$

同理系统在单位斜坡输入信号作用下的稳态误差

$$\Delta e(\infty)=\lim_{s\to 0}s\Delta e(s)=\lim_{s\to 0}s\times\frac{\Delta e(s)}{\Delta\theta_g(s)}\times\frac{1}{s^2}=\frac{K_{\dot\theta}}{K_\theta} \quad (6-26)$$

由上述分析可知,积分式自动驾驶仪存在如下特点:

① 积分式自动驾驶仪能消除常值干扰力矩 M_f 所导致的静差,见式(6-23),但与比例式自动驾驶仪相比,其结构复杂,并且控制律中含有俯仰角加速度的信号,需要采用角加速度计或者通过对角速度进行微分的方式获取此信号,前者需要增加传感器硬件,而后者则容易引起高频干扰噪声。

② 当控制信号 $\Delta\theta_g$ 为常值输入信号时,积分式自动驾驶仪将能够消除静差,见式(6-25),但是当控制信号 $\Delta\theta_g$ 为斜坡信号时,积分式自动驾驶仪将仍然存在着静差,见式(6-26)。

(3) 比例加积分式自动驾驶仪

为了解决积分式自动驾驶仪所存在的问题,近年来已广泛采用比例加积分式自动驾驶仪(均衡反馈式自动驾驶仪),尤其在像自动着陆等控制精度要求较高的飞行阶段应用得比较多。

比例加积分式自动驾驶仪又称为均衡反馈式自动驾驶仪,根据4.1.3节均衡反馈(弹性反馈)式舵回路章节内容,弹性反馈环节可由位置反馈环节串联一个均衡环节来实现,均衡反馈式舵回路的方框图如图6.19所示。将图6.19做等效变换后,得图6.20所示的变换图。

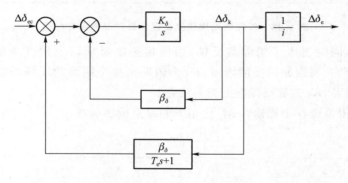

图 6.19 采用均衡反馈式舵回路的方框图

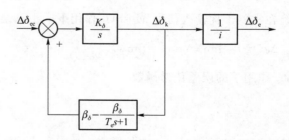

图 6.20 采用均衡反馈式舵回路的等效变换图

所谓的"均衡式反馈"就是在舵机硬反馈 β_δ 的基础上,再加一个时间常数 T_e 很大的非周期环节 $\beta_\delta/T_e s+1$ 的正反馈,其中 T_e 为几秒直至十几秒。在姿态的控制和稳定过程中,因为舵回路的动态过程时间很短(仅零点几秒),所以相对于舵回路的时间常数 T_δ 而言,T_e 的作用类似于一个开关,即只在稳态时接通,最终将使正反馈量与硬反馈所得的负反馈量相抵消。这样,舵回路的传递函数变为 $\frac{K_\delta}{s}$,相当于增加一个积分环节,从而可以消除系统的静差。

由图 6.20 可得到舵回路的传递函数

$$W_\delta(s) = \frac{\dfrac{K_\delta}{s}}{1 + \beta_\delta \dfrac{T_e s}{T_e s + 1} \dfrac{K_\delta}{s}} = \frac{K_{\delta e}(T_e s + 1)}{T_e s(T_p s + 1)} \qquad (6-27)$$

式中，$K_{\delta e} = \dfrac{K_\delta T_e}{1 + \beta_\delta K_\delta T_e}$ 为舵回路传递系数，$T_p = \dfrac{T_e}{1 + \beta_\delta K_\delta T_e}$。

由于 T_p 值很小，可忽略不计，因此舵回路的传递函数简化为

$$W_\delta(s) = \frac{K_{\delta e}(T_e s + 1)}{T_e s} \qquad (6-28)$$

依据舵回路传递函数式(6-28)，可画出下面均衡式反馈舵回路的角位移控制系统方框图 6.21，控制系统中引入了姿态角速率的反馈。

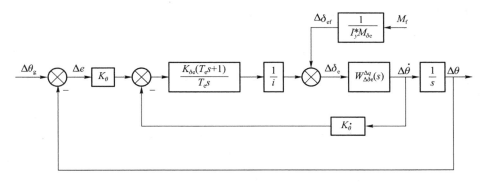

图 6.21　均衡式反馈舵回路的角位移控制系统方框图

由于 T_e 比无人机短周期运动时间常数 $T_{sp} = 1/\omega_{sp}$ 大得多，所以，在无人机短周期运动工作频段内可认为 $\dfrac{K_{\delta e}(T_e s + 1)}{T_e s} = K_{\delta e}(1 + \dfrac{1}{T_e s}) \approx K_{\delta e}$，即 T_e 是断开的作用；只有当系统进入稳态后才会发挥其明显的积分作用，这是均衡反馈式自动驾驶仪的特点所在。

下面分析比例加积分式自动驾驶仪的稳态误差特性。由图 6.21 可得系统在干扰输入 M_f 作用下的误差传递函数

$$\frac{\Delta e(s)}{M_f(s)} = \frac{-\dfrac{1}{I_y^*} T_e s(s + Z_a^*)}{T_e s^2(s^2 + 2\xi_{sp}\omega_{sp}s + \omega_{sp}^2) + (\dfrac{1}{i})M_{\delta e}K_{\delta e}(T_e s + 1)(s + Z_a^*)(K_\theta + K_{\dot\theta}s)} \qquad (6-29)$$

根据终值定理，系统在常值干扰输入信号 $M_f = M_{f0}$ 作用下的稳态误差为

$$\Delta e(\infty) = \lim_{s \to 0} s\Delta e(s) = \lim_{s \to 0} s \times \frac{\Delta e(s)}{M_f(s)} \times \frac{M_{f0}}{s} = 0 \qquad (6-30)$$

系统在参考输入 $\Delta\theta_g$ 作用下的误差传递函数

$$\frac{\Delta e(s)}{\Delta\theta_g(s)} = \frac{T_e s^2(s^2 + 2\xi_{sp}\omega_{sp}s + \omega_{sp}^2) + \dfrac{1}{i}M_{\delta e}K_{\delta e}(T_e s + 1)(s + Z_a^*)K_{\dot\theta}s}{T_e s^2(s^2 + 2\xi_{sp}\omega_{sp}s + \omega_{sp}^2) + \dfrac{1}{i}M_{\delta e}K_{\delta e}(T_e s + 1)(s + Z_a^*)(K_\theta + K_{\dot\theta}s)} \qquad (6-31)$$

则系统在常值输入信号 $\Delta\theta_g = \theta_{g0}$ 作用下的稳态误差为

$$\Delta e(\infty) = \lim_{s \to 0} s\Delta e(s) = \lim_{s \to 0} s \times \frac{\Delta e(s)}{\Delta \theta_g(s)} \times \frac{\theta_{g0}}{s} = 0 \qquad (6-32)$$

同理系统在单位斜坡输入信号作用下的稳态误差为

$$\Delta e(\infty) = \lim_{s \to 0} s\Delta e(s) = \lim_{s \to 0} s \times \frac{\Delta e(s)}{\Delta \theta_g(s)} \times \frac{1}{s^2} = \frac{K_{\dot\theta}}{K_\theta} \qquad (6-33)$$

由上述分析可知,比例加积分式自动驾驶仪能够消除常值干扰力矩 M_f 所导致的静差,见式(6-30),并且当控制信号 $\Delta\theta_g$ 为常值输入信号时,比例加积分式自动驾驶仪也能够消除静差,见式(6-32),但是当控制信号 $\Delta\theta_g$ 为斜坡信号时,系统中将存在静差,见式(6-33)。

另外,与图 6.18 所示的积分式自动驾驶仪回路结构相比,图 6.21 所示的采用均衡式反馈舵回路的角位移控制系统中并没有引入俯仰角加速度信号的反馈,避免了增加传感器硬件或高频干扰噪声的问题。

4. 姿态角运动的稳定与控制

无人机姿态角运动包括纵向姿态角运动和横侧向姿态角运动。所谓纵向姿态角运动是指无人机绕机体 Oy 轴的转动,涉及俯仰角、迎角和升降舵的变化过程。纵向姿态角运动的稳定和控制由俯仰角姿态控制系统来实现,在上一节姿态控制系统的构成与工作原理中已经详细介绍了俯仰角姿态控制系统,不再赘述。

本节简要介绍横侧向姿态角运动的稳定和控制。横侧向姿态的稳定和控制的任务是实现偏航角 ψ 和滚转角 ϕ 的稳定与控制,以实现令人满意的转弯飞行。

(1) 横侧向姿态稳定控制的基本方式

对于常规布局的飞行器而言,横侧向姿态的稳定与控制一般是通过方向舵和副翼操纵来实现的。横侧向控制的基本方式有以下三种:

① 通过方向舵实现航向稳定控制

此类控制方式是由垂直陀螺测量滚转角,将此信号加入副翼通道构成滚转稳定回路,使无人机机翼保持水平,由航向陀螺测量无人机纵轴相对于给定航向 ψ_g 的偏离值,将其加入方向舵通道构成航向稳定和控制回路,保持给定航向。

为增加运动的阻尼,将角速度引入各自回路,其相应的控制律为

$$\left. \begin{aligned} \delta_a &= I_\phi \phi + I_{\dot\phi} \dot\phi \\ \delta_r &= K_\psi(\psi - \psi_g) + K_{\dot\psi} \dot\psi \end{aligned} \right\} \qquad (6-34)$$

这种控制律所涉及的两通道是各自独立的,对于控制律的设计较方便,但此种水平转弯方式存在较大的侧滑角,空速与纵轴的协调性差,且转弯半径较大。因此,仅适合于修正小的航向偏差。

② 通过副翼修正航向

这种控制方式将航向偏差信号送入滚转稳定回路,滚转通道的控制律变为

$$\delta_a = I_\phi \phi + I_{\dot\phi} \dot\phi + I_\psi(\psi - \psi_g) \qquad (6-35)$$

应当指出,式(6-35)描述的控制律虽然能够保持航向,但由于在修正航向时会有侧滑角,所以不能保持航线(航迹)。如果无人机自身航向稳定性较小,侧滑角会很大。

③ 同时用副翼和方向舵稳定和控制航向

这种控制方式是滚转角和偏航角的协调控制。所谓协调控制是指将某一通道的被调量加

到另一通道,使两通道协调的控制方式,加入的信号称为协调交联信号。具体控制方式有两种。

第一种协调控制方式是将航向偏差信号同时加入偏航通道和滚转通道。两个通道的控制律为

$$\left.\begin{array}{l} \delta_{\mathrm{a}} = I_{\phi}\phi + I_{\dot{\phi}}\dot{\phi} + I_{\psi}(\psi - \psi_{\mathrm{g}}) \\ \delta_{\mathrm{r}} = K_{\psi}(\psi - \psi_{\mathrm{g}}) + K_{\dot{\psi}}\dot{\psi} - K_{\phi}\phi \end{array}\right\} \tag{6-36}$$

只要适当选取控制器增益,就可以保证在最小侧滑角(或无侧滑)情况下,使无人机回到给定航向。这种消除侧滑角的方法是开环补偿方法,它试图消除产生侧滑的原因,但由于产生侧滑的因素较多,再加上飞行状态的变化,侧滑角很难做到完全补偿。为进一步减小侧滑角,可采用闭环调整的方法,即引入侧滑角信号,此时偏航通道的控制律变为

$$\delta_{\mathrm{r}} = K_{\psi}(\psi - \psi_{\mathrm{g}}) + K_{\dot{\psi}}\dot{\psi} - K_{\beta}\beta \tag{6-37}$$

第二种协调控制方式是在滚转通道和偏航通道分别引入相应的交联信号,其控制律为

$$\left.\begin{array}{l} \delta_{\mathrm{a}} = I_{\phi}\phi + I_{\dot{\phi}}\dot{\phi} + I_{\psi}(\psi - \psi_{\mathrm{g}}) \\ \delta_{\mathrm{r}} = K_{\dot{\psi}}\dot{\psi} - K_{\phi}\phi \end{array}\right\} \tag{6-38}$$

这种控制方式的特点是:偏航角偏差信号被送入副翼通道,而副翼工作后产生的滚转信号被送入偏航通道。该控制方式适用于小转弯状态。

与式(6-34)、式(6-35)描述的控制律相比,式(6-36)、式(6-37)和式(6-38)描述的三种控制律可实现小侧滑甚至无侧滑的偏航控制,这对无人机航迹的控制有益。虽然式(6-37)的控制律可以实现无侧滑航向控制,但是需要引入侧滑角信号,增加了系统的复杂性。

(2) 等滚转角的侧向转弯控制律

为了克服侧滑角的出现,必须研究侧向转弯过程中的协调控制问题。

① 协调转弯的概念

飞行器在实际转弯过程中,空速向量与纵轴不能以相同的角速度一起转动就会产生侧滑角。侧滑角不仅增大了无人机的阻力,且不利于轨迹的准确控制和任务设备的工作,因此要求无人机能够实现协调转弯。

无人机协调转弯时应满足如下条件:

a) 稳态的滚转角为常值;

b) 稳态的偏航角速率为常值;

c) 稳态的升降速度为零;

d) 稳态的侧滑角为零。

对于一定的滚转角和飞行速度,只有一个相应的转弯角速度可以实现协调转弯。为了便于推导,假设俯仰角 $\theta = 0$,这样当进行协调转弯飞行时,无人机在水平和垂直方向的受力分析如图 6.22 所示。据此,写出水平和垂直方向的力平衡方程为

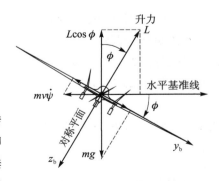

图 6.22　无人机协调转弯受力图

$$mg = L\cos\phi \left.\vphantom{\begin{matrix}a\\b\end{matrix}}\right\}$$
$$mV\dot{\psi} = L\sin\phi$$
$$(6-39)$$

式中，L 为升力，mg 为重力，V 为空速。此式表明，无人机协调转弯时，在垂直方向上升力的分力与重力平衡，保持无人机在水平面内飞行。升力的水平分力与无人机转弯时的离心力平衡，无人机以恒定的转弯角速度 $\dot{\psi}$ 在水平面内做圆周运动。

由式(6-39)可得协调转弯公式

$$\dot{\psi} = \frac{g}{V}\tan\phi \qquad (6-40)$$

由式(6-40)可知，在无人机转弯过程中，滚转角和偏航角速率存在一定的关系(在一定角度范围内可以近似为线性关系)，这一关系还受到飞行速度的影响。滚转角由副翼控制，偏航角速率由方向舵控制。由于无人机做滚转运动时升力不在垂线方向，为使转弯过程中无人机的高度不变，还需要增加升降舵的舵偏角。所以要完全实现协调转弯，必须同时操纵副翼、方向舵和升降舵。

② 协调转弯时自动驾驶仪的控制规律

将给定的滚转角 ϕ_g 和偏航角速率 $\dot{\psi}_g$ 控制信号分别加入自动驾驶仪控制律的滚转与航向两个通道中，同时在航向通道中引入侧滑角 β 信号，使方向舵的偏转不仅取决于偏航角偏差 $\psi - \psi_g$ 和偏航角速率 $\dot{\psi}_g$，而且也与侧滑角 β 的积分信号有关，以便减小侧滑角 β，由此形成以下的控制规律

$$\delta_a = I_\phi\phi + I_{\dot{\phi}}\dot{\phi} + I_{\phi'}\int(\phi - \phi_g)\mathrm{d}t \left.\vphantom{\begin{matrix}a\\b\end{matrix}}\right\}$$
$$\delta_r = K_\psi(\psi - \psi_g) + K_{\dot{\psi}}\dot{\psi} - K_\beta\int\beta(t)\mathrm{d}t$$
$$(6-41)$$

式中，ϕ_g 和 $\dot{\psi}_g$ 分别为给定的滚转角和偏航角速率控制信号，且满足协调转弯公式 $\dot{\psi}_g = \frac{g}{V}\tan\phi_g$。

式(6-41)采用了积分式控制规律，在常值干扰力矩作用下，稳态时滚转角、侧滑角以及偏航角速率均无静差。

③ 协调转弯的纵向控制

无人机在协调转弯飞行时由于存在着滚转角 ϕ，作用在垂直方向上的升力分量将减小 ΔL，因此将损失飞行高度。为保持转弯飞行高度的稳定，必须操纵升降舵面负向偏转并产生附加迎角增量 $\Delta\alpha > 0$，从而补偿减小的升力增量 ΔL，使得在垂直方向上达到力的平衡，即满足

$$(L + \Delta L)\cos\varphi = mg \qquad (6-42)$$

式中，L 为转弯前的升力，满足 $L = mg$。则由上述力平衡方程可得升力增量 ΔL 的公式，即

$$\Delta L = \frac{mg(1 - \cos\phi)}{\cos\phi} \qquad (6-43)$$

又有升力增量 ΔL 的关系式 $\Delta L = QS_w C_{La}\Delta\alpha$，可得附加迎角增量 $\Delta\alpha$ 公式为

$$\Delta\alpha = \frac{mg(1 - \cos\phi)}{QS_w C_{La}\cos\phi} \qquad (6-44)$$

由此公式可见,在通常情况下因为量纲一迎角升力系数为正值($C_{La} > 0$),所以由上式所确定的附加迎角增量为正值($\Delta\alpha > 0$)。

根据纵向短周期传递函数式 $W^{\Delta\alpha}_{\Delta\delta e}(s) = \dfrac{M_{\delta e}}{s^2 + 2\xi_{sp}\omega_{sp}s + \omega_{sp}^2}$ 可以得到稳态的力矩平衡方程 $\omega_{sp}^2 \Delta\alpha = M_{\delta e}\Delta\delta_{e1}$,由此方程和附加迎角增量公式(6-45)可以得到所需要的负向偏转的升降舵面偏角公式为

$$\Delta\delta_{e1} = \frac{\omega_{sp}^2 mg(1 - \cos\varphi)}{M_{\delta e}QS_w C_{La}\cos\varphi} \tag{6-45}$$

可以根据式(6-45)设计高度补偿回路,如图 6.23 所示,使无人机在进行转弯时保持高度不变。其原理是:无人机滚转后,垂直陀螺或惯导系统测得滚转角并根据式(6-45)计算出需要补偿的升降舵控制指令 $\Delta\delta_{e1}$。由于 $\Delta\delta_{e1}$ 始终为负,将使升降舵向上偏转,从而增加升力,以补偿因无人机倾斜而减小的升力,使得在垂直方向上达到新的力平衡状态,从而实现等高度的协调转弯飞行。

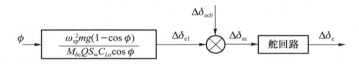

图 6.23　高度补偿原理图

6.3.2　轨迹控制系统

无人机飞行控制的最终目的是使无人机能够准确地沿预定航线飞行。飞行器运动轨迹控制(制导)系统是在姿态(角运动)控制系统的基础上构成的,姿态控制系统是轨迹控制系统的内回路。

固定翼无人机纵向运动的轨迹控制实际上就是飞行高度的控制,以纵向角运动即俯仰角控制系统为内回路;对于横侧向运动的轨迹控制,则是以偏航角和滚转角控制系统为内回路构成的。

1. 飞行高度的稳定与控制

无人机在执行编队飞行、巡航、进场着陆时的初始阶段以及执行监视、照相等任务时,需要实现高度的稳定。无人机在起飞、着陆过程、地形跟随以及舰载机着舰等飞行中需要对高度进行控制。因此无人机飞行高度的稳定和控制对无人机的飞行具有十分重要的作用。

根据前述姿态控制系统的工作原理可知,采用比例式自动驾驶仪方案或积分式自动驾驶仪方案,在常值干扰输入信号或在斜坡输入信号下,系统将存在静差,因而会导致高度漂移,所以不能直接应用于飞行高度的稳定与控制系统中。因此,在飞行高度的稳定与控制系统中需要直接测量飞行高度,使用高度传感器(如气压式高度表、无线电高度表和大气数据系统等)或导航系统测量的高度解算出相对于给定高度的偏差信息,或采用高度差传感器测量相对高度偏差,根据高度控制律计算出俯仰角指令,由俯仰角姿态控制系统根据姿态控制律计算升降舵控制指令,并送入升降舵舵回路,产生升降舵舵偏角,从而改变俯仰角,以实现对飞行高度的闭

环稳定与控制。

在介绍飞行高度稳定和控制系统结构之前,先推导飞行器高度系统运动学环节数学模型。

根据微分方程的线性化方法,将高度变化过程中某点状态作为参考,对纵向运动学方程 $\dot{h} = V\sin\theta_a$ 进行线性化处理

$$\Delta\dot{h} = \sin\theta_{a0}\Delta V + V_0\cos\theta_{a0}\Delta\theta_a = \Delta\dot{h}_{\Delta V} + \Delta\dot{h}_{\Delta\theta_a} \tag{6-46}$$

式中,$\Delta\dot{h}_{\Delta\theta_a}$ 为航迹倾角 $\Delta\theta_a$ 引起的高度变化率,$\Delta\dot{h}_{\Delta V}$ 为速度 ΔV 引起的高度变化率。

由式(6-46)可画出高度系统的运动学环节方框图,如图 6.24 所示。

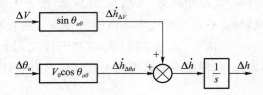

图 6.24 高度系统的运动学环节方框图

在通常情况下,无人机高度稳定在平飞时才接通。如果无人机在给定高度上平飞,然后接通高度稳定系统,在此情况下,航迹倾角 $\theta_{a0}=0$,则上述高度系统的运动学环节可简化为 $\Delta\dot{h} = \Delta\dot{h}_{\Delta\theta_a} = V_0\Delta\theta_a$,方框图可简化为图 6.25。

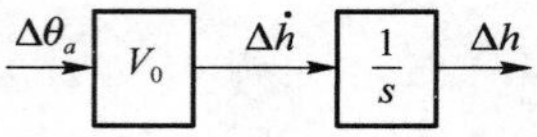

$$\xrightarrow{\Delta\theta_a}\boxed{V_0}\xrightarrow{\Delta\dot{h}}\boxed{\frac{1}{s}}\xrightarrow{\Delta h}$$

图 6.25 简化的高度系统的运动学环节方框图

由固定翼无人机传递函数模型

$$W^{\Delta\theta}_{\Delta\delta e}(s) = \frac{\Delta\theta(s)}{\Delta\delta_e(s)} = \frac{M_{\delta e}(s+Z_a^*)}{s(s^2+2\xi_{sp}\omega_{sp}s+\omega_{sp}^2)} \tag{6-47}$$

$$W^{\Delta\theta_a}_{\Delta\delta e}(s) = \frac{\Delta\theta(s)}{\Delta\delta_e(s)} - \frac{\Delta\alpha(s)}{\Delta\delta_e(s)} = \frac{M_{\delta e}Z_a^*}{s(s^2+2\xi_{sp}\omega_{sp}s+\omega_{sp}^2)} \tag{6-48}$$

$$W^{\Delta\bar{V}}_{\Delta\delta e}(s) = \frac{\Delta\bar{V}(s)}{\Delta\delta_e(s)} = \frac{K_V(T_V s+1)}{T_{np}^2 s^2+2\xi_{np}T_{np}s+1} \tag{6-49}$$

可求得

$$W^{\Delta\theta}_{\Delta\theta_a}(s) = \frac{\Delta\theta_a(s)}{\Delta\theta(s)} = \frac{W^{\Delta\theta_a}_{\Delta\delta e}(s)}{W^{\Delta\theta}_{\Delta\delta e}(s)} = \frac{Z_a^*}{s+Z_a^*} \tag{6-50}$$

$$W^{\Delta V}_{\Delta\delta e}(s) = V_0 W^{\Delta\bar{V}}_{\Delta\delta e}(s) = \frac{V_0 K_V(T_V s+1)}{T_{np}^2 s^2+2\xi_{np}T_{np}s+1} \tag{6-51}$$

基于图 6.24 所示的高度系统的运动学环节方框图,以及式(6-50)和式(6-51),可以建立起高度稳定控制系统方框图,如图 6.26 所示。图中,内回路姿态控制采用了比例加积分式自动驾驶仪结构(忽略舵系统),同时为消除高度控制的稳态误差,高度环采用了比例积分控制。

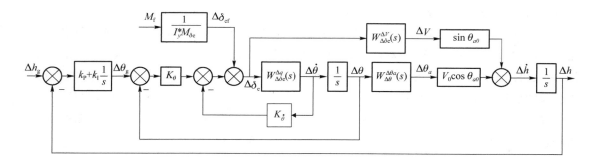

图 6.26　典型高度稳定控制系统结构图

2. 侧向轨迹的控制

侧向轨迹控制主要是指侧向偏离的控制,其原理与高度稳定控制系统有许多相似之处。高度稳定控制系统以俯仰角姿态控制系统为内回路,而对于侧向偏离控制系统,则是以偏航角和滚转角控制系统为内回路构成的,一般采用无人机的转弯来修正和控制侧向偏离。对于侧向轨迹控制系统而言,航向和滚转两个通道的协调控制方法与侧向角运动的控制方法是一致的。

由于在一般情况下,侧向偏离控制是由无人机转弯来实现。依据转弯的方式可将侧向偏离控制律的方案分为两大类:

① 利用倾斜转弯的形式(bank-to-turn,简写为 BTT),主要以副翼和方向舵来实现侧向偏离控制。

② 通过侧滑转弯的形式(skid-to-turn,简写为 STT),主要以侧滑角来实现侧向偏离控制。侧滑转弯形式通常应用在具有轴对称布局的导弹中,而大多数具有面对称布局的飞行器和巡航导弹都采用倾斜转弯(BTT)形式来进行侧向偏离控制。在此仅讨论第一类侧向偏离的控制方案,第二种方案可参考相关文献。

在此,仅简要讨论属于第一类方案的利用协调转弯的侧向偏离控制系统。

对无人机的线性方程进行合理的简化后,可以得到简化的近似线性化无人机运动方程:

$$\left.\begin{array}{l}\Delta\dot{\psi}=\dfrac{Y_{\delta r}}{V_e(1-\cos\theta_{ae})}\Delta\delta_r\\[2mm]\Delta\dot{y}=V_e\Delta\psi\end{array}\right\}\tag{6-52}$$

式中,V_e、θ_{ae} 为平衡点处 V、θ_a 的取值,$Y_{\delta r}=\dfrac{QS_w}{m}\dfrac{\partial C_Y}{\partial\delta_r}$。

采用如下形式的侧向偏离的控制规律

$$\left.\begin{array}{l}\delta_a=I_{\dot{\phi}}\dot{\phi}+I_{\phi}\phi+I_{\psi}(\psi-\psi_g)+I_y(y-y_g)\\[2mm]\delta_r=K_{\dot{\psi}}\dot{\psi}-K_{\psi}\phi\end{array}\right\}\tag{6-53}$$

控制律式(6-53)的特点是在滚转角与偏航角控制律的基础上,增加了侧向偏离的信息 $(y-y_g)$,就构成了侧向偏离轨迹的控制规律。

假设无人机向右偏离原航线,即 $y>0$,侧向轨迹指令 $y_g=0$。无人机侧向偏离的修正过程示意如图 6.27 所示。由式(6-53)知 $\delta_a>0$,副翼左上右下,产生左滚转力矩,无人机向左滚转,$\phi<0$。此时,$\delta_r=-K_\phi\phi>0$,方向舵左偏,产生左偏航力矩。在副翼和方向舵共同作用下,无人机向左做几乎无侧滑的转弯,$\psi-\psi_g$ 逐渐变负,使副翼有负的舵偏分量,减小了副翼舵偏量,无人机逐渐改平,水平飞向预定航线,如图 6.27(a)和(b)所示。当侧偏距 y 减小,航向偏离引起的舵偏量 $I_\psi(\psi-\psi_g)$ 超过了侧偏距引起的舵偏量 $I_y(y-y_g)$,由于航向偏差为负 $I_\psi(\psi-\psi_g)+I_y(y-y_g)<0$,故无人机向右倾斜,如图 6.27(c)所示。最终,侧偏距 y、航向偏差 $\psi-\psi_g$ 和倾斜角 ϕ 都回到零,无人机沿预定原航线飞行,如图 6.27(d)所示。

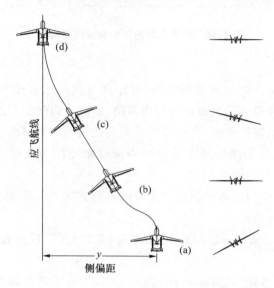

图 6.27　侧向偏离修正过程示意

6.3.3　空速的控制和保持

空速是无人机十分重要的运动参数。在巡航特别是着陆阶段,对无人机空速的稳定要求最高。因此,空速的控制与保持成为无人机飞行控制系统的一个重要功能。

固定翼无人机纵向控制的控制变量有两个:一个是升降舵,另一个是油门或节风门舵机(为简便起见,以下均称为油门)。单独改变升降舵,俯仰角和速度都会发生变化,相对来说俯仰角的变化很快(短周期运动)。在起飞和着陆过程中,一些无人机常通过用升降舵改变俯仰角来控制无人机的飞行速度。改变油门或节风门,可以在不改变俯仰角的情况下改变速度,特别适于巡航阶段飞行速度的稳定。同时控制升降舵和油门,俯仰角和速度均可达到希望值。

1. 通过控制升降舵改变俯仰角来控制空速

这种方案称为俯仰速度控制方案。该方案的原理是:升降舵改变俯仰角,使推力在飞行速度方向上的投影发生变化,引起飞行加速度的变化,从而控制了速度,如图 6.28 所示。由图可见,自动驾驶仪俯仰通道(俯仰角控制系统)是速度控制系统的内回路,指令计算模块根据无人机的速度与期望速度的差值计算俯仰角控制指令,通过自动驾驶仪控制升降舵偏转,使无人机抬头或低头,改变推力方向,进而实现速度的控制。如果是稳定空速,速度传感器为大气数据计算机,导航系统也可输出空速;如稳定地速,则速度由导航系统测量。将空速转换为马赫数,可实现马赫数的自动控制。因此方案中不改变油门,故速度的调节范围受到限制。

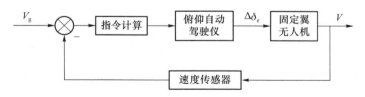

图 6.28　通过控制升降舵而改变俯仰角以控制空速原理图

采用俯仰速度控制方案的空速控制系统结构图如图 6.29 所示。图中,$W_{\Delta\theta}^{\Delta V}(s)$ 为俯仰角变化量到速度变化量的传递函数。内回路姿态控制采用了比例加积分式自动驾驶仪结构(忽略舵系统),同时为消除速度控制稳态误差,速度环采用了比例积分控制。姿态控制的短周期运动(俯仰角控制的动态过程)可以忽略,即姿态控制回路可以用系数为 1 的比例环节代替,则图 6.29 可简化为图 6.30。

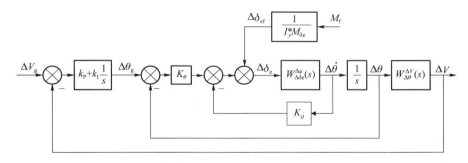

图 6.29　采用俯仰速度控制方案的空速控制系统结构图

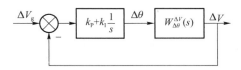

图 6.30　采用俯仰速度控制方案的空速控制系统简化结构图

由固定翼无人机传递函数模型

$$W_{\Delta\delta e}^{\Delta\overline{V}}(s)=\frac{\Delta\overline{V}(s)}{\Delta\delta_e(s)}=\frac{K_V(T_Vs+1)}{T_{np}^2s^2+2\xi_{np}T_{np}s+1} \qquad (6-54)$$

$$W_{\Delta\delta e}^{\Delta\theta}(s)=\frac{\Delta\theta(s)}{\Delta\delta_e(s)}=\frac{K_{p\theta}(T_{\theta1}s+1)(T_{\theta2}s+1)}{T_{np}^2s^2+2\xi_{np}T_{np}s+1} \qquad (6-55)$$

可得俯仰角变化量 $\Delta\theta(s)$ 到速度变化量 ΔV 的传递函数为

$$W_{\Delta\theta}^{\Delta V}(s)=V_0W_{\Delta\theta}^{\Delta V}(s)=\frac{K_VV_0(T_Vs+1)}{K_{p\theta}(T_{\theta1}s+1)(T_{\theta2}s+1)} \qquad (6-56)$$

结合图 6.30 所示回路结构图,可以求得系统在 ΔV_{g} 作用下的误差传递函数

$$\frac{\Delta e(s)}{\Delta V_{\mathrm{g}}(s)} = \frac{K_{\mathrm{p}\theta}(T_{\theta 1}s+1)(T_{\theta 2}s+1)s}{K_{\mathrm{p}\theta}(T_{\theta 1}s+1)(T_{\theta 2}s+1)s + K_V V_0 (T_V s+1)(k_{\mathrm{P}}s+k_{\mathrm{I}})} \qquad (6-57)$$

故由终值定理,系统在常值输入信号 $\Delta V_{\mathrm{g}} = V_{\mathrm{g0}}$ 作用下的稳态误差

$$\Delta e(\infty) = \lim_{s \to 0} s \Delta e(s) = \lim_{s \to 0} s \times \frac{\Delta e(s)}{\Delta V_{\mathrm{g}}(s)} \times \frac{V_{\mathrm{g0}}}{s} = 0 \qquad (6-58)$$

式(6-58)表明,采用图 6.30 的俯仰速度控制方案,可以实现速度的无静差控制。

2. 通过油门改变发动机推力控制速度

该方案简称油门速度控制方案,所构成的系统称为油门自动控制系统或自动油门系统,原理如图 6.31 所示。在油门自动控制系统中,自动驾驶仪的工作是对姿态或高度进行稳定,速度信息未引入自动驾驶仪中,故在图 6.31 中无人机与自动驾驶仪用虚线连接。自动驾驶仪稳定的变量不同,油门自动控制系统的工作是不同的。若自动驾驶仪处于高度保持状态,速度向量始终处于水平状态,重力的切向投影为零,油门变化引起的推力增量全部对速度起作用。若自动驾驶仪处于姿态稳定状态,当推力改变时,迎角及爬升角会发生变化,无人机的高度会改变,即推力增量不是全部对速度(准确地讲是水平速度)起作用。

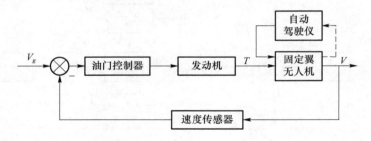

图 6.31 油门自动控制系统原理图

采用油门速度控制方案的速度控制系统结构图如图 6.32 所示,图中油门变化量 $\Delta \delta_T$ 到速度变化量 ΔV 的传递函数为

$$W_{\Delta \delta_T}^{\Delta V}(s) = \frac{\Delta V(s)}{\Delta \delta_T(s)} = \frac{K_{V\delta_T} V_0 s}{T_{\mathrm{np}}^2 s^2 + 2\xi_{\mathrm{np}} T_{\mathrm{np}} s + 1} \qquad (6-59)$$

结合图 6.32 所示回路结构图,可以求得系统在 ΔV_{g} 作用下的误差传递函数

$$\frac{\Delta e(s)}{\Delta V_{\mathrm{g}}(s)} = \frac{s(T_{\mathrm{np}}^2 s^2 + 2\xi_{\mathrm{np}} T_{\mathrm{np}} s + 1)}{s(T_{\mathrm{np}}^2 s^2 + 2\xi_{\mathrm{np}} T_{\mathrm{np}} s + 1) + K_{V\delta_T} V_0 s(k_{\mathrm{P}}s + k_{\mathrm{I}})} \qquad (6-60)$$

故由终值定理,系统在常值输入信号 $\Delta V_{\mathrm{g}} = V_{\mathrm{g0}}$ 作用下的稳态误差

$$\Delta e(\infty) = \lim_{s \to 0} s \Delta e(s) = \lim_{s \to 0} s \times \frac{\Delta e(s)}{\Delta V_{\mathrm{g}}(s)} \times \frac{V_{\mathrm{g0}}}{s} = 0 \qquad (6-61)$$

式(6-61)表明,采用图 6.32 的油门速度控制方案,同样可以实现速度的无静差控制。

3. 速度与俯仰角的解耦控制

该方案的目的是互不干扰地控制俯仰角和速度,即实现俯仰角控制与速度控制的解耦。

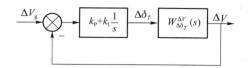

图 6.32　采用油门速度控制方案的速度控制系统结构图

前两种方案,速度变化时俯仰角必定变化,这是固定翼无人机自身动力学存在的耦合决定的。要实现解耦,应在油门自动控制器与自动驾驶仪之间增加交联信号,如图 6.33 所示。需要指出,要达到速度与俯仰角的完全解耦是十分困难的,目前广泛应用的是部分解耦方案。

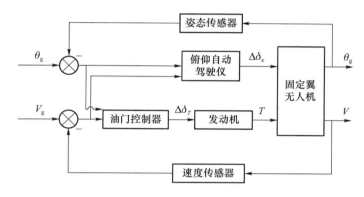

图 6.33　速度与俯仰角解耦控制方案原理图

除上述方案外,许多无人机在进场着陆时还通过调节阻力板来控制空速,称为阻力控制结构。

6.4　多旋翼无人机飞行控制系统

与固定翼无人机类似,多旋翼无人机的飞行控制主要是稳定和控制飞行器的角运动(偏航、俯仰与滚转)以及飞行器的重心运动(前进、升降与左右)。所不同的是,固定翼无人机的轨迹控制,是以姿态角控制系统为内回路的,而对于多翼无人机来说,其高度控制回路与姿态控制回路相互独立,姿态的稳定仅仅是实现高度控制的前提条件;另一点差异是,固定翼无人机飞行控制器输出的控制量多为舵偏角控制指令,而多旋翼无人机飞行控制器输出的控制量是各个电机的转速控制指令。

广义上的多旋翼无人机飞行控制系统包括两大部分(见图 6.34):一是硬件分系统,主要是用于外界信号的感知(主要是各种传感器及其信号处理计算机或是芯片)、各种信号的传递(通信接口)、控制信号的执行(如电子调速器、无刷电机);二是软件分系统,主要是对外界感知信号进行处理(信号处理方法),并基于控制理论实现控制信号的产生(飞行控制方法),还包括中间的数据处理机制(如何实现任务规划)等。本节所述的多旋翼无人机飞行控制系统是狭义上的飞行控制系统(图 6.34 中的自动飞行控制),主要是以四旋翼为例描述基本的飞行控制方法,实现飞行器姿态和位置的稳定控制。

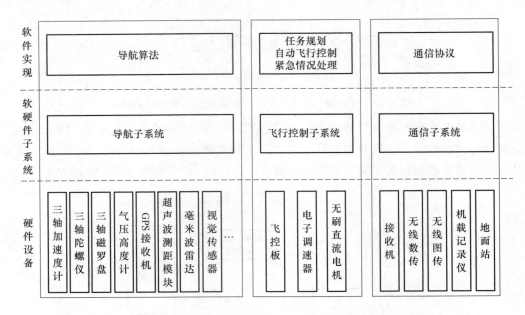

图 6.34　广义上的多旋翼无人机飞行控制系统组成图

6.4.1　多旋翼无人机控制原理

多旋翼无人机的典型动力布局决定了飞行器的动力分配及控制模式。假设多旋翼无人机的动力个数 n_r 为不小于 4 的偶数且动力系统对称分布,而且相邻电机的转动方向相反(一个顺时针旋转、另一个逆时针旋转),多旋翼无人机的飞行控制系统就是通过调节这 n_r 个电机的转速来使旋翼间出现特定的转速差从而实现飞行器的各种动作。

多旋翼无人机通过增大或减小旋翼的转速达到升力的变化进而控制飞行器的姿态和位置。但是,多旋翼无人机有 6 个状态输出(三个姿态量和三个位置量),即是一种六自由度的飞行器,而它却只有 4 个输入(总拉力和三轴力矩),是一个欠驱动系统。

为了阐述方便,以下以四旋翼无人机的十字形(QUAD+)布局进行多旋翼无人机控制原理的说明,其他类型多旋翼无人机的控制机理与此类似。

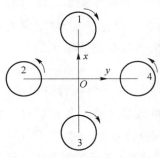

**图 6.35　四旋翼无人机的
QUAD+布局俯视示意图**

四旋翼无人机的 QUAD+布局俯视示意图如图 6.35 所示,在旋翼 1 和旋翼 3 顺时针旋转的同时,旋翼 2 和旋翼 4 逆时针旋转,当飞行器平衡飞行时(各个电机的转速相同),4 个电机产生的反扭力矩大小相等、方向两两相反,进而两两相互抵消。四旋翼无人机有 6 个自由度(前向、侧向、垂向、俯仰、滚转、偏航),这 6 个自由度中的任意一个自由度的稳定控制都可以通过联合调节 4 个电机的转速进而改变 4 个螺旋桨的转速来实现。

多旋翼无人机的基本运动分别是:①垂直运动,②前后运动,③侧向运动,④俯仰运动,⑤滚转运动,⑥偏航运动。

在图 6.36 中,电机 1 和电机 3 做顺时针旋转,电机 2 和电机 4 做逆时针旋转,设飞行器沿 Ox 轴正方向运动为向前运动。图中的"+"号表示对应电机的转速增大,相应旋翼的升力增大；"一"号表示对应电机的转速减小，相应旋翼的升力变小。

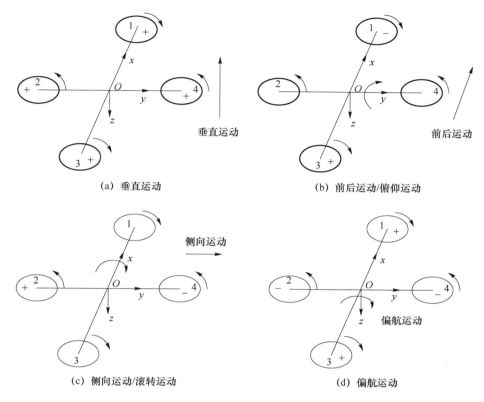

图 6.36　四旋翼无人机的运动原理

图 6.36(a)所示为垂直运动：在图中两对电机转动方向相反，可以相互抵消旋转产生的反扭矩，当同时增加 4 个电机的转速使旋翼的升力同时增大，升力足以克服整机的重力时，四旋翼无人机便会离开地面垂直上升；反之，当同时减小 4 个电机的转速使旋翼的升力减小时，四旋翼无人机就会垂直下降，直到降落到地面上，从而实现沿 Oz 轴进行上下飞行的垂直运动。而当外界扰动很小或为零，四旋翼无人机的 4 只旋翼产生的升力等于其自身重力时，飞行器便会保持一定的高度不变，实现悬停。

图 6.36(b)所示为前后/俯仰运动：欲使四旋翼无人机能够在水平面上前后、左右运动，就必须对飞行器施加一个水平的力。在图 6.36(b)中电机 3 的转速增大，电机 1 的转速减小，电机 2、4 的转速保持不变。为了使四旋翼无人机不因旋翼转速的改变而使飞行器受力不均导致不平衡，要求电机 1 和电机 3 的转速改变量大小相等，这样四旋翼无人机绕 Oy 轴旋转，实现低头，旋翼 1 的高度低于旋翼 3 的高度，旋翼 1、3 产生的升力便会产生一个指向 Ox 轴正方向的分力，使飞行器向 Ox 轴正方向运动从而实现前进。向后(抬头)飞行与向前(低头)飞行正好相反。这就是四旋翼无人机前后飞(俯仰运动)的原理。

图 6.36(c)所示为侧向/滚转运动：与俯仰运动的原理相同，在图中相应改变电机 2、4 的转速而保持电机 1、3 的转速不变则可使飞行器绕 Ox 轴旋转，从而实现四旋翼无人机的滚转运动。

图 6.36(d)所示为偏航运动：四旋翼无人机的偏航运动可以通过 4 个旋翼之间产生的反扭力矩来实现。一般情况下，四旋翼无人机为抵消产生的反扭力矩而使两对转向相反的电机的转速相同，为了利用反扭力矩，使电机 1、3 的转速增大，电机 2、4 的转速减小，此时旋翼 1、3 对飞行器产生的反扭力矩大于旋翼 2、4 对飞行器产生的反扭力矩，于是飞行器便在大的反扭力矩的作用下绕 Oz 轴转动，其转向与电机 1、3 的转向相反。

6.4.2 多旋翼无人机飞行控制框架

多旋翼无人机系统是一个典型的非线性系统，对于其原始数学模型进行分析和控制器设计十分烦琐。另外，由于其具有欠驱动、强耦合、阶数高等特点，导致一些比较常用的非线性系统控制器设计方法（如最优控制、滑模控制等）很难应用于该系统中。同大多数飞行器飞行控制系统的设计一样，目前比较常用的控制器分析和设计方法是将多旋翼无人机模型进行简化处理，并基于简化的系统模型进行控制器设计。

通过对系统模型进行简化处理，可以得到多旋翼无人机的系统简化模型。此时，多旋翼无人机的控制器设计过程将会大大简化。利用经典 PID 控制器可实现对多旋翼无人机的控制。根据多旋翼无人机的工作原理可知，飞行器通过调节对应电机的转速差能够实现对飞行器的姿态控制，而飞行器的位置控制依靠电机总升力和飞行器姿态的改变。因此，通常将飞行控制系统划分为位置控制系统和姿态控制系统分别进行控制器设计。由于飞行器姿态会直接影响飞行器的位置，所以飞行器姿态控制器为内环控制器，位置控制器为外环控制器，外环控制器为内环控制器提供指令，即把水平位置通道控制器的输出作为姿态控制系统的参考值，这种控制结构也称为串级控制。

典型多旋翼无人机的飞行控制器结构原理如图 6.37 所示。图中，p_d 为三维位置指令，ψ_d 为偏航角指令，由航迹规划任务给出，俯仰角指令 θ_d 和滚转角指令 ϕ_d 由位置控制器解算给出，f_d 为高度控制通道计算的输出指令，τ_d 为姿态控制回路计算的输出指令，$\omega_{d,k}$ 为各个电机转速指令，ω_k 为各螺旋桨转速。

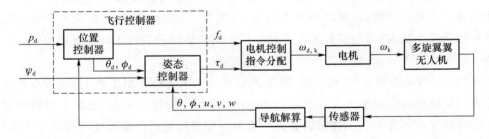

图 6.37 多旋翼无人机飞行控制器结构原理图

一般要求姿态环的收敛速度比水平位置通道快 4~10 倍，或者内环的带宽是外环带宽的 4~10 倍。这样，从水平位置通道看来，可以认为姿态控制的目标已经被实现，只要姿态控制被很好地实现，水平位置跟踪的问题就可以解决。从设计者的角度来说，这样做的好处是可以独立地对位置通道和姿态通道进行控制器设计。

典型多旋翼无人机的姿态控制回路结构原理如图 6.38 所示。在姿态控制系统中，通常姿态环采用 P（比例）控制器，姿态角速度环采用 PID（比例＋积分＋微分）控制器。另外为了提高系统的响应速度,控制系统中常引入前馈环节。

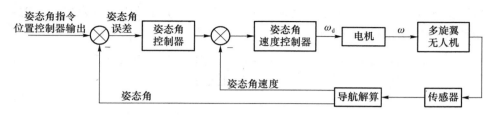

图 6.38　多旋翼无人机姿态控制系统结构原理图

典型多旋翼无人机的位置控制回路结构原理图如图 6.39 所示。在位置控制系统中,通常位置环采用 P(比例)控制器,速度环采用 PID(比例＋积分＋微分)控制器。同样,为了提高系统的响应速度,位置控制系统中也会引入前馈环节。

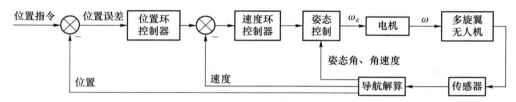

图 6.39　多旋翼无人机位置控制系统结构原理图

另外,需要指出的是,上述多旋翼无人机位置/姿态控制系统结构图 6.38 和图 6.39 中,各环节均为线性模型,其设计过程以及设计结果均是建立在线性模型基础之上的,而实际系统中还存在非线性因素,因此还应考虑非线性设计。例如在实际飞行中,位置误差可能会很大,导致生成的俯仰角指令和滚转角指令很大,如果不对此进行针对性设计,将有可能导致飞行器发散。针对这种情况,需要考虑加入饱和 PID 控制器,系统进入饱和区后,即认为进入了非线性区域。饱和 PID 控制器的非线性设计,读者可自行查阅相关文献,本书仅限于线性系统的分析。

6.4.3　四旋翼无人机飞行控制回路设计实例

本节以某 X 字型四旋翼无人机为例,分别采用图 6.38 所示的姿态控制回路结构和图 6.39所示的位置控制回路结构,给出四旋翼无人机飞行控制回路控制参数的一般设计方法。

1. 姿态控制回路设计

四旋翼无人机姿态控制回路包括俯仰角、偏航角和滚转角的稳定控制。俯仰通道姿态控制回路用于俯仰角控制。由于滚转通道与俯仰通道原理相同,因此其控制回路结构及控制参数与俯仰通道完全相同。偏航通道姿态控制结构图与俯仰、滚转通道相同,但由于偏航通道由四个旋翼控制,因此被控对象传递函数不同,控制参数也不相同。因此,以下仅给出俯仰角姿态控制回路和偏航角姿态控制回路的设计结果,滚转角姿态控制回路与俯仰角姿态控制回路一致。

(1)俯仰通道姿态控制回路

俯仰通道姿态控制回路结构如图 6.40 所示,可以看出,姿态环使用了比例控制器,姿态角速度环也是比例控制。图中电机螺旋桨模块可以使用一个时间常数小的惯性环节近似,考虑到姿态角速度测量环节(陀螺)的带宽远远大于无人机运动学环节带宽以及电机带宽,因此测量环节用系数为 1 的比例环节代替。

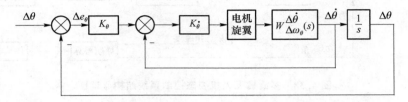

图 6.40　俯仰通道姿态控制回路结构图

以俯仰通道旋翼旋转角速度增量 $\Delta\omega_\theta$ 为输入,以俯仰角速度增量 $\Delta\dot\theta$ 为输出的传递函数为

$$W_{\Delta\omega_\theta}^{\Delta\dot\theta}(s)=\frac{\Delta\dot\theta(s)}{\Delta\omega_\theta(s)}=\frac{4\sqrt{2}dc_T\omega_0}{I_y s} \tag{6-62}$$

电机螺旋桨模型

$$W_d(s)=\frac{K_d}{T_d s+1} \tag{6-63}$$

首先推导系统的误差传递函数

$$\frac{\Delta e_\theta(s)}{\Delta\theta_g(s)}=\frac{\left[(T_d s+1)I_y s+K_{\dot\theta}\times K_d\times4\sqrt{2}dc_T\omega_0\right]\times s}{\left[(T_d s+1)I_y s+K_{\dot\theta}\times K_d\times4\sqrt{2}dc_T\omega_0\right]\times s+K_\theta\times K_{\dot\theta}\times K_d\times4\sqrt{2}dc_T\omega_0} \tag{6-64}$$

可见系统在常值输入信号 $\Delta\theta_g=\theta_{g0}$ 作用下的稳态误差

$$\Delta e_\theta(\infty)=\lim_{s\to0}s\Delta e(s)=\lim_{s\to0}s\times\frac{\Delta e_\theta(s)}{\Delta\theta_g(s)}\times\frac{\theta_{g0}}{s}=0 \tag{6-65}$$

以某 X 字型四旋翼无人机为例,其各环节模型

$$W_{\Delta\omega_\theta}^{\Delta\dot\theta}(s)=\frac{\Delta\dot\theta(s)}{\Delta\omega_\theta(s)}=\frac{0.394\,5}{s} \tag{6-66}$$

电机螺旋桨模型

$$W_d(s)=\frac{1}{0.05s+1} \tag{6-67}$$

控制器参数设置为 $K_\theta=5,K_{\dot\theta}=0.45$,在此情况下对俯仰角控制回路进行仿真,俯仰通道的单位阶跃响应仿真曲线见图 6.41,由图可见,俯仰角单位阶跃响应上升时间约为 0.33 s,超调量约为 8%,无稳态误差。

(2)偏航通道姿态控制回路

偏航通道姿态控制回路结构图如图 6.42 所示,可见偏航通道采用的回路结构与俯仰通道相同,所不同的是被控对象传递函数和控制参数。

根据控制回路结构图,很容易分析出偏航通道在常值输入信号作用下的稳态误差为零,是无静差系统。

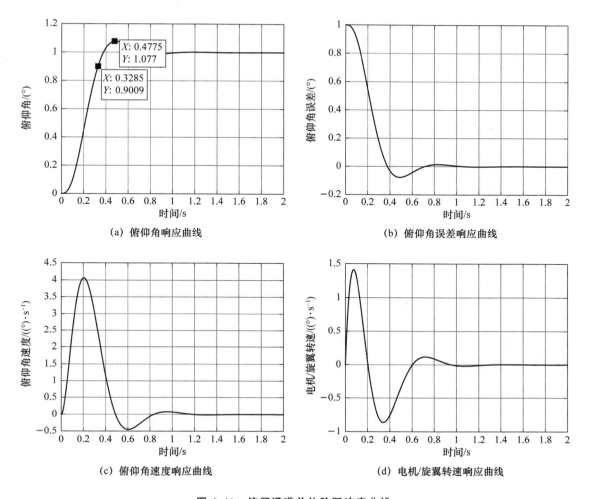

（a）俯仰角响应曲线　　　　　　　　　　（b）俯仰角误差响应曲线

（c）俯仰角速度响应曲线　　　　　　　　　（d）电机/旋翼转速响应曲线

图 6.41　俯仰通道单位阶跃响应曲线

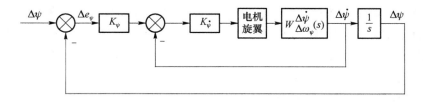

图 6.42　偏航通道姿态控制回路结构图

以某 X 字型四旋翼无人机为例，偏航通道模型为

$$W^{\Delta\dot\psi}_{\Delta\omega_\psi}(s)=\frac{0.040\,52}{s} \tag{6-68}$$

控制器参数设置为 $K_\psi=2,K_{\dot\psi}=4.3$，在此情况下对偏航角控制回路进行仿真，偏航通道的单位阶跃响应仿真曲线见图 6.43，由图可见，偏航角单位阶跃响应上升时间约为 1 s，无超调量，无稳态误差。

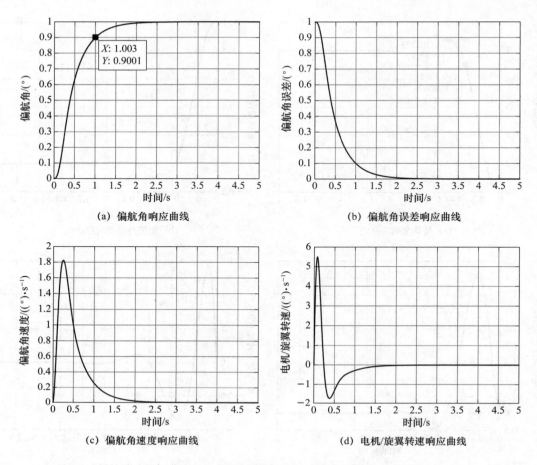

图 6.43 偏航通道单位阶跃响应曲线

2. 位置控制回路设计

四旋翼无人机位置控制回路包括水平 X 向位置、水平 Y 向位置和高度 Z 向位置的稳定控制。根据前述多旋翼无人机飞行控制框架,水平位置通道以姿态控制为内回路,水平位置通道控制器的输出作为姿态控制系统的参考值。在姿态控制中,滚转通道与俯仰通道回路结构以及控制器参数完全一致,并且水平 X 向位置和水平 Y 向位置的运动学环节模型相同,所以水平 X 向位置和水平 Y 向位置控制回路结构以及控制器参数也应该完全一致,将二者统称为水平位置控制,不再加以区分。而高度控制回路与姿态控制回路相互独立,姿态的稳定仅仅是实现高度控制的前提条件。故四旋翼无人机的位置控制回路可分为水平位置控制回路和高度位置控制回路两部分。

（1）水平位置控制回路

水平位置控制以 X 向位置控制回路为例展开介绍,其回路结构如图 6.44 所示。回路中,俯仰角姿态环作为内回路,位置环使用了比例控制器,速度环也是比例控制。图中电机螺旋桨模块可以使用一个时间常数小的惯性环节近似,考虑到陀螺和加表的带宽远远大于无人机运动学环节带宽以及电机带宽,因此测量环节用系数为 1 的比例环节代替。

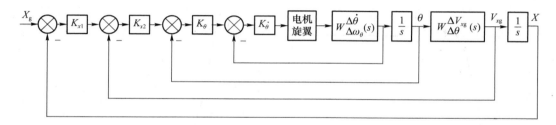

图 6.44 水平 X 向位置通道控制回路结构图

考虑到俯仰角姿态控制的作用,已经实现了俯仰角对俯仰角指令的跟随,俯仰角姿态控制内回路可以用系数为 1 的比例环节代替,则图 6.44 可简化为图 6.45。

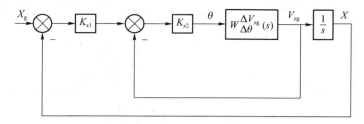

图 6.45 水平 X 向位置通道控制回路简化结构图

以俯仰角增量 $\Delta\theta$ 为输入,以 Ox_g 轴向速度增量 ΔV_{xg} 为输出的传递函数为

$$W_{\Delta\theta}^{\Delta V_{xg}}(s)=\frac{\Delta V_{xg}(s)}{\Delta\theta(s)}=\frac{-4c_T\omega_0^2}{ms} \tag{6-69}$$

可以推导出系统的误差传递函数

$$\frac{e_{xg}(s)}{X_g(s)}=\frac{(ms-4c_T\omega_0^2K_{x2})s}{(ms-4c_T\omega_0^2K_{x2})s-4c_T\omega_0^2K_{x1}K_{x2}} \tag{6-70}$$

可见系统在常值输入信号 $X_g=X_{g0}$ 作用下的稳态误差

$$e_{xg}(\infty)=\lim_{s\to 0}se_{xg}(s)=\lim_{s\to 0}s\times\frac{e_{xg}(s)}{X_g(s)}\times\frac{X_{g0}}{s}=0 \tag{6-71}$$

以某 X 字型四旋翼无人机为例,X 向位置通道模型

$$W_{\Delta\theta}^{\Delta V_{xg}}(s)=\frac{\Delta V_{xg}(s)}{\Delta\theta(s)}=\frac{-4c_T\omega_0^2}{ms} \tag{6-72}$$

控制器参数设置为 $K_{x1}=1,K_{x2}=-12$,在此情况下对 X 向位置通道控制回路进行仿真,X 向位置通道的单位阶跃响应仿真曲线见图 6.46,由图可见,X 向位置单位阶跃响应上升时间约为 1.64 s,超调量约为 4%,无稳态误差。

（2）高度位置控制回路

高度通道位置控制回路结构图如图 6.47 所示,图中位置环使用了比例控制器,速度环也是比例控制。根据控制回路结构图,不难分析出高度通道在常值输入信号作用下的稳态误差为零,是无静差系统。

以某 X 字型四旋翼无人机为例,高度的通道模型为

$$W_{\Delta\omega_{zg}}^{\Delta V_{zg}}(s)=\frac{\Delta V_{zg}(s)}{\Delta\omega_{zg}(s)}=\frac{-8c_T\omega_0}{ms} \tag{6-73}$$

控制器参数设置为 $K_{z1}=2,K_{z2}=-200$,在此情况下对高度控制回路进行仿真,高度通道

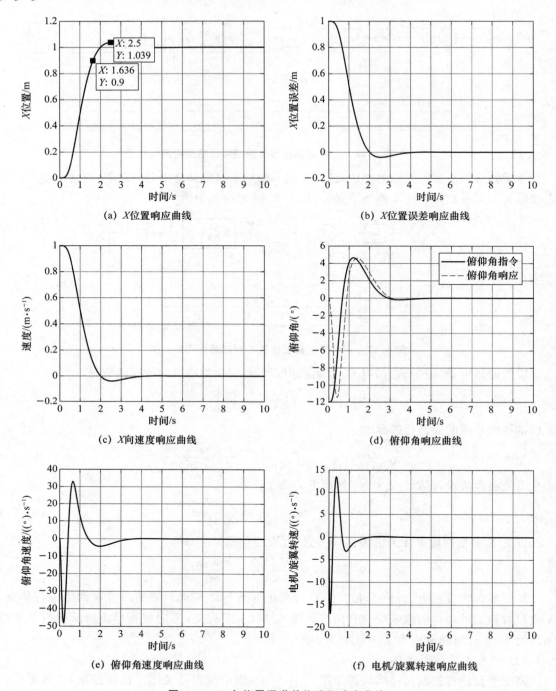

(a) X位置响应曲线

(b) X位置误差响应曲线

(c) X向速度响应曲线

(d) 俯仰角响应曲线

(e) 俯仰角速度响应曲线

(f) 电机/旋翼转速响应曲线

图 6.46 X 向位置通道单位阶跃响应曲线

的单位阶跃响应仿真曲线见图 6.48,由图可见,高度单位阶跃响应上升时间约为 0.9 s,无超调量,无稳态误差。

需要注意的是,本节设计过程中未考虑频域指标,而实际设计过程中须考虑频域指标要求,对系统的频域特性进行检验,保证飞行控制回路具有一定的稳定裕度。

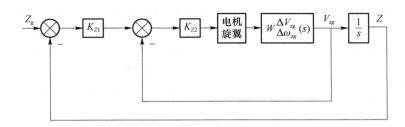

图 6.47 高度通道位置控制回路结构图

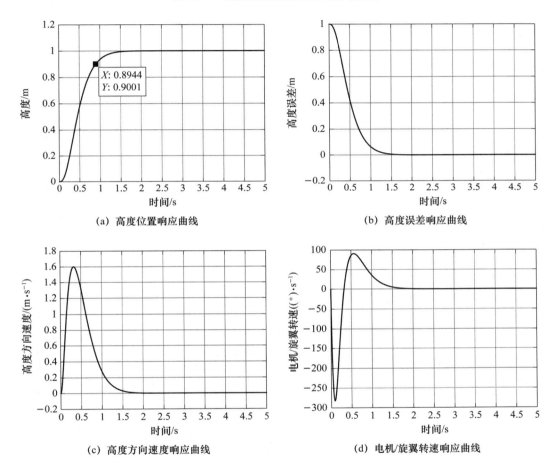

(a) 高度位置响应曲线

(b) 高度误差响应曲线

(c) 高度方向速度响应曲线

(d) 电机/旋翼转速响应曲线

图 6.48 高度位置通道单位阶跃响应曲线

思 考 题

1. 典型的飞行控制系统由哪几个基本组成部分？
2. 试阐述飞行控制系统的设计和分析包括哪些理论方法，这些理论方法有何特点？
3. 姿态控制系统的一般特征有哪些？
4. 姿态控制系统的主要性能指标有哪些？

5. 比较比例式自动驾驶仪、积分式自动驾驶仪以及比例加积分式自动驾驶仪三种回路结构,推导分析三种回路能够解决姿态控制中的什么问题,存在什么问题?

6. 试画出典型多旋翼无人机的姿态控制回路和位置控制回路的结构原理图,分析说明采用串级控制器的优点及作用。

7. 查阅相关文献资料,阐释多旋翼无人机飞行控制回路设计中的非线性设计。

第7章 导航系统

导航是引导飞行器从当前位置或指定航线的一点运动到另一点,导航系统是引导飞行器按预定航线飞行的设备。导航方法主要有惯性导航、无线电导航、多普勒雷达导航、卫星导航、天文导航等。因无人机的载荷能力有限,而无人机自动飞行对导航精度的要求又很高,目前无人机导航大多采用"惯性+卫星"的模式,将惯性导航系统与卫星导航系统构成组合导航系统。

本章首先简要介绍常用导航方法,然后讲述惯性导航和卫星导航的原理,并在此基础上介绍由卫星导航与惯性导航构成的组合导航的机理。

7.1 导航概述

从古至今,几乎各行各业都离不开导航。在远古时期,无论在平原、在沙漠还是在山区中,人们普遍根据太阳的东升西落来辨别方向;在夜晚,人们通常根据北斗七星的位置来确定行进的方向;在航海中,人们依靠指南针进行导引前行。如今,人们外出不能确定如何去目的地时,总会拿出手机用 BDS 或 GPS 进行导航。无人机的飞行也往往借助卫星导航与惯性导航及其组合来为自身提供导航服务,确保飞行任务和载荷任务的完成。因此,导航就是引导载体从一个地方按一定的轨迹运动到另一个地方的过程。

21 世纪是信息化的时代,经济高速发展,社会日益进步,在这个信息时代各行各业中都能看到导航定位的具体应用,如机器人导航、汽车导航、船舰导航和无人机导航等。导航作为社会发展和经济发展的基本要素,已经广泛地应用于交通运输、工农业生产、军事作战、科学研究等领域,推动了经济、政治、文化和军事等行业的发展,在现代社会中占有不可缺少的地位,也越来越受到世界各国的高度重视和大力发展。

7.1.1 导航的起源及定义

在人类发展历史上,由于交通、工农业生产、军事战争等多方面的需要,很久以前就出现了导航应用。在远古时代,早期的人类耕作、迁徙、捕猎等社会经济活动,会利用显著的地形地貌或者人为制造的一些标记物等,来满足人类自己定位与导向的需求。慢慢地,随着活动范围的扩大,地形地貌的导航方式已无法满足人们的需求,人类开始着眼于宇宙天体导航,即利用星体、星座等来指引方向,最常见的星体包括太阳、月亮、北极星等,星座如猎户座、北斗七星等。

随着对导航功能要求的增加及性能需求的提高,人们发现仅仅依靠自然界的导航还是远不能满足人类的社会、经济,尤其是军事的需要。于是,人类开始利用自己的智慧才能去发明导航方法、创造导航设备,在上千年的时间长河里陆续制造出了指南车、记里鼓、磁罗盘以及广泛使用的指南针等。这些看似简单的导航装置对于早期人类认识地球及地理环境,发展工农业生产,赢得战争先机等提供了大量帮助。随着时间的推移和技术的进步,人类更是在不同时期系统地发明、制作了海员历、航海表、经纬位置表示法,以及各种导航坐标系等导航装置、导航标准和导航方法,为近现代导航技术的发展打下了良好的基础。

到了 17 世纪,牛顿提出了三大定律,奠定了惯性导航的基础。惯性导航是通过惯性器件测量载体的加速度和角速度,通过积分运算,获得飞行器的瞬时速度、瞬时位置和姿态信息。组成惯性导航系统的设备都安装在运载体内,工作时不依赖外界信息,也不用向外界辐射能量,并且不受外界干扰,是一种自主式导航系统,具有体积小、成本低、精度高、隐蔽性好等特点,已经广泛应用于各个领域,在导航应用方面占据了较大的比例。

人类社会发展到近现代阶段时,导航的应用已经深入到了生产实践活动的方方面面。随着无线电通信技术的发明和应用,无线电导航作为无线电通信的一个副产品也应运而生。无线电导航就是利用无线电技术对运载体航行的全部(或部分)过程实施导航的技术。通过对无线电信号的测量,可以确定运载体当前所处的位置及其航行参数,引导运载体的安全航行,以及在夜间和复杂气象条件下的着陆或进港,保证运载体能够准确、安全地完成航行任务。

无线电导航受外界条件(如昼夜、季节、气象等)的限制较小,测量导航参数的精度较高,测量速度快,系统的体积小、质量轻,可靠性高,价廉经济,易于推广和流行。由于这些特点,无线电导航技术得到了迅速发展,已经广泛地应用于航空、航海及航天事业中,并且在陆路交通、工农业生产、大地(海洋)勘探测量、旅游探险、科学研究等诸多方面发挥出越来越大的作用。

随着人类跨入到现代社会的发展阶段,无线电导航的一个分支——卫星导航开始进入人们的视野,对传统的导航技术和手段提出了挑战。卫星导航是利用人造地球卫星进行导航的一种方法,解决了原有的无线电导航系统信号覆盖范围和定位精度之间的矛盾。相比传统的导航定位方法,卫星导航系统具有覆盖范围广、定位精度高、稳定性好、没有积累误差等诸多优点,可以为区域内的众多国家甚至在全球范围内提供三维位置、三维速度和时间信息,目前已成为军事战争行动不可或缺的导航工具,同时在民用方面也发挥了巨大作用,应用范围已深入到各行各业及人类生活工作的各个角落。

目前,美国研发的 GPS 卫星导航系统已被全世界用户使用多年,而俄罗斯的 GLONASS、欧洲的 Galileo 和中国的 BDS 与 GPS 形成了竞争关系。可以看出,在现代国际的合作与竞争中,卫星导航已成为一个国家强有力的竞争工具与制胜筹码。

进入 21 世纪,随着手机的广泛使用以及实际导航的需要,卫星导航定位和无线蜂窝网基站定位,为个人用户提供了较为精确的定位和导航服务,各种导航地图软件也百花齐放。比如汽车上的车载导航系统就为人们的地面出行提供了许多便利,即使要去从没去过的地方,也可以轻松方便地实现路径引导。

因此,从导航的定义来讲,引导各种运载体(飞机、船舶、车辆等)以及个人按既定航线航行的过程称为导航,它是保证运载体安全、准确地沿着选定路线,准时到达目的地的一种手段。

导航可用的手段或方式多种多样,除了目前最常用的卫星导航与惯性导航之外,无人机可能用到的一些导航方式主要还有:无线电导航、图形匹配导航、地磁导航、视觉导航、天文导航、UWB 导航、Wi-Fi 导航、外辐射源导航、无线电高度表、气压高度计、重力导航、激光测距、量子导航等。由于篇幅所限,本书着重介绍惯性导航系统和卫星导航系统。

7.1.2 导航的基本手段及分类

1. 导航基本手段

随着导航技术的发展与应用需求的增加,人类根据自然规律和科学原理,发明创造出许多不同的导航手段或方法。这些导航手段利用了不同的工作原理,适用于不同的应用环境,发挥着不同的定位引导作用。对这些导航手段进行总结,可以归纳出目前常用的导航方法,包括以下几类。

（1）卫星导航

卫星导航是指利用人造地球卫星对地面、海洋、天空和空间等的导航用户进行导航定位的技术,具有全球覆盖、全天候、不间断、实时的特点,以及提供高精度的三维位置、三维速度和时间信息的能力。

当前全球有四大卫星导航系统,一般统称为全球导航卫星系统（Global Navigation Satellite System,GNSS）。除此之外,为进一步提升 GNSS 的性能,补充 GNSS 在某些应用方面的不足,许多国家和地区也都设计并建立了自己的卫星导航增强系统。

卫星导航系统通常由空间的人造卫星、地面的测控站和用户接收定位设备三个部分组成。空间的多颗卫星组成一个导航星座,主要的功能是接收并存储由地面测控站发来的导航信息,执行地面测控站发送的控制指令,并向地面持续发射导航定位信号,确保在地球上任意一点在任何时刻都能观察到足够数量的卫星。地面测控站负责对整个系统的运行进行控制,通常包括若干个组成卫星跟踪网的监测站,将导航电文和控制命令播发给卫星的注入站和一个协调各方面运行的主控中心站。用户接收定位设备即大家通常所说的接收机,通过捕获、跟踪视线范围内的各颗卫星发射的导航信号,进而确定用户接收机自身的空间位置。

卫星导航的定位原理为用户接收设备精确测量空中 4 颗或 4 颗以上卫星发来的测距信号,根据信号传播的时间或相位测量卫星与用户间的距离（伪距）,然后完成一组至少包括 4 个方程式的数学模型的求解运算,就可获得用户实时的三维位置坐标以及时间信息。

卫星导航的优点是可以实现全球全天候导航,导航范围遍及地球的各个区域,在任何恶劣的气象条件下,以及不分季节昼夜,均可利用卫星导航系统进行定位,并且导航的精度高,导航设备小,进行操作的自动化、智能化程度高;缺点是导航精度受卫星时钟、卫星轨道、电离层、对流层、多径等因素的影响会产生偏差,易受其他无线电波的干扰,且在大型建筑内或山体下方、涵洞内等恶劣的环境下难以实现定位。

（2）惯性导航

惯性导航是利用惯性器件来测量运载体本身的加速度和角速度,经过积分等运算得到载体的速度、位置和姿态等信息,从而达到对运载体导航定位的技术。

常见的惯性器件有加速度计和陀螺仪,有时也会用到磁力计和高度计等。目前常用的含有惯性元件或设备的系统包括惯性测量单元（IMU）、惯性导航系统（INS）、航姿参考系统（AHRS）、微机电系统（MEMS）等。

惯性导航的特点是能工作在地球的任何地方,不依赖于环境条件（如气象、地形、电磁环境等）,属于无源自主导航方式,不受外界干扰和虚假信号的影响;缺点是在积分过程中会产生积累误差,不适用于长时间的导航。

（3）无线电导航

无线电导航是利用无线电技术对运载体航行的全部（或部分）过程实施导航的技术。能够完成全部或部分无线电导航功能（或任务）的技术装置组合,称为无线电导航系统或设备;而置于地面、飞机、船舶或已知运动轨迹的卫星上,为其他用户载体提供导航定位功能的无线电导航系统或设备,则称为无线电导航台（站）。

常见的无线电导航系统有无线电高度表、无线电着陆引导系统（ILS、MLS）、多普勒导航系统、塔康系统(伏尔(VOR)与测距仪(DME)的复合系统)、罗兰系统(LORAN - C)和卫星导航系统等。

无线电导航的优点是不受时间、天气等的限制,测量精度高,作用距离远,定位速度快,设备简单可靠等;缺点是必须辐射和接收无线电波而易被发现和被干扰,另外大部分的导航方式需要载体外的导航设备(台站)支持,一旦导航台失效或被摧毁,与之对应的导航设备就无法正常工作和使用。

(4)图形匹配导航

图形匹配导航也常称为地形辅助导航,是指飞行器在飞行过程中,利用预先储存的在飞行路线上某些地区的特征数据(如地形位置、高度数据、图像信息等),与实际飞行过程中测量到的相关数据进行不断比较,来实施导航修正的一种技术。图形匹配导航一般可分为地形匹配导航、景象匹配导航和桑地亚惯性地形辅助导航等。

一般来讲,单纯的图形匹配导航不能直接提供地理坐标位置信息,需要和其他导航方式进行组合,常用的是图形匹配与惯性导航的组合方式。

图形匹配导航的优点是没有累积误差,隐蔽性好,抗干扰性能较强。缺点是计算量较大,实时性不佳;匹配效果易受地理环境的影响,适合于起伏变化较大的地形或图像差异明显的地区,不适宜在平原或者海面等环境下的使用;同时还受气象条件的影响,在恶劣气象条件下的导航效果不佳;另外一般还会要求飞行尽量按照规定的路线飞行,导航的灵活性、适应性较差。

(5)地磁导航与重力导航

地磁导航与重力导航都是利用地球的物理特性进行导航的手段。地磁导航是根据地球近地空间的地磁特性,来确定载体经纬度并进行导航的技术。从理论上来讲,地磁场为矢量场,在地球近地空间内任意一点的地磁矢量都与其他地点的地磁矢量不同,且与该地点的经纬度存在一一对应的关系,从而可以通过测量载体所在位置的地磁场矢量来确定载体的定位信息。按照对地磁数据处理方式的不同,地磁导航又分为地磁匹配与地磁滤波两种,其中地磁匹配方式在导航应用中更为广泛。

地磁导航属于无源导航方式,具有无辐射、隐蔽性强、不受敌方干扰、全天时、全天候、全地域、能耗低等优点,并且不存在误差积累。缺点是导航精度易受其他机载设备和无人机动态飞行的干扰,并且地磁匹配方式需要存储大量的地磁数据。

重力导航是在重力测量,以及重力异常和重力垂线偏差的测量与补偿的基础上发展起来的一种导航方法,是利用重力敏感仪表通过测量重力实现图形跟踪的一种导航技术。重力导航需要事先做好重力分布图,图中的各条路线都有特殊的重力分布,并将重力分布图存储在导航系统中。导航时利用重力敏感仪器测定重力场的特性来搜索期望的路线,通过人工神经网络或统计特性曲线识别法等,使运载体确认、跟踪或横过某条路线,实现引导其到达某个目标点的目的。重力导航也属于无源导航,具有精度高、不受时间限制、不受干扰、无辐射、隐蔽性强的特点。但是重力导航适于用在地理特性变化比较大的区域,因此常作为惯性导航的辅助手段。

(6)视觉导航

视觉导航是通过摄像机采集视觉图像,利用图像处理、计算机视觉、模型识别等相关技术,获取载体的运动信息和空间位置信息,实现自主导航的技术。视觉导航一般可分为主动式视觉导航和被动式视觉导航两种,其中被动式导航的应用较多。

视觉导航设备简单、成本低、经济性好、应用范围较广,但定位效果依赖于对周围环境的分辨程度和识别能力。

（7）天文导航

天文导航是通过对宇宙中的自然天体的测量来确定载体自身位置和航向的导航技术。它根据已知天体的位置,测量天体相对于导航用户参考基准面的高度角和方位角等,来计算载体的位置和航向等导航信息。

天文导航属于自主式导航,不需要其他地面设备的支持,也不受人工或自然形成的电磁场的干扰,不用向外辐射电磁波,隐蔽性好,并且定位误差与定位时刻无关;缺点是定位、定向的精度一般。

（8）UWB 导航

UWB(Ultra Wide Band)是超宽带的英文简称,UWB 导航是指以超宽带通信技术为基础,利用超宽带无线电信号实现高精度定位的导航方式。超宽带导航信号通常利用脉冲冲击的调制方式,形成扩频宽带信号进行信息传输,在完成信息隐蔽传输的同时,可以实现精密的测距定位。

UWB 导航具有传输速率高、功耗低、抗多径效果好、安全性高和系统复杂度低等优点;缺点是占用带宽大,易对其他无线电系统造成干扰。

（9）Wi-Fi 导航

Wi-Fi 导航是指利用 Wi-Fi 信号进行定位的一种导航手段。当前在很多室内区域及人群密集的室外区域,都布设了许多 Wi-Fi 接入点(热点)用于通信,接入点会向周围发射信号,信号中包含该接入点的唯一全球 ID。导航用户定位终端通过侦听附近的接入点并检测每个接入点的信号强弱大小,然后把这些信息发送给中心服务器,服务器根据这些信息,查询每个接入点在数据库里记录的坐标,进行定位运算,就可以解算出定位端的具体位置,最后再把定位结果传递给定位终端即可以实现导航。一般接收到的 Wi-Fi 接入点信号越多,导航精度就会越高。

Wi-Fi 导航的优点是一般不需要额外的硬件成本,大多利用现有的无线局域网进行定位,受非视距的影响较小,具有良好的可扩展性;缺点是 Wi-Fi 信号的稳定性不强,定位精度还有待提高。但基于 Wi-Fi 技术的优势,Wi-Fi 导航的开发将具有广阔的市场空间和发展前景,尤其可用于室内定位领域。

（10）外辐射源导航

外辐射源导航是指利用广播、电视、移动通信、卫星通信等外界或外部辐射源的信号,通过接收外辐射源的直达信号或目标回波等,采用定位理论与算法来确定目标距离、方位、位置等导航信息的技术,通常以使用民用辐射源为主。对于固定目标,获取其位置的常用方法是通过测量外辐射源直达信号和目标回波信号的到达时间差(Time Difference of Arrival,TDOA)进行定位;而对于运动目标,目标的回波信号中将同时含有时差 TDOA 和频差(Frequency Difference of Arrival,FDOA)信息,在实际导航应用中通常的做法是联合这两种信息,以获取更加准确的目标位置结果。

在外辐射源导航中,数字电视信号的导航应用较为广泛,它从接收到的数字电视信号中提取出发射台的发射时间,通过对接收机与发射台之间的距离(伪距)测量来进行定位导航。随着超大规模集成电路工艺的进步,基于电缆或卫星传输的数字电视系统已经在全球范围内使用,数字电视地面广播系统已开始大规模建设,在全球不同区域逐渐形成了以各自广播标准为基础的数字电视广播网,带动了对数字电视信号越来越深入的导航应用研究。导航用户端除了能接收到有效的视频、音频等信息外,还可利用数字电视信号的载波和数字码流,测定从电视发射塔到接收端的距离等空间参数,来实现定位和导航。

利用外辐射源导航的优点是定位误差较小,实时性高,对信号处理的要求低,处理设备少,功耗低,可有效利用现有的基础设施进行导航;缺点是导航的非视距干扰严重,并且不适合在海洋、沙漠、岛屿以及其他接收不到信号的区域进行导航。

(11)其他导航手段

在实际应用中,用于导航的手段还有很多,可以说不同的导航方式千差万别,各有千秋,都有其相应的应用场合。比如在单项参数测量方面,就有气压测高、超声波测高、激光测距、磁罗盘测向等不同机理、不同对象、不同手段的测量方式,这些单项参数虽然无法独立定位,但可以与其他导航手段进行结合,弥补它们在某一方面定位的不足。如借助气压测高就可以弥补室内定位在高度测量方面误差大的缺陷,实现区分楼层的定位目的,目前已经在消防等领域有了初步应用。

在导航系统的实际应用中,为了实现用户载体在复杂环境下的定位,或为了取得更优良的导航效果,往往采用多种导航手段进行组合的方法,实现各取所长、优势互补的目的,典型的组合导航系统如 GPS 与惯性导航的组合,已有大量的实际应用,并取得了良好效果。

2.导航的分类

由于导航的方式多种多样、千差万别,因此对导航技术及系统的分类,也可以从多个角度,依据不同的标准进行,下面就介绍几种主要的导航分类方法。

(1)测角、测距、测速、测姿等系统

按导航系统所测量的几何参量划分,可分为测角系统、测距系统、测距差系统、测速系统、测加速度系统和测姿系统等。

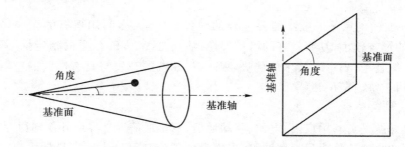

图 7.1 角度测量对应的位置面示意图

如图 7.1 所示,对角度的测量位置面将对应于一个圆锥面或半平面,即角度为一恒定值时所形成的几何面(线)。同样,测距对应于以导航台为中心的一个球面(在三维空间)或圆(在二维平面)上。测距差是测量运载体到两个导航台的距离差,对应于以两个导航台为焦点的双曲面(三维空间)或双曲线(二维平面)。对速度和加速度的测量不能直接定位,需要通过积分计算出运载体在各个方向所移动的距离,再进行定位。测姿是指测量运载体的航向角、俯仰角和横滚角三个角度值。

（2）单一导航与组合导航

根据导航所使用导航手段的数量，可分为单一导航和组合导航两种。单一导航是仅利用一种导航技术的导航方式，而组合导航是使用两个或两个以上不同单一导航技术进行定位的综合导航方式，它可以充分利用某一单个导航技术的优点，同时避免其不足。常见的组合导航多以惯性导航（INS）或卫星导航为主，结合其他辅助导航系统一起工作，如 INS/GPS 组合导航、INS/视觉组合导航和 INS/GPS/超宽带（UWB）组合导航等。

（3）自主式导航与非自主式导航

根据导航是否需要借助外界设备的情况，导航可以分为自主式导航和非自主式导航。自主式导航是指仅利用载体上的导航设备，便可独立产生或得到导航信息的导航技术，如惯性导航、多普勒导航、地形辅助导航和地磁导航等。非自主式导航不仅使用载体上的导航设备，同时也使用载体外部的导航设备如地面导航台站、空间卫星等，两者配合工作才能得到导航定位信息，比如卫星导航、Wi-Fi 导航等。

（4）有源导航与无源导航

按导航收发信号的情况，可分为有源导航和无源导航方式。有源导航是用户设备工作时需要向外发射信号，导航台站或其他物体（如地面）通过与用户设备配合工作，得到用户的定位信息。无源导航是运载体上的用户设备不需要发射信号，其自身可以测量（如惯性导航）、采集（如视觉导航），或者接收导航台发射的信号（如 GPS），就可以实现定位的方式。

对军事应用来说，无源导航可以实现隐蔽定位，不暴露用户目标，但是不能像有源工作方式那样进行双向通信或具有指挥功能等。

（5）近程导航与远程导航

按导航的有效作用距离划分，可以分为近程导航和远程导航两种。通常作用距离在 500 km 之内的称为近程导航，大于 500 km 的称为远程导航。

7.1.3　导航的性能指标

在导航应用中，我们常常要评估导航系统性能的优良及差异，比如对无人机的引导效果、无人机在悬停位置时误差的大小、提供给无人机导航数据的更新率等等。这些参数对于保证无人机执行任务的质量至关重要。下面我们给出常用导航性能参数的基本定义。

1. 精　度

导航系统的精度，是指系统为运载体所提供的位置与运载体当时所在真实位置之间的偏差大小。由于受到各种因素的影响，如发射信号的不稳定、接收设备的测量误差、气候及其他物理变化等对电磁传播媒介的影响，还有用户与导航台站的相对几何位置关系等，所产生的定位误差会时好时坏。因此导航误差是一个随机变化的量，只能用概率统计的方法来描述，常用在一定的圆概率误差（球概率误差）或均方根误差下的位置点分布来度量。

对于二维定位精度，常采用圆概率误差（Circular Error Probable，CEP）来表示，即以运载体的真实位置为圆心，用使定位结果以一定概率（如 50%）位于特定圆内时对应的圆的半径 R（CEP50）作为其精度的度量值，R（CEP50）表示了众多定位点以 50% 的概率偏离真实位置（即圆心）的离散程度。同理当概率为 95% 时，常采用 R（CEP95）表示，也可记作"R（95%）"，表示概率为 95% 时的二维定位精度；以及概率为 99% 时的 R（CEP99）等。而对于三维立体定位而言，则以球概率误差（Spherical1 Error Probable，SEP）来表示，不再展开说明。

均方根误差(Root Mean Square Error,RMSE)则以另一种概率方式描述了定位精度在一定的置信概率下的误差大小,通常用置信椭圆(二维定位)或置信椭球(三维定位)的大小来衡量,如置信椭圆的长、短半轴分别表示了二维位置坐标分量的标准差(如经度的 σ_λ 和纬度的 σ_ϕ)。其中 RMSE 即一倍标准差(1σ)的置信概率值是 68.3%,2σ、3σ 对应的概率值分别为 95.5%、99.7%。例如(10 m,1σ)的含义是,以载体的真实位置为圆心,以 10 m 为半径画一个圆,则至少有 68.3%的定位点会落在该圆内,其余的点会落在该圆外。

2. 系统完好性

导航系统的完好性也称完善性或完备性、完整性等,是指当导航系统发生故障或误差变化超出了允许的范围,不能提供可用的导航服务时,系统能够及时向用户发出告警的能力,它对保障运载体安全、可靠、低风险地使用导航信息提出了要求。

如在引导飞机下滑着陆的阶段中,如果着陆系统发生了故障或误差超过了允许的范围而未及时报警,驾驶员继续根据着陆设备的定位数据引导飞机下滑,便有可能使飞机偏离或滑出跑道甚至撞到地上,酿成重大的安全事故。

3. 连续性、可用性和可靠性

连续性是指运载体在某特定的运行阶段,导航系统能够提供规定的定位引导功能及性能而不发生中断的能力,表明了系统可连续提供导航服务的性能。

可用性是指当导航系统和用户设备都正常工作时,系统为运载体提供可用的导航服务时间与该航行阶段总时间的百分比,主要包括精度可用性和完好性可用性两个方面的内容。它是设计、选用导航系统的重要指标之一,如航空用户对可用性的要求极高,在某些航段会达到99.99%的要求。另外还有信号可用性的提法,是指从导航台发射的导航信号可以使用的时间百分比,它与发射台性能、用户与台站的距离及电磁波的传播环境等因素有关。

另外,一项与可用性相关联的指标是可靠性。可靠性是指系统在给定使用条件下,在规定的时间内以规定的性能完成其功能的概率。它关注系统发生故障的频度与故障持续的时间,可用导航系统的平均无故障时间(Mean Time Between Failures,MTBF)等进行衡量。

4. 导航信息更新率

导航信息更新率是指导航系统在单位时间内可为运载体提供定位或其他导航数据的次数。一般来说,对更新率的要求与运载体本身的航行速度及所执行的任务有关。相对而言,航空航天和军事应用等高动态、高安全性的用户对更新率的要求更高,如对着陆阶段的飞机而言,需要提供每秒几十次的高精度定位信息。

导航系统必须给出运动中的运载体的实时位置才能引导运载体航行,所以对于高动态用户而言,由于运载体的速度足够快,如果导航信息的更新率不够,在相邻两次为运载体提供定位数据之间的时间内,运载体的当前位置与上一次的指示位置有可能已相差很远,这就会使导航服务的实时性大打折扣,难以满足实时引导的目的,严重时还会影响到航行安全,因此对更新率有更高的要求。

5. 覆盖范围

覆盖范围指的是一个面所代表的区域或一个立体空间,那里的导航信号能够使导航用户以规定的精度确定出运载体自身的位置。一般情况下,运载体(单个或多个)一旦进入导航台(站)的覆盖范围内,其导航设备便应能输出可用的导航信息。

6. 系统容量

系统容量是指在导航系统的覆盖范围内,系统可同时提供定位服务的运载体用户的数量。由于交通运输的发展和军事任务的需要,总希望在一定的空间内能为更多的运载体提供导航服务,甚至要求能在其覆盖区域内同时为所有的导航用户提供服务。

系统容量的大小,首先取决于导航系统的工作方式。一般采用无源工作方式的导航系统,如卫星导航,由于运载体只需接收导航台的信号即可实现定位,无须向外发射信号,因此无论多少用户都没有关系,理论上可以为无限多;而采用有源工作方式的系统,其容量会受到限制,具体与系统本身的结构体系、通道数量、通信能力、数据处理速度等性能密切相关。但是,在实现相同定位功能或性能的前提下,一般无源工作方式需要导航台站提供更加复杂的导航信号,或需要更多的导航台(站)同时工作才能实现,这是大的系统容量所需付出的代价。

7. 导航信息的多值性

多值性是指有些无线电导航系统所给出的定位数据,对应着多个可能的位置点(或位置线、位置面),如果不增加其他测量手段或辅助信息,就无法确定其中正确的位置点。此时,具有解决多值性的手段就成为对导航系统的基本要求之一。

多值性问题的典型例子来自采用相位测量的导航系统,如采用载波相位测距的卫星导航系统。图 7.2 给出了一种相位测距方法的示意图。

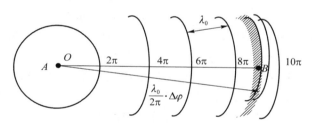

图 7.2 相位法测量距离的原理示意图

图 7.2 中点 A 为导航信号源所在的导航台站,λ_0 为发射信号的波长。可以看出无线电信号的传播距离与其相位有对应的关系,可通过对相位的测量得到导航台站与运载体之间的距离,即当距离变化了一个整波长时,相位就变化了一个整周期 2π 或 $360°$,完成了一个循环或周期;但当距离进一步变化时,相位计将重复读数,出现了多值性,即同一个相位值可能会对应多个距离值,给测距的准确计量带来困难。因此,为了得到确定的单值距离,或者选择出正确的取值结果,需要采取一些专门措施来消除读数的多值性。

8. 导航定位信息的维数

维数是指导航系统为用户所提供的位置信息的空间维度,比如是一维、二维还是三维。有些导航系统从导航信号中导出的其他信息(如时间)也可以归属于这个参数。

一般早期的导航系统大多提供的是一维的定位数据(如方位或距离),通过多个系统联合或进行复合以后,可以得到二维或三维信息。为了提高运载体航行的准时性,要求导航系统不但要给出运载体的实时三维位置,而且还要提供出准确的时间信息,因此提出了四维导航的要求。目前的卫星导航系统即是典型的四维定位系统,并且也有人认为卫星导航系统可提供七维导航信息,即三维位置、三维速度加上时间参数。

7.2 惯性导航

7.2.1 概 述

惯性导航(Inertial Navigation),简称惯导,是利用惯性测量元件(如加速度计、陀螺仪等)测量载体在地理空间中的惯性运动参数,并在给定的初始条件下推算出导航定位参数,从而引导载体及时准确地到达目的地的一种导航方式。为了感知、测量载体的运动参数,组成惯性导航系统(Inertial Navigation System,INS)的设备都必须安装在运载体内。INS工作时不需要依赖外界信息,也不用向外界辐射能量,是一种可自主独立工作的无源导航系统。

惯性导航是通过测量运载体本身的加速度和角速度,经处理得到载体的速度、位置和姿态等信息,具有完全自主、隐蔽性强、不受干扰、信息输出量大和更新率高等优点,在军事领域和许多民用领域都得到了广泛的应用。在无人机导航应用中,惯性导航已被许多机种、机型选为标准的必装导航设备,不管是对于民用无人机还是军用无人机的导航定位需求,大多都离不开惯性导航。

随着现代战争所面临的电磁环境日益复杂,无线电导航及卫星导航等的抗干扰压力越来越大,对自主工作的惯性导航系统的依赖和要求也越来越高,惯性导航技术已经成为现代高科技战争中的一项重要支撑技术,日益受到各个国家的重点关注。

但是,惯性导航系统也有其自身的明显缺陷,其主要问题就是定位误差会随时间逐渐积累变大,长时间的工作会产生很大的积累误差。要减小这种积累误差,措施之一就是通过大幅度提高惯性传感器的精度来解决,但这要以高昂的系统成本及大的体积、重量等为代价,不利于惯性导航系统的大规模推广应用;措施之二是以惯性导航系统作为基本导航设备,与其他导航设备如卫星导航系统进行信息交互融合,通过多系统的组合一起为载体提供导航服务,这样就可以减弱或消除惯导系统的积累误差,满足长航时、远距离无人机精确导航与制导的要求。

7.2.2 惯性导航原理

1. 惯性导航简介

直观来讲,惯性导航就是依据牛顿惯性原理,利用惯性敏感元件(加速度计、陀螺仪等),来测量运载体本身的三维加速度,即线运动参数(如垂向加速度、横向加速度、纵向加速度)和三轴角速度即角运动参数(如偏航速度、俯仰角速度、横滚角速度),并在给定的初始地理位置坐标和初始速度下,经过时间积分和运算处理,得到载体的三维速度、三维位置和角位移(即航向、俯仰、横滚三个姿态角),从而达到引导运载体航行的导航目的。

因此,从本质上来说,惯性导航系统是一种推算导航方式,即从某已知点的位置、姿态及其初始速度出发,根据由加速度计或陀螺仪连续测得的运载体的加速度和角速度,通过积分推算出运载体下一时刻点的位置或姿态,因而可连续测出运动体的当前运动参数及状态。

在惯性导航系统中的陀螺仪的三个轴,可以用来形成一个导航坐标系,把三轴加速度计的测量轴标定校准之后,稳定在该坐标系中,就可以给出航向和姿态角(俯仰角、滚转角和偏航角);同样,利用加速度计的三轴形成的导航坐标系,可以测量运动体的加速度,并经过对时间的一次积分得到速度,二次积分即可得到载体的运行距离,进而实现定位。

虽然惯性导航的原理比较简单,但是真正实现起来有一定难度,在实际操作中还需要一些应用方面的技术作支撑,这些技术的具体实现需要了解掌握不同惯性器件的基本机理,其中陀螺仪和加速度计的工作原理详见本书第 5 章第 5.2 节和 5.3 节。

2. 惯性导航运动参数计算

惯导系统的速度(地速)是由对地加速度经积分运算得到的。假设分别测得东向加速度 a_E(加速度的东向分量)和北向加速度 a_N(加速度的北向分量),对 a_N 和 a_E 分别进行积分运算,可以算出无人机的两个地速分量 V_E 和 V_N,即

$$\left.\begin{array}{l} V_N = \int_0^t a_N \mathrm{d}t + V_{N_0} \\[2mm] V_E = \int_0^t a_E \mathrm{d}t + V_{E_0} \end{array}\right\} \tag{7-1}$$

一般来说,无人机滑跑起飞前应使惯导系统进入正常工作状态(导航工作状态),此时初始速度为零。

经度和纬度由各自的变化率(沿纬线的角速度和沿经线的角速度)积分得到。已知,一个物体做圆周运动,其角速度的大小等于切向线速度除以圆半径,如图 7.3 所示。

当无人机沿子午线(南北方向)运动时会造成纬度的变化。用 R 表示地球半径,用 φ 表示无人机所处纬度,则纬度变化率 $\dot{\varphi}$ 与北向速度 V_N 的关系为

$$\dot{\varphi} = \frac{V_N}{R} \tag{7-2}$$

当无人机沿纬线(东西方向)运动时会造成经度的变化。此时无人机运动轨迹是一个半径为 $R\cos\varphi$ 的圆,如图 7.4 所示,所以经度变化率 $\dot{\lambda}$ 与东向速度 V_E 的关系为

$$\dot{\lambda} = \frac{V_E}{R\cos\varphi} \tag{7-3}$$

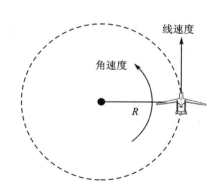
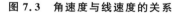

图 7.3　角速度与线速度的关系

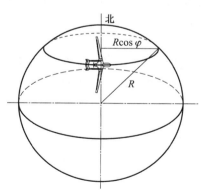

图 7.4　无人机沿东西方向运动时的轨迹

这样,无人机飞行过程中的经度 λ 和纬度 φ 可由北向速度和东向速度计算,即

$$\left.\begin{array}{l} \varphi = \int_0^t \frac{V_N}{R}\mathrm{d}t + \varphi_0 \\[3mm] \lambda = \int_0^t \frac{V_E}{R\cos\varphi}\mathrm{d}t + \lambda_0 \end{array}\right\} \tag{7-4}$$

对于垂线方向的导航参数 V_H 和 H 可按同样原理求得，即

$$\left.\begin{array}{l} V_H = \int_0^t a_H \mathrm{d}t + V_{H_0} \\ H = \int_0^t V_H \mathrm{d}t + H_0 \end{array}\right\} \tag{7-5}$$

式中，a_H 为无人机沿平台方位轴的垂直加速度；V_{H_0} 为无人机的初始垂直速度；H_0 为初始高度；H 为 t 时刻的飞行高度。

需要指出，虽然经度、纬度和高度都是经过积分运算获得的，但它们表现出来的误差特性却有很大不同。经度误差和纬度误差是振荡变化的，换句话说，当惯导系统长时间工作时，经度和纬度的误差在一段时间内不断增大，而在另一段时间内会下降。当然，由于有积分运算，经度误差和纬度误差总的趋势还是增大的。一般来说，航空惯性导航系统工作 1 h 后的误差在 1 n mile 左右。高度误差就不同了，它的变化非常快。假设高度方向加速度的测量误差（用 Δa_H 表示）基本不变，那么高度误差随时间的变化为

$$\Delta h = \frac{1}{2} \Delta a_H t^2 \tag{7-6}$$

由式（7-6）可见，随着时间的增长，高度误差的变化越来越快。这说明，纯惯性高度通道是不稳定的，无法用于导航工作。因此，惯性导航系统在进行高度解算时，一般都需要引入大气机的气压高度或卫星导航系统的高度信息，构成混合高度系统。

由上可知，惯性导航系统计算运动参数的基础是测量对地加速度。由于加速度计并不能直接测量加速度（绝对加速度），其输出是比力。要获得绝对加速度，应从加速度计输出中减去引力加速度分量。而对地加速度的获取更加复杂，需要进一步扣除地球自转、飞机绕地球运动引起的附加加速度。

3. 惯性导航基本方程

惯性导航基本方程是描述加速度计输出（比力）与对地加速度之间的关系，目的是获得准确的地加速度。

如图 7.5 所示，选地心惯性坐标系 $Ox_iy_iz_i$ 为基准参考坐标系，用 $\boldsymbol{\Omega}$ 表示地球坐标系 $Ox_ey_ez_e$ 绕地轴相对惯性系的自转角速度矢量。取导航坐标系（用 n 表示）的原点与飞行器的重心重合，用矢量 $\boldsymbol{R}$ 表示飞行器重心（即导航系原点）在地心惯性系的位置矢量。

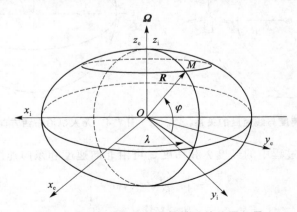

图 7.5　飞机重心在地心惯性系的位置矢量

根据科氏定理,位置矢量 $\boldsymbol{R}$ 相对惯性坐标系的速度为

$$\left.\frac{\mathrm{d}\boldsymbol{R}}{\mathrm{d}t}\right|_{\mathrm{i}} = \left.\frac{\mathrm{d}\boldsymbol{R}}{\mathrm{d}t}\right|_{\mathrm{e}} + \omega_{\mathrm{ie}} \times \boldsymbol{R} = \left.\frac{\mathrm{d}\boldsymbol{R}}{\mathrm{d}t}\right|_{\mathrm{e}} + \boldsymbol{\Omega} \times \boldsymbol{R} \tag{7-7}$$

其中 $\left.\dfrac{\mathrm{d}\boldsymbol{R}}{\mathrm{d}t}\right|_{\mathrm{i}}$ 和 $\left.\dfrac{\mathrm{d}\boldsymbol{R}}{\mathrm{d}t}\right|_{\mathrm{e}}$ 分别表示 $\boldsymbol{R}$ 在惯性系和地球系中对时间的导数,即飞行器的绝对速度和相对速度即地速。用 V_{en} 表示导航系相对地球系的速度,也就是飞行器的速度,即

$$V_{\mathrm{en}} = \left.\frac{\mathrm{d}\boldsymbol{R}}{\mathrm{d}t}\right|_{\mathrm{e}} \tag{7-8}$$

这样,式(7-7)可写成

$$\left.\frac{\mathrm{d}\boldsymbol{R}}{\mathrm{d}t}\right|_{\mathrm{i}} = V_{\mathrm{en}} + \boldsymbol{\Omega} \times \boldsymbol{R} \tag{7-9}$$

将式(7-9)两边在惯性系再进行一次对时间求导,就得到飞行器相对惯性空间的加速度 a_{in}

$$a_{\mathrm{in}} = \left.\frac{\mathrm{d}^2\boldsymbol{R}}{\mathrm{d}t^2}\right|_{\mathrm{i}} = \left.\frac{\mathrm{d}V_{\mathrm{en}}}{\mathrm{d}t}\right|_{\mathrm{i}} + \left.\frac{\mathrm{d}}{\mathrm{d}t}(\boldsymbol{\Omega} \times \boldsymbol{R})\right|_{\mathrm{i}} \tag{7-10}$$

在惯性导航系统中,对地加速度和地速是在导航系(n 系)中计算的,也就是说动坐标系是导航系,是在随飞行器运动的导航系而不是在地面上固定点对飞行器的运动进行观察(测量)。当说飞行器沿某个航向等高度、等速飞行时,是指飞行器对地加速度在 n 系各轴的分量为零,地速在 n 系各轴的分量为恒定值。此时飞行器相对地球并非沿直线飞行,如果在地球上固定位置观察(测量)飞行器的运动,飞行器的速度在观察点所在的地面坐标系(如地理系)中是变化的,因而飞行器是有加速度的,这与描述的"飞行器沿某个航向等高度、等速飞行"不一致。因此,只有在导航系中测量地速的变化,才能正确计算飞行器的运动参数。当然,这并不是说不能在地面对飞行器运动进行观测。如果在地面观测飞行器运动,则需要对观测值进行必要的坐标变换和相关运算,才能得到正确的飞行器运动参数。

基于上述分析,对地加速度是地速在导航系中对时间的导数,即

$$\dot{V}_{\mathrm{en}} = \left.\frac{\mathrm{d}V_{\mathrm{en}}}{\mathrm{d}t}\right|_{\mathrm{n}} \tag{7-11}$$

于是,式(7-10)等号右边第一项可分解为

$$\left.\frac{\mathrm{d}V_{\mathrm{en}}}{\mathrm{d}t}\right|_{\mathrm{i}} = \left.\frac{\mathrm{d}V_{\mathrm{en}}}{\mathrm{d}t}\right|_{\mathrm{n}} + \omega_{\mathrm{in}} \times V_{\mathrm{en}} = \dot{V}_{\mathrm{en}} + (\boldsymbol{\Omega} + \omega_{\mathrm{en}}) \times V_{\mathrm{en}} \tag{7-12}$$

因地球自转角速度 Ω 为常量,式(7-10)等号右边第 2 项可分解为

$$\left.\frac{\mathrm{d}}{\mathrm{d}t}(\Omega \times R)\right|_{\mathrm{i}} = \Omega \times \left.\frac{\mathrm{d}R}{\mathrm{d}t}\right|_{\mathrm{i}} \tag{7-13}$$

将式(7-9)代入式(7-13),得

$$\left.\frac{\mathrm{d}}{\mathrm{d}t}(\Omega \times R)\right|_{t} = \Omega \times (V_{\mathrm{en}} + \Omega \times R) = \Omega \times V_{\mathrm{en}} + V_{\mathrm{en}} \times (V_{\mathrm{en}} \times R) \tag{7-14}$$

将式(7-12)和式(7-14)代入式(7-10),就得到飞行器相对惯性空间的加速度

$$a_{\mathrm{in}} = \dot{V}_{\mathrm{en}} + (2\,\Omega + \omega_{\mathrm{en}}) \times V_{\mathrm{en}} + \Omega \times (\Omega \times R) \tag{7-15}$$

根据比力式,相对惯性空间的加速度、引力加速度,比力之间存在如下关系:

$$a_{\mathrm{in}} = f + G \tag{7-16}$$

重力加速度与引力加速度之间存在如下关系:

$$g = G - \Omega \times (\Omega \times R) \tag{7-17}$$

由式(7-15)～式(7-17),有

$$f = \dot{V}_{en} + (2\Omega + \omega_{en}) \times V_{en} - g \qquad (7-18)$$

这就是飞机相对地球运动时,加速度计测得比力的表达式,称为比力方程。式中,$2\Omega \times V_{en}$为科氏加速度;$\omega_{en} \times V_{en}$则是由于飞机围绕地球运动(转动)所产生的向心加速度。

由式(7-18)可得

$$\dot{V}_{en} = f - (2\Omega + \omega_{en}) \times V_{en} + g \qquad (7-19)$$

式(7-19)描述了由加速度计测得的比力、飞机运动参数(地速 V_{en}、相对地球的转动角速度 ω_{en})以及地球自转角速度和重力加速度计算飞机对地加速度的方法。对地加速度 $\dot{V}_{en}$ 积分后得到地速,对地速进行积分运算即得到飞机在地球上的位置。可见,比力方程是惯性导航系统关于加速度测量的一般表达式,通常称为惯性导航基本方程。

7.2.3　惯性导航系统

1. 系统简介

根据前面章节介绍的测量原理,惯性敏感元件如加速度计、陀螺仪等,一般难以直接用于导航服务,需要与处理单元等共同工作,组成一个惯性导航系统,才能在众多应用场合更好地发挥作用。从工作机理上来说,惯性导航系统就是一个自主的空间基准保持系统,它主要由以下4部分组成:

① 惯性导航组件,包括加速度计和陀螺仪,主要完成导航参数的测量和计算;

② 控制显示组件,实现导航参数的显示、初始值的引入、系统故障显示和告警等功能;

③ 方式选择组件,主要用来控制系统的不同工作状态;

④ 备用电池组件,用于特殊情况下的紧急供电。

惯导系统通过各种惯性传感器感受和测量载体的各种惯性运动信息,再通过数据计算与处理得到所需要的导航参数,然后与其他导航传感器联合或融合,用于载体的导航与控制。为保证将惯性测量信息处理转换为可用的导航信息,各类惯性导航系统还必须解决以下两个问题:

① 需利用陀螺稳定平台解决输入信号的测量基准;

② 通过利用加速度计测量数据的积分,得到载体的速度和位置等信息。

但是,不管惯性器件的测量精度有多高,由于陀螺漂移和加速度计的误差在积分运算时都会随时间逐渐积累,成为纯惯导系统的主要误差来源,它们对位置误差增长的影响是时间的乘方函数,因此惯导系统长时间的运行必将导致客观的大的积累误差。目前人们除了在不断地探索提高自主式惯导系统的精度外,还在努力寻求通过引入外部信息的方式进行误差校正的方法,常用的比如利用卫星导航数据等,也就是与其他导航系统进行组合式导航,这是弥补惯导系统先天不足的一个重要手段。

2. 惯性导航系统分类

不同惯性坐标系的选取、不同的实现方法等构成了惯导系统的不同实现方案,据此惯导系统可以划分为两大类:平台式惯导系统和捷联式惯导系统,如图7.6所示。下面就针对这两类惯性导航系统的再划分展开介绍。

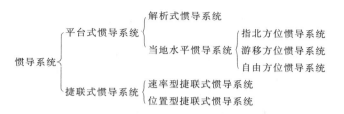

图 7.6　惯导系统的基本分类

（1）平台式惯导系统

采用实际的物理平台模拟导航坐标系的系统，称为平台式惯导系统。根据该平台模拟的坐标系类型的不同，平台式系统又分为解析式惯导系统和当地水平惯导系统，前者物理平台模拟的是惯性坐标系，而后者模拟的是当地水平坐标系。当地水平式惯导系统根据平台跟踪地球自转角速度或跟踪水平坐标系类型的不同，又可以分为以下三类：若物理平台跟踪的是地理坐标系（其必然要跟踪地球自转角速度），则系统称为指北方位惯导系统；若平台除跟踪地球自转角速度外，还跟踪当地水平面，则系统称为游移方位惯导系统；若平台只跟踪地球自转角速度中的水平分量，并跟踪当地水平面，则系统称为自由方位惯导系统。

这些平台式惯性导航系统，一般是将测量装置安装在惯性物理平台的台体上，并利用陀螺通过伺服电机驱动来稳定平台，始终维持一个空间直角坐标系（导航坐标系）的空间基准。通过实体的物理平台，陀螺和加速度计分置于陀螺稳定的平台上。该平台通常跟踪导航坐标系，以实现速度和位置的解算，姿态数据则直接取自于平台的环架角度输出。

平台惯导系统是一种技术较为成熟、结构比较复杂的导航系统，系统的导航精度很高且能够自主完成导航任务，多用于火箭、导弹、无人机及潜艇等对导航系统精度要求较高且工作环境较为特殊的载体上，系统的基本组成如图 7.7 所示。

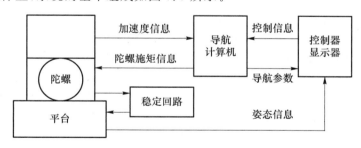

图 7.7　平台式惯导系统组成示意图

总体来说，平台式惯导系统能够自动隔离载体的振动，计算方便，也易于补偿和修正测量仪表的输出结果，可以独立自主地完成导航任务，且导航精度很高，受外界的干扰较小，可以在一些卫星导航、地形匹配导航等系统短期失效或无法工作的环境下应用。但是该类系统也存在结构复杂、尺寸过大、价格昂贵等缺点，所以实际应用以军事为主，在民用领域的应用不是很多。

（2）捷联式惯导系统

采用数学算法确定导航坐标系的系统，称为捷联式惯导系统（Strap－down Inertial Navigation System，SINS），根据所用陀螺仪的不同又可以分为两类：一类采用速率陀螺仪，如单自由度挠性陀螺仪、激光陀螺仪等，测得的是运载体的角速度，这类系统称为速率型捷联式惯导系统；另一类采用双自由度陀螺仪，如静电陀螺仪等，测得的是运载体的角位移，这类系统就称为位置型捷联式惯导系统。由于前者的应用更为普遍,故通常所说的捷联式惯导系统,一般是指速率型捷联式惯导系统。

从发展的历程来看,捷联式惯导系统是在平台式惯导系统的基础上进展变化而来的,它是一种无框架结构的系统,仅由三个速率陀螺、三个线加速度计和微型计算机等组成。SINS 系统不再采用实际的机电物理平台,其保持惯性平台的功能由计算机完成,即在计算机内部建立一个数学(软件)平台,运载体的姿态数据等通过计算机处理计算得到,故有时也称为"数学平台"惯导系统。

一种典型的捷联式惯导系统的组成及工作原理如图 7.8 所示。图 7.8 中,SINS 系统将加速度计和陀螺仪生成的三轴加速度和三轴角速度信息经过误差补偿后,一方面经坐标转换和姿态角计算,得到运载体的姿态信息,另一方面经坐标转换后输入到导航处理计算机中,经过计算得到运载体的位置和速度信息。

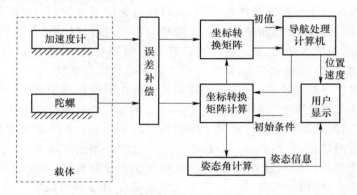

图 7.8 捷联式惯导系统的组成及工作原理示意图

因此从本质上来说,捷联惯导系统采用的是由数学或算法"稳定"的平台,即在计算机中实时计算出姿态矩阵,建立起经数学运算得到的虚拟物理平台,其中的姿态更新计算、导航计算等是捷联惯导系统的算法核心,也是影响其测量精度的主要因素。因此在实际应用中,SINS 系统在惯性器件等硬件配置已定的情况下,其算法决定了系统的基本性能,这也是捷联惯导系统实现及应用的关键所在。因此 SINS 惯导系统相对于平台式系统,其物理结构的简化,实际上是用算法和软件的复杂性换取的,而当前计算机性能水平的快速提升,恰恰为这种复杂性的实现提供了技术保障。

综上所述可知,SINS 系统具有结构简单、成本低、体积小、质量轻、准备时间短、平均无故障时间长等优点,并且捷联惯导可供利用的信息比平台式惯导系统要多很多,这对实际操作应用尤其是军事应用来说十分重要。而随着激光陀螺仪、光纤陀螺仪等技术的成熟,捷联惯导系统也逐渐成为惯导系统的主流,并在大部分的应用场合逐步取代了平台式惯导系统,成为未来对惯导系统的一种自然而客观的选择。

3. 捷联式惯性导航计算

下面以图 7.8 所示的捷联式惯导系统为对象进行惯性导航方法的阐述。陀螺仪和加速度计等敏感元件机械地组合在一起,构成惯性组合。惯性组合的各输入轴两两垂直,构成惯性组合的三维坐标系,直接将惯性组合固定在载体上,则惯性组合的三个轴均与机体坐标系三个轴平行。因此,陀螺和加速度计输出的信息就是飞行器相对惯性空间的角速度和线加速度。

下述描述中,用 n 表示导航计算所使用的导航坐标系(可以将惯性坐标系作为导航坐标系），用 b 表示机体坐标系，用 nb 表示机体坐标系相对于导航坐标系运动的物理量。陀螺仪输出的是机体相对于惯性空间转动的角速度在机体坐标系上的分量 $\boldsymbol{\omega}_{nb}^b$，加速度计输出的是机体相对于惯性空间的加速度（不含重力加速度）在机体坐标系上的分量 $\boldsymbol{a}_{nb}^b$。对于捷联惯导系统，导航计算要在导航坐标系（此处将惯性系作为导航坐标系）中完成，因此需要将机体坐标系下的 $\boldsymbol{a}_{nb}^b$ 转换成导航坐标系下的 $\boldsymbol{a}_{nb}^n$。这一转换由捷联惯导计算机提供方向余弦矩阵 $\boldsymbol{C}_b^n$ 完成，因此 $\boldsymbol{C}_b^n$ 又称为捷联矩阵，由捷联矩阵可以确定机体的姿态角，所以 $\boldsymbol{C}_b^n$ 也称为姿态矩阵。姿态矩阵随机体姿态的变化而变化，从而反映机体运动姿态。捷联惯导系统中的关键问题就是实时求取姿态矩阵，以便能实时提取机体的姿态角以及实现加速度计输出在两个坐标系之间的变换。

（1）捷联矩阵的求取

当机体坐标系 b（坐标轴方向的单位向量为 $\boldsymbol{i},\boldsymbol{j},\boldsymbol{k}$）相对参考坐标系 R（坐标轴方向的单位向量为 $\boldsymbol{i}_0,\boldsymbol{j}_0,\boldsymbol{k}_0$），绕轴 $\boldsymbol{u}^R=l\boldsymbol{i}_0+m\boldsymbol{j}_0+n\boldsymbol{k}_0$（单位向量）旋转 θ 角度时，则 b 系至 R 系的坐标变换矩阵为（具体推导过程可以参考文献[8]）

$$\boldsymbol{C}_b^R=\boldsymbol{I}+2\boldsymbol{U}\sin\frac{\theta}{2}\cos\frac{\theta}{2}+2\sin\frac{\theta}{2}\boldsymbol{U}\cdot\boldsymbol{U} \tag{7-20}$$

其中，

$$\boldsymbol{I}=\begin{bmatrix}1&0&0\\0&1&0\\0&0&1\end{bmatrix},\quad \boldsymbol{U}=\begin{bmatrix}0&-n&m\\n&0&-l\\-m&l&0\end{bmatrix} \tag{7-21}$$

令

$$q_0=\cos\frac{\theta}{2},\quad q_1=l\sin\frac{\theta}{2},\quad q_2=m\sin\frac{\theta}{2},\quad q_3=n\sin\frac{\theta}{2} \tag{7-22}$$

并以 q_0、q_1、q_2、q_3 构造四元数：

$$\begin{aligned}\boldsymbol{Q}&=q_0+q_1\boldsymbol{i}_0+q_2\boldsymbol{j}_0+q_3\boldsymbol{k}_0\\&=\cos\frac{\theta}{2}+(l\boldsymbol{i}_0+m\boldsymbol{j}_0+n\boldsymbol{k}_0)\sin\frac{\theta}{2}\\&=\cos\frac{\theta}{2}+\boldsymbol{u}^R\sin\frac{\theta}{2}\end{aligned} \tag{7-23}$$

则由上述四元数可确定出 b 系至 R 系的坐标变换矩阵

$$\boldsymbol{C}_b^R=\begin{bmatrix}1-2(q_2^2+q_3^2)&2(q_1q_2-q_0q_3)&2(q_1q_3+q_0q_2)\\2(q_1q_2+q_0q_3)&1-2(q_1^2+q_3^2)&2(q_2q_3-q_0q_1)\\2(q_1q_3-q_0q_2)&2(q_0q_1+q_2q_3)&1-2(q_1^2+q_2^2)\end{bmatrix} \tag{7-24}$$

由于 $\|\boldsymbol{Q}\|=\sqrt{q_0^2+q_1^2+q_2^2+q_3^2}=\sqrt{\cos^2\frac{\theta}{2}+(l^2+m^2+n^2)\sin^2\frac{\theta}{2}}=1$，可知描述刚体旋转的四元数是规范化四元数，并且坐标变换矩阵可以写为

$$\boldsymbol{C}_b^R=\begin{bmatrix}q_0^2+q_1^2-q_2^2-q_3^2&2(q_1q_2-q_0q_3)&2(q_1q_3+q_0q_2)\\2(q_1q_2+q_0q_3)&q_0^2-q_1^2+q_2^2-q_3^2&2(q_2q_3-q_0q_1)\\2(q_1q_3-q_0q_2)&2(q_0q_1+q_2q_3)&q_0^2-q_1^2-q_2^2+q_3^2\end{bmatrix} \tag{7-25}$$

由上述过程可知，从机体坐标系到导航坐标系的坐标转换矩阵用四元数可表示为

$$\boldsymbol{C}_b^n=\begin{bmatrix}q_0^2+q_1^2-q_2^2-q_3^2&2(q_1q_2-q_0q_3)&2(q_1q_3+q_0q_2)\\2(q_1q_2+q_0q_3)&q_0^2-q_1^2+q_2^2-q_3^2&2(q_2q_3-q_0q_1)\\2(q_1q_3-q_0q_2)&2(q_0q_1+q_2q_3)&q_0^2-q_1^2-q_2^2+q_3^2\end{bmatrix} \tag{7-26}$$

式中，$\boldsymbol{Q} = \cos\dfrac{\theta}{2} + \boldsymbol{u}^n \sin\dfrac{\theta}{2}$。

将机体坐标系下转动角速度矢量写为四元数形式为

$$\boldsymbol{\omega}_b = 0 + \omega_{xb}\boldsymbol{i} + \omega_{yb}\boldsymbol{j} + \omega_{zb}\boldsymbol{k} \tag{7-27}$$

式中，$\omega_{xb}, \omega_{yb}, \omega_{zb}$ 分别为角速度在机体坐标系各轴上的分量。

机体转动四元数 $\boldsymbol{Q}$ 与转动角速度 $\boldsymbol{\omega}_b$ 的关系为

$$\dot{\boldsymbol{Q}} = \frac{1}{2}\boldsymbol{Q} \otimes \boldsymbol{\omega}_b \tag{7-28}$$

即

$$\begin{bmatrix} \dot{q}_0 \\ \dot{q}_1 \\ \dot{q}_2 \\ \dot{q}_3 \end{bmatrix} = \frac{1}{2}\begin{bmatrix} 0 & -\omega_{xb} & -\omega_{yb} & -\omega_{zb} \\ \omega_{xb} & 0 & \omega_{zb} & -\omega_{yb} \\ \omega_{yb} & -\omega_{zb} & 0 & \omega_{xb} \\ \omega_{zb} & \omega_{yb} & -\omega_{xb} & 0 \end{bmatrix}\begin{bmatrix} q_0 \\ q_1 \\ q_2 \\ q_3 \end{bmatrix} \tag{7-29}$$

式（7-29）即为四元数微分方程表达式，包括四个线性微分方程，由其即可实时求出四元数 $\boldsymbol{Q}$，即可求出转换矩阵 $\boldsymbol{C}_b^n$。

（2）姿态角计算

记 $\boldsymbol{C}_b^n = \begin{bmatrix} C_{11} & C_{12} & C_{13} \\ C_{21} & C_{22} & C_{23} \\ C_{31} & C_{32} & C_{33} \end{bmatrix}$，对照式（7-26），即可解算出姿态角

$$\left.\begin{array}{l} \psi = a\tan\left(\dfrac{C_{21}}{C_{11}}\right) \\ \theta = a\sin(-C_{31}) \\ \phi = a\tan\left(\dfrac{C_{32}}{C_{33}}\right) \end{array}\right\} \tag{7-30}$$

（3）导航方程计算

根据牛顿定律，导航方程可以写为

$$\begin{bmatrix} \ddot{x}_g \\ \ddot{y}_g \\ \ddot{z}_g \end{bmatrix} = \boldsymbol{C}_b^n\begin{bmatrix} a_{xb} \\ a_{yb} \\ a_{zb} \end{bmatrix} + \begin{bmatrix} 0 \\ 0 \\ g \end{bmatrix} \tag{7-31}$$

式中，a_{xb}, a_{yb}, a_{zb} 分别为加速度在机体坐标系各轴上的分量，g 为重力加速度。根据万有引力定律，地面物体受地球引力与其距地心距离的平方成反比，距地面距离为 z_g 处的重力加速度可写为

$$g(z_g) = g_0\left(\frac{R}{R+z_g}\right)^2 \tag{7-32}$$

式中，g_0 为地表 $z_g = 0$ 处的重力加速度，R 为地球半径。

若已知初始时刻的速度 $\dot{x}_{g0}, \dot{y}_{g0}, \dot{z}_{g0}$ 和位置 x_{g0}, y_{g0}, z_{g0}，则可计算出机体的瞬时速度和位置，即

$$\begin{bmatrix} \dot{x}_g \\ \dot{y}_g \\ \dot{z}_g \end{bmatrix} = \int_0^t \begin{bmatrix} \ddot{x}_g \\ \ddot{y}_g \\ \ddot{z}_g \end{bmatrix}\mathrm{d}t + \begin{bmatrix} \dot{x}_{g0} \\ \dot{y}_{g0} \\ \dot{z}_{g0} \end{bmatrix} \tag{7-33}$$

$$\begin{bmatrix} x_{\mathrm{g}} \\ y_{\mathrm{g}} \\ z_{\mathrm{g}} \end{bmatrix} = \int_0^t \begin{bmatrix} \dot{x}_{\mathrm{g}} \\ \dot{y}_{\mathrm{g}} \\ \dot{z}_{\mathrm{g}} \end{bmatrix} \mathrm{d}t + \begin{bmatrix} x_{\mathrm{g0}} \\ y_{\mathrm{g0}} \\ z_{\mathrm{g0}} \end{bmatrix} \tag{7-34}$$

（4）初始四元数的确定

由四元数微分方程求解四元数时，需要获取第一次采样时刻（$k=1$）的初始四元数 $Q(0)$。通常，$Q(0)$ 可在飞行器进行初始对准时刻求取。

在飞行器发射或起飞时刻，采用与机体坐标系固连的惯性仪表和辅助瞄准装置，即可测量出与上述初始不对准有关的初始姿态角 ψ_0, θ_0, ϕ_0。由四元数与姿态角的关系可得这些四元数为

$$\left. \begin{aligned} Q_{\psi_0} &= \cos\frac{\psi_0}{2} + k\sin\frac{\psi_0}{2} \\ Q_{\theta_0} &= \cos\frac{\theta_0}{2} + j\sin\frac{\theta_0}{2} \\ Q_{\gamma_0} &= \cos\frac{\gamma_0}{2} + i\sin\frac{\gamma_0}{2} \end{aligned} \right\} \tag{7-35}$$

故可得合成转动四元数 $Q(0)$ 为

$$Q(0) = Q_{\psi_0} Q_{\theta_0} Q_{\gamma_0} \tag{7-36}$$

将上式按四元数乘法规则展开，可得初始四元数值为

$$\begin{bmatrix} q_0(0) \\ q_1(0) \\ q_2(0) \\ q_3(0) \end{bmatrix} = \begin{bmatrix} \cos\frac{\psi_0}{2}\cos\frac{\theta_0}{2}\cos\frac{\gamma_0}{2} + \sin\frac{\psi_0}{2}\sin\frac{\theta_0}{2}\sin\frac{\gamma_0}{2} \\ \cos\frac{\psi_0}{2}\cos\frac{\theta_0}{2}\sin\frac{\gamma_0}{2} - \sin\frac{\psi_0}{2}\sin\frac{\theta_0}{2}\cos\frac{\gamma_0}{2} \\ \cos\frac{\psi_0}{2}\sin\frac{\theta_0}{2}\cos\frac{\gamma_0}{2} + \sin\frac{\psi_0}{2}\cos\frac{\theta_0}{2}\sin\frac{\gamma_0}{2} \\ \sin\frac{\psi_0}{2}\cos\frac{\theta_0}{2}\cos\frac{\gamma_0}{2} - \cos\frac{\psi_0}{2}\sin\frac{\theta_0}{2}\sin\frac{\gamma_0}{2} \end{bmatrix} \tag{7-37}$$

根据上述推导过程，可得惯性测量单元的导航计算如图 7.9 所示。

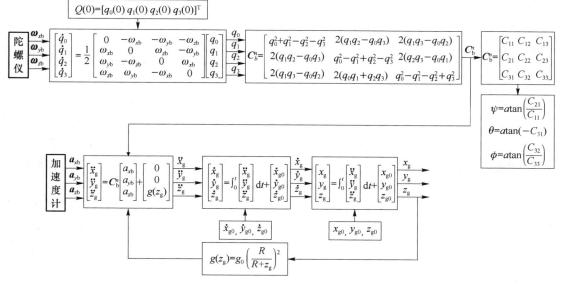

图 7.9　惯性导航捷联计算

7.3 卫星导航

7.3.1 概　述

卫星导航属于无线电导航的一个分支,采用对时间或相位测量获得距离(差)的方式进行定位,其系统归类于无线电时间导航或无线电相位导航系统。它以人造地球卫星作为导航台,能为全球的陆、海、空、天的各类运载体和其他用户,提供全天候、不间断、高精度、实时的三维位置、三维速度和时间信息。目前,卫星导航系统应用广泛且发展迅速,具有替代目前大多数传统无线电导航系统的能力和趋势。

可以说,卫星导航的发明和发现并非偶然,体现了人类强大的想象力和创造力。1957 年,苏联成功地将世界上第一颗人造地球卫星发射到地球的近地轨道上,引起了全世界的广泛关注。以美国霍普金斯大学为代表的研究人员通过观测卫星的发播信号,发现在卫星通过接收站视野的时间内,接收机接收到的卫星信号频率和卫星实际发射的频率不一致,之间存在着一定的频差,这是由无线电信号的多普勒频移效应带来的结果。进一步的研究发现,多普勒频移变化的曲线和卫星轨道之间存在着相互对应的关系,即置于地面固定确定位置的接收机,只要能够测得卫星的多普勒频移曲线,就可以部分确定卫星运行轨道的参数;反之,若卫星轨道(或位置)已知,那么根据接收站测得的多普勒频移曲线,也能部分确定在某一固定地点的地面接收机的地理位置信息。由此产生了利用卫星发播信号的多普勒频移为地面用户定位导航的技术实现思路,随之诞生了第一代卫星导航系统。

继美国研制 GPS 之后,苏联也不甘示弱,开始根据已公开的资料研制其全球导航卫星系统 GLONASS。1996 年 1 月,GLONASS 系统基本实现了正常运行。

基于 GPS 和 GLONASS 首先是为军事服务的系统,以及政治和经济上的考虑,欧洲于 2000 年以后正式开始建设"伽利略(Galileo)"系统,该系统是专门为民用而设计的全球导航卫星定位系统。

20 世纪后期,中国开始探索适合中国国情的卫星导航系统发展道路,逐步形成了"三步走"发展战略:2000 年底,建成"北斗一号"系统,向中国提供服务;2012 年底,建成"北斗二号"系统,向亚太地区提供服务;2020 年,建成"北斗三号"系统,向全球提供服务。

7.3.2 卫星导航原理

一般的卫星导航系统主要由三部分组成,即空间的人造卫星、地面测控站和用户接收定位设备。空间部分的卫星需要知道自己的精确位置及具有精密同步功能的原子钟,以提供导航的空间基准和时间基准,并按一定的时间周期向用户播发用于导航的参数(星历等)和定位测距信号。

为了保证导航定位精度,必须建立一些能够跟踪卫星运动轨迹、保持卫星间时间同步和对其进行控制的地面测控基站,以对卫星轨道进行精确测量并预测卫星未来一段时间内的位置、测量时间同步误差等相关参数,将其注入卫星中,供卫星在相当长的一段时间内播发或转发给用户接收机。此外,中国的北斗一代系统地面控制中心和用户之间,还可以通过导航卫星中继进行数据通信。

用户接收定位设备(或称用户接收机),通常是卫星信号的接收测量及位置解算设备,能够搜索、跟踪并测量卫星的信号,解析星历等参数,进行定位解算及其他相关处理。

可以看出,卫星导航定位系统作为星基的无线电导航系统有其特殊的方面,如在传统的无线电导航中,电波的振幅是经常采用的电测量参数,而在卫星导航中则很少应用,原因是卫星距离地面比较遥远,信号在传播过程中衰减较大且不均匀,当卫星信号到达地球表面时,信号功率就与噪声功率相当甚至更低,因而很难从电波的振幅中提取距离或方位信息。因此,卫星导航系统通常都是利用扩频通信技术,通过扩频增益在本地恢复出所接收的卫星信号,再采用脉冲(时间)测距或相位测距的手段进行导航定位。

1. 伪距法定位

全球定位系统采用多星高轨测距体制,以距离作为基本观测量,通过对四颗卫星同时进行的伪距测量,即可归算出接收机的位置。由于测距可在极短的时间内完成(即定位是在极短的时间内完成的),故可用于动态用户。

伪距法测距是 GPS 接收机接收卫星发播的伪随机码在所测距离上的延迟时间来推算出单程距离的,因此要求卫星与接收机的时钟严格同步。如果两个时钟不同步,那么所测量的传播延迟时间中除了因卫星至接收机之间的距离所引起的传播延迟之外,还包含了两个时钟间的钟差。这一要求在实际中很难做到,但可通过以下方法予以解决。

全球定位系统采用统一的原子时钟系统,以 t 表示。所观测的第 j 颗卫星时钟的钟面时以 t_j 表示,接收机时钟的钟面时以 t_R 表示,由于卫星钟和接收机钟与 GPS 原子时不同步,其钟差分别为

$$\left. \begin{array}{l} \Delta t_j = t_j - t \\ \Delta t_R = t_R - t \end{array} \right\} \tag{7-38}$$

设自 j 卫星发播的时刻为 t^s,接收机所接收的时刻为 t^r。显然信号传播延迟的时间为 $\tau = t^r - t^s$,故得卫星至接收机的距离为

$$\rho = c(t^r - t^s) \tag{7-39}$$

式中,c 为光速。

实际上我们只能得到该信号发播时卫星钟的钟面时 t_j^s 和接收时接收机的钟面时 t_R^r,所得信号延迟时间为 $\tau' = t_R^r - t_j^s$ 代入式(7-38)得

$$\tau' + \Delta t_j = t^r - t^s + \Delta t_R \tag{7-40}$$

式(7-40)两边同乘以 c,并根据式(7-39)得

$$c\tau' + c\Delta t_j = \rho + c\Delta t_R \tag{7-41}$$

这里 Δt_j 为卫星钟钟差,可由地面监控系统测定并通过卫星发播的导航电文提供给用户,可以认为是已知值;$c\tau' + c\Delta t_j$ 是我们实际上可以得到的观测量(已加入卫星钟差修正),它等于卫星至接收机的距离与接收机钟差修正之和,通常称为伪距离或伪距。

接收机的钟差用户一般很难测定,但可把它作为一个特定参数与接收机的位置一并解出。故式(7-41)也可写为

$$c\tau' + c\Delta t_j = \sqrt{(x - x_j)^2 + (y - y_j)^2 + (z - z_j)^2} + c\Delta t_R \tag{7-42}$$

式中,x, y, z 为接收机在所采用的地球坐标系中的三维坐标值;x_j, y_j, z_j 为卫星在同一坐标系中的坐标,它们可自卫星发播导航电文中卫星位置信息经计算得到。

这样式(7-42)中 τ' 为测量值,卫星钟差 Δt_j 和卫星位置(x_j,y_j,z_j)为已知值,尚需确定的只是接收机钟差 Δt_R 和接收机位置(x,y,z)四个参数,因此只要对四颗卫星同时进行观测,即可解出上述四个参数,这就是 GPS 伪距法定位。

2. 载波相位法定位

伪距法定位虽然能提供较高精度(误差 10 m 左右)的实时定位(使用精码),但由于军事的需要,美国并不公开精码,因此非美国军方用户,不能使用精度较高的伪距测量来定位。为了摆脱美国军方的控制,提高大地定位精度,于是出现了利用相位测量法进行大地相对定位,即观测 GPS 卫星发射的载波相位,测量接收机所接收的卫星载波信号与本地参考信号的相位差。由于卫星发播的信号上有调制信号,故应先去掉调制而得到纯净的载波,如图 7.10 所示为相位测量示意图。

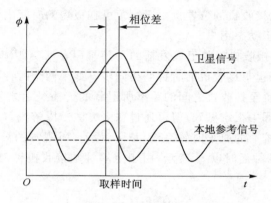

图 7.10　相位测量示意图

本地参考信号的频率接近于卫星发播的载波标称频率,但由于多普勒效应,所接收到的载波频率与本地参考信号频率是有差别的。我们所说的相位观测量就是这两个信号的相位差值。

设 k 接收机在接收机钟面时为 T_k 时,本地参考信号的相位值为 $\phi_k(T_k)$ 所接收的 j 卫星载波信号的相位 $\phi_k^j(T_k)$,则其相位观测量为

$$\Delta\phi_R^j(T_R)=\phi_k^j(T_k)-\phi_k(T_k) \tag{7-43}$$

根据需要,经解算便可得到待测点的坐标。

3. 差分 GPS 定位

GPS 用 C/A 码进行定位时,原设计预定的定位精度大致是 400 m,而实际的实验结果是 20~400 m,速度测量精度优于 0.1 m/s。美国政府出于自身利益的考虑,采取了一个所谓的"选择可用性(Selective Availability)"措施,在新发射的 BLOCK-II 卫星上已施行了这种人为降低用 C/A 码接收机定位精度的措施,这种措施(SA 措施)把水平定位精度降低到 100 m(2dRMS)。

为提高定位精度,可采用两台 GPS 作差分法定位,具体方法如下。

设有 A,B 两点,且点 A 选在一控制点,其坐标(x_A,y_A)为一已知精确值,点 B 为待测点,其精确坐标(x_B,y_B)需通过测量来确定。

现分别在 A,B 两点各放一台 GPS 接收机,同时接收处于最佳态的四颗卫星发射的信号

进行定位,设 A,B 两点的坐标测量值分别为 $x_{A测}$,$y_{A测}$ 和 $x_{B测}$,$y_{B测}$。由于地面 A,B 两点间的距离仅为几至几十千米,而卫星至地球的距离为 2 万多千米,因此在同一时刻四颗卫星对地面两测点的系统随机误差应基本一致,故 A 点坐标的测量值与精确值之差

$$\left.\begin{array}{l} x_{A测} - x_A = \Delta x_A \\ y_{A测} - y_A = \Delta y_A \end{array}\right\} \tag{7-44}$$

Δx_A 与 Δy_A 即为系统在某一时刻的随机误差。B 点的精确坐标应为

$$\left.\begin{array}{l} x_B = x_{B测} - \Delta x_A \\ y_B = y_{B测} - \Delta y_A \end{array}\right\} \tag{7-45}$$

根据这一原理,我们在多地分别选取两已知坐标点,并放置 GPS 接收机进行实际测量,获取了大量基础数据,经过处理得知,运用差分法定位所得待测点的纵坐标中间误差为 550 m,横坐标中间误差为 624 m。若采用四次测量值的平均值进行差分计算,横纵坐标的精度还会提高一倍。由此可以看出,GPS 差分法定位精度较高,可在对精度要求较高的场合使用。

7.3.3　卫星导航的增强系统

卫星导航增强,是指通过卫星导航系统外部的一些措施或手段,对导航系统的一个或多个性能进行提升、优化、改善的方法。人们最常用的卫星导航差分系统,即是一种典型的导航增强系统,其主要目的是提升导航定位的精度。

在通常的导航应用中,航空用户对导航系统的整体需求包括精度、完好性、可用性和连续性等性能,即要求导航系统在这 4 个方面要同时满足所服务用户的需求。虽然卫星导航系统自身可以实现全球覆盖和实时高精度定位,现有的系统对于民用用户的定位精度已可以达到 10 m 以内,授时精度也可以达到数 10 ns,已经能够满足大多数用户的需求了,但对于要求更高精度的高端用户(如民航、测绘、农业、自动驾驶等)来说,在定位精度性能上还有一定差距。

另外,对于一些特殊的导航应用或使用场合,如大地测量、航线管理、精细农业、精确打击、飞机精密进近着陆,航天高精度测量等应用,或者在山区、城市峡谷、森林、半地下矿井、深空等存在各种不利条件或因素的地方,除了要求定位的高精度外,对导航信息的完好性、可用性和连续性等有较高要求,因此就需要继续探索卫星导航的误差修正、完好性监测、可用性和连续性提高等技术,推动和促进卫星导航差分系统或增强系统的建立,使卫星导航的应用进一步向深度和广度方向发展。

目前,许多国家或地区都设计和建立了卫星导航增强系统,如美国的广域增强系统(Wide Area Augmentation System,WAAS)和局域增强系统(Local Area Augmentation System,LAAS),俄罗斯的差分校正与监视系统(GLONASS System for Differential Correction and Monitoring,SDCM)欧洲研发的静止轨道卫星导航重叠服务系统(European Geostationary Navigation Overlay Service,EGNOS),日本的多功能传输卫星增强系统(Multi - functional Satellite Augmentation System,MSAS),印度的 GPS 辅助型静止轨道增强导航系统(GPS Aided GEO Augmented Navigation System,GAGAN)等。

根据这些卫星导航增强系统的辅助设施所处的位置,GNSS 增强系统可分为地基增强系统(Ground Based Augmentation System,GBAS),星基增强系统(Satellite Based Augmentation System,SBAS)和空基增强系统(Aircraft Based Augmentation System,ABAS)等,如美国的 LAAS 系统就属于地基增强系统,美国的 WAAS 系统、欧洲的 EGNOS

系统、日本的 MSAS 系统和印度的 GAGAN 系统则属于星基增强系统。下面就按这种划分分别进行介绍。

1. 地基增强系统(GBAS)

卫星导航的地基增强系统,是指其增强的设施主要布设在地球表面上,比如机场的塔台或跑道附近的地面上,它通过差分改正算法来提高导航定位的精度,同时根据导航信号的完好性监测算法,计算卫星信号的完好性信息,进而改善卫星信号的完好性、可用性和连续性等。地基增强系统能够为一个小的区域,如机场及周边区域、大型农场区域、军事基地等,提供高性能的导航服务,如引导飞机进行精密进近和着陆,成为卫星导航着陆系统,或开展精密耕作农业,建立高精度的农业工作区等。

目前全世界比较成熟的卫星导航地基增强系统,是美国基于 GPS 卫星导航系统研发的区域增强系统 LAAS,其已经完成建设并可为民用航空提供导航服务。也有其他国家和地区在进行地基增强系统的研究和建设,如中国正在以北斗卫星导航系统为基础,建立自己的地基增强系统,并且已经建立了首个地基增强网,定位精度可以达到分米级。

2. 星基增强系统(SBAS)

星基增强系统,是指通过卫星向导航用户发播差分信息和完好性信息的增强方式,因而其覆盖范围可以很广,但在覆盖范围内也需要布设很多个地面监测基准站,来生成差分和完好性等增强信息,因此系统主要的增强设施还是在地面上,只是播发增强信息的设备放在了卫星上,星基增强系统开始主要是为解决民航飞机从航路飞行阶段到垂向引导精密进近阶段的导航引导问题而提出的。

传统的星基增强系统利用地球同步卫星 GEO(Geostationary Earth Orbit)或倾斜地球同步轨道卫星 IGSO(Inclined GeoSynchronous Orbit)作为通信媒介,向用户提供差分校正值和完整性数据,属于广域差分系统。除此之外,也可以基于低轨星座 LEO(Low Earth Orbit)的通信卫星来建立和应用导航增强系统,基于 GEO 的星基增强系统的典型代表有美国的 WAAS 和欧洲的 EGNOS。现以美国的广域增强系统 WAAS 为例,介绍 SBAS 系统的基本组成与工作原理。

WAAS 由分布于北美的 38 个地面基准站、6 个注入站、2 个运转控制中心、3 个主站和 3 颗地球同步轨道卫星组成,其中地面基准站和主站一起构成地面监测网,所有的基准站都配备了双频 GPS 接收机、精密原子钟和气象站等,基准站接收机天线的位置坐标经过精密测绘后,作为已知值储存在主站计算机中,在后续卫星误差的估算中使用。

WASS 系统的工作原理是,各个基准站以一定的周期跟踪、接收 GPS 卫星信号,并将 GPS 测量值、卫星星历和当地气象等数据通过地面通信网络传输给主站;主站接收各基准站传输的测量数据,估算出卫星在轨道运行中的真实位置、卫星时钟状况、电离层延时和对流层延时等,然后将对前三种误差的差分校正量和对卫星的完好性评价结果打包成数据包,上传给 WASS 系统中的地球同步轨道卫星;空中的 GEO 卫星将收到这些数据,按与 GPS 导航电文兼容的形式调制在 GPS 信号所在的 L1 频率波段上,然后发射到地面;地面用户接收机在接收到 WASS 增强信息后,经过误差校正和完好性监测判断等处理,得到高精度和高完好性的定位结果。

3. 空基增强系统(ABAS)

空基增强系统,是指利用空中即飞机上的设施或接收机的冗余信息实现卫星导航增强,目前主要采用接收机自主完好性监测(RAIM)和高级接收机自主完好性监测(ARAIM)两种工作方式,典型的 ABAS 系统至少包括其中一种完好性监测手段。

通常,卫星导航接收机收到 4 颗卫星的导航信号就可以实现定位,而 RAIM 算法通过利用接收机的冗余观测信息,即 4 颗以上的卫星信息进行完好性监测,它是由飞行器上的 GPS 接收机自主执行的一种故障检测程序,是保证飞行器导航信息完好性的重要手段之一。RAIM 实现的基础是接收机可以观察到比定位所需的 4 颗卫星更多的卫星,通过分析每颗卫星的测距信号对定位结果的影响,来检测和识别在当前监测的卫星群中的故障卫星。一般来说,利用几何分布较好的 5 颗及以上的可见卫星,可以检测有无故障卫星;如可见卫星数达到 6 颗及以上时,就可以识别出故障卫星。因而从监测机理上来说,RAIM 可以用在所有的卫星导航接收机上,只是目前主要用在民航飞机方面,实现在航路和终端区飞行阶段的辅助导航,并支持进近阶段的水平导航,现在尚无法支持垂直导航。

为解决民航飞机在垂直(高程)导航中的完好性问题,美国联邦航空局(FAA)利用全球卫星导航系统多频多系统的有利条件,在 RAIM 的基础上提出了高级接收机自主完好性监测(ARAIM)的概念,即基于多频多星座的导航数据源,并结合地面监测站提供的完好性支持电文(1SM),能够为空中的飞行用户的垂直导航提供完好性的支持。目前 ARAIM 技术已经处于试验阶段。

ARAIM 的工作机理本质上与 RAIM 基本类似,只是其利用的导航信息源更多,除了机载 GPS 接收机外,还可以与惯性导航、气压高度表、无线电高度表、伏尔(VOR)和测距仪(DME)等的一种或多种导航设备进行联合故障检测,从而检测和识别可能出现的故障及来源,进行完好性监测和精度等性能的改善,以提高导航系统整体的完好性、可用性和可靠性。

7.4 组合导航

7.4.1 概 述

把两种或两种以上不同工作方式的单一导航系统组合在一起,利用多种导航信息源相互补充融合,通过冗余信息或互补信息来弥补缺陷、提高性能,构成的一种新的导航应用方式称为导航系统的组合应用,简称为组合导航。

组合导航已被广泛应用于军事和民用的诸多导航系统中,在交通运输、航空航天、武器装备、无人机导航、机器人导航和个人导航等领域发挥了重要作用。在无人机导航中,为了适应各种复杂的环境,保障无人机导航的精度、可用性、可靠性以及自主飞行能力等,常常使用组合导航来解决无人机在飞行控制与导航中的疑难复杂问题,组合导航已经成为无人机导航技术中的一个关键技术及主要发展方向。

为了实现组合导航的基本功能,需要在导航系统选取、组合方式等方面开展研究。下面就这两个问题分别展开讨论。

1. 组合系统的主体选择

关于第一个问题,主要需考虑组合双方或多方是否具有功能或性能的互补性,即是否能够发挥各自优势,用一种系统的优势,弥补另外一种系统的劣势,实现你无我有、你弱我强的组合目的。

目前,最常见常用的组合导航是全球导航卫星系统(GNSS)和惯性导航系统(INS)的组合,它是众多组合导航中最典型的代表系统。惯性导航是以牛顿力学定律为基础,依靠安装在载体内部的加速度计、陀螺仪等,测量载体的三轴角速率以及在三个坐标轴上的运动加速度,经积分运算得出载体的瞬时速度和实时位置。卫星导航可以实现全球覆盖,通过测量太空中多颗导航卫星发射的无线电信号,进行高精度测距或测距差,经几何运算实现定位,可以为全球各个国家和地区的用户提供导航服务,适用于大范围、高精度的导航应用。通过对这两个系统的原理分析及应用实践,可以得出它们各自的特点及互补性,主要包括以下几个方面:

第一,GNSS系统,如 GPS 等的定位精度较高,但由于信号较弱,容易受到干扰、遮挡、衰减等的影响而无法实现定位;而惯导系统为独立导航工作模式,自主性好、抗干扰能力强,定位完全不受外界因素的影响,这样两者形成了第一个互补关系。

第二,惯导测量的是加速度参量,要实现定位需要二次积分,导致导航精度较低,且导航误差会随时间积累,若仅使用惯性导航进行定位,会使误差越来越大;而 GPS 测量的是实时距离信息,可直接转换为位置信息实现高精度的定位,没有积累误差,这是第二个互补关系。

第三,GPS 测量的原始信息是距离,而惯导得到的是加速度(速度)信息,参量属性不同但可以互相转换,这样数据有冗余并且可以相互验证,以消除各自的误差,提高容错能力,此为第三个互补关系。

第四,GPS 定位数据的更新率受硬件处理能力限制,目前可以达到 50 次/秒(个别可到 100 次/秒);但惯导的更新率很高,一般可以达到 1 000 次/秒甚至更高,这样就可以弥补 GPS 在这方面的不足,提高系统高动态应用的能力。

因此,GNSS 和 INS 的这几种互补关系,使它们的组合成为一种很好的典型应用模式,而一般来说,只要有前两个方面的互补就可以选择进行组合。

在实际应用中,除了 GNSS/INS 的组合,其他的组合方式还有很多,大都包括了卫星导航或惯性导航,或同时包括了它们两者。根据利用单一系统的数量,可以划分为二组合、三组合、四组合等导航系统,其中有一定应用的如卫星导航与多普勒导航、惯导与地形匹配导航、惯导与地磁导航等二组合,以及 GNSS/INS/地形匹配的三组合等。另外,在组合导航的应用中,对于多组合系统,还会在不同的环境条件下、不同的航程阶段等,选用不同的系统或采用不同的组合方式进行导航应用。

2. 组合系统的工作方式

在实际应用中,要实现性能提高、功能增强的组合目的,不是简单地把两种导航设备放在一起,进行数据补充或简单平均就可以解决的,上述第二个问题的解决,即如何组合的问题,需要通过一些专门的技术、手段、算法来解决,其中主要的技术包括系统误差建模技术、信息融合技术和系统容错技术等。

系统误差建模技术,是通过组合来校正单个导航系统的误差,以提高组合后的总体导航精度。通常,每个导航系统输出的结果都是有误差的,通过建立误差模型,利用组合的互补或冗余特性,来分析单个系统的误差来源和误差特性,计算出每个时刻各个观测参数以及估计出参数的误差,通过校正单个系统的输出结果,得到更精确的组合定位精度。

信息融合技术,是将多个导航系统的传感器信息,即不同类型的导航数据进行检测、估计、关联、综合等多方面的处理,以获取性能更优良的导航结果输出的过程,也是一个对导航数据不断自我修正、持续精练、获得结果改善的过程。信息融合往往会与卡尔曼滤波等数据处理算法联合使用,通常可以更好地提高组合系统的导航性能,这也是组合导航比较关键和需要深度研究的地方。

系统容错技术,是用于诊断、解决或排除组合导航系统中出现的故障,提高系统的可靠性和可用性的一种实用技术。容错就是在某一系统中,当一个或多个关键部件出现故障时,容错装置能够采取相应的措施,维持现有系统的规定功能,或在可接受的性能指标变化下,继续稳定、可靠运行的能力。

一般而言,组合导航系统会比单一导航系统具有更加良好的性能,但同时系统也会更加庞大和复杂,组合后的系统故障率也会提高,工作过程中难免会有一些传感器或子系统发生故障,进而可能会很快地影响整个系统的正常工作,导致定位精度等性能下降,严重时甚至会使系统工作失常而发生崩溃。

因此,组合导航系统对可靠性提出了更高的要求。容错就是要建立一种故障监控机制及一个与之对应的监控系统,来及时地监视系统的运行状态,实时地检测系统发生的故障,并对故障原因、故障频率和故障的危害程度进行分析、评估、判断,给出对系统正常工作影响程度的结论,据此采取必要的控制措施,对故障子系统或故障元部件等予以隔离或弃用,并利用组合系统的冗余特性,尽量重构出一套可以保证系统基本性能的新系统,以实现导航系统必要的健康可靠运行,提供可用的定位服务。

7.4.2　组合导航原理

组合导航是利用各个单独导航系统传感器的导航信息,进行信息融合、数据滤波、故障诊断、容错重构等方面的处理,以得到更优的性能参数和增强的系统功能。下面主要对组合中的信息融合和数据滤波进行介绍。

1. 信息融合技术

信息融合是组合导航必须用到的技术手段之一,是组合应用的基本功能,它是将来自多传感器或多源的信息数据进行综合处理,以得出更为可靠准确的信息,因此也可以称为传感器信息融合或多传感器信息融合。从 20 世纪 70 年代起,信息融合就作为一个新的独立的学科逐渐发展起来,最早主要出现在军事领域方面,现在已经广泛应用于军用及民用的各行各业中。

对组合导航应用来说,多传感器系统是信息融合的硬件基础,也是导航载体了解外界信息、采集定位数据的窗口与通道。多传感器通过观测、感受载体的运动信息,把采集到的多源信息传送给信息融合计算机,计算机负责对这些信息进行协调优化和综合处理。通常多传感器系统的信息特性是互补的,观测到的信息具有不同的度量特征,因而在进行融合时,就可以使这些信息进行独立明确的分工与协作。

从工作机理上来讲,信息融合发挥着类似人类大脑的信息处理功能,即利用五官所具有的听觉、视觉、味觉、触觉等功能,将观察到的外部世界事物,变成生物电信号送到大脑进行信息综合处理,大脑根据已知的经验或信息进行分析、理解、评估、判断,给出对外部事物的评价结论。相对于计算机导航信息融合,利用按时序获取的若干传感器的观测信息,计算机利用融合算法在一定的准则下加以自动分析、评估判断与综合处理,以完成所需的导航决策和估计任务,获得精确的位置等参数估计,以及对系统状态良好程度的一个判断。

将信息融合技术用于多传感器组合导航系统,处理来自各个导航传感器的信息,就形成了组合导航信息融合系统,一种典型的组合导航信息融合系统的结构组成示意图如图 7.11 所示。

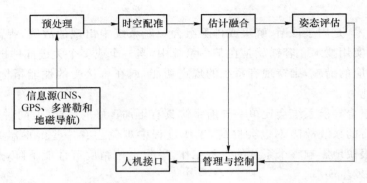

图 7.11　组合导航信息融合系统的结构组成示意图

图 7.11 中,预处理是对单个导航传感器内部信息的初步处理,一般包括野值去除、小波降噪、数据压缩等。时空配准则是指对各导航系统之间的、不同类型的信息进行时间同步、量测同步及空间坐标系与量测空间等方面的统一与转换。估计融合是通过信息融合方法对载体的导航状态进行估计和判断。态势评估则是利用分布的各导航系统对任务环境、导航态势、协同状态等做出评估。最后,将估计融合和态势评估的结果都输入到管理与控制单元中,以便完成对后续人为控制决策的导航定位实现,可以通过人机接口等显示或输出。

可以看出,组合导航的信息融合大多是属于位置级或信息域的融合,即直接在导航传感器的观测数据(或测量点迹)和传感器的状态估计上进行的融合。位置级的融合可以直接估计目标的状态(位置、速度、加速度和姿态等)信息,并通过时间和空间的配准与融合,综合来自多传感器的位置信息,建立目标的运动航迹和模型数据库,通过数据校准、互联、跟踪、滤波、预测、航迹关联及航迹融合等处理,得到更加优质的位置信息和导航性能。

从物理概念上来讲,位置级融合是根据传感器的物理模型、系统模型及对传感器的噪声统计估计,将传感器的观测数据转换到位置状态矢量空间进行融合的过程,可以说,位置融合是导航信息融合的基础,是进行态势评估和故障风险估计等后期系统级融合的前提。

按照导航系统内部结构层级的划分来说,位置级融合只是组合导航信息融合方式的一种,属于信息域层级的融合。根据导航系统从内到外的级别层次,组合导航信息融合可以包括误差级、传感级、位置级、系统级四种级别,分别对应系统的状态域、测量域、信息域、评估域的信息融合,而前三种分别对应于通常所说的超紧组合、紧组合和松组合。由于篇幅所限,在此不再展开讨论,其中部分融合方式后面会有具体描述。

2. 卡尔曼滤波算法

在组合导航系统中,为了更好地提高组合后的导航性能,信息融合通常会与一些方法、算法等配合使用,比较常用的方法有递推最小二乘法、独立线性组合法、卡尔曼滤波法等,其中卡尔曼滤波法是组合导航信息融合中应用最多的方法,也是融合效果比较好的方法。

卡尔曼滤波方法的本质,是一种时域递推的最小均方差估计方法,采用了状态空间的模型结构,利用上一时刻的状态信息,来预测当前时刻的状态,其目的是从采集到的导航观测量中通过算法估计出所需的信号或信息。该观测量是导航信号(信息)与噪声的混合体,因此需要抑制噪声,提取有用信号。

考虑如下线性连续系统方程

$$\dot{x}(t) = \boldsymbol{F}(t)x(t) + \boldsymbol{G}^w(t)w(t) \tag{7-46}$$

$$y(t) = \boldsymbol{H}(t)x(t) + v(t) \tag{7-47}$$

式中,$x(t) \in R^n$ 为状态变量,$\boldsymbol{F}(t) \in \boldsymbol{R}^{n \times n}$ 为状态转移矩阵,$\boldsymbol{G}^w(t) \in \boldsymbol{R}^{n \times l}$ 为过程噪声矩阵,$y(t) \in R^m$ 为量测变量,$\boldsymbol{H}(t) \in \boldsymbol{R}^{m \times n}$ 为量测矩阵,$w(t) \in R^l$、$v(t) \in R^m$ 分别为过程噪声和量测噪声变量。并且假定 $w(t)$ 和 $v(t)$ 为零均值的高斯白噪声,即满足

$$\left. \begin{array}{l} E[w(t)] = 0, \quad E[w(t)w^{\mathrm{T}}(t+\Delta t)] = \boldsymbol{Q}\delta(\Delta t) \\ E[v(t)] = 0, \quad E[v(t)v^{\mathrm{T}}(t+\Delta t)] = \boldsymbol{R}\delta(\Delta t) \\ E[w(t)v^{\mathrm{T}}(t+\Delta t)] = 0 \end{array} \right\} \tag{7-48}$$

式中,$\boldsymbol{Q} \in \boldsymbol{R}^{l \times l}$ 过程噪声方差阵,假设为非负定阵;$\boldsymbol{R} \in \boldsymbol{R}^{m \times m}$ 为量测噪声方差阵,假设为正定阵;Δt 为采样时间间隔。

设 $t = t_{k-1}$,$t + \Delta t = t_k$。t_k 时刻的线性离散型系统方程可表示为

$$x_k = \Phi_{k/k-1}x_{k-1} + G^w_{k-1}w_{k-1} \tag{7-49}$$

$$y_k = H_k x_k + v_k \tag{7-50}$$

式中,$\Phi_{k/k-1}$ 为状态转移矩阵 $\boldsymbol{F}$ 的离散化形式。

标准离散型卡尔曼滤波基本方程为

$$\hat{x}_{k/k-1} = \Phi_{k/k-1}\hat{x}_{k-1} \tag{7-51}$$

$$P_{k/k-1} = \Phi_{k/k-1}P_{k-1}\Phi^{\mathrm{T}}_{k/k-1} + G^w_{k-1}Q_{k-1}(G^w_{k-1})^{\mathrm{T}} \tag{7-52}$$

$$\hat{x}_k = \hat{x}_{k/k-1} + K_k e_k \tag{7-53}$$

$$e_k = y_k - H_k \hat{x}_{k/k-1} \tag{7-54}$$

$$K_k = P_{k/k-1}H^{\mathrm{T}}_k (H_k P_{k/k-1}H^{\mathrm{T}}_k + R_k)^{-1} \tag{7-55}$$

$$P_k = (I - K_k H_k)P_{k/k-1}(I - K_k H_k)^{\mathrm{T}} + K_k R_k K^{\mathrm{T}}_k \tag{7-56}$$

式中,$\hat{x}_{k/k-1}$ 为状态一步预测,$\hat{x}_k$ 为状态估计,$P_{k/k-1}$ 为一步预测误差方差阵,K_k 为滤波增益阵,P_k 为估计误差方差阵,e_k 称为新息过程。在给定初始值 $\hat{x}_0$ 和 P_0 时,根据 t_k 时刻的量测 y_k,就可以递推计算得到 k 时刻的状态估计 $\hat{x}_k(k=1, 2, \cdots)$。

卡尔曼滤波算法具有数据存储量小、易于计算机实现、实时性强的特点,但由于它仅适用于线性系统,只能用它解决一些线性、简单的问题,使其应用受到限制。随着多位学者的深入研究,将卡尔曼滤波进行了改进、优化和发展,得到了扩展卡尔曼滤波算法。1988 年,有国外学者进一步提出了联邦卡尔曼滤波器融合算法,该方法简单有效,融合周期可选定设置,可大大减少计算工作量,并可用于组合导航系统中的容错设计。采用联邦滤波结构设计的组合导航系统,相对最优结果损失了少许精度,但换来的却是组合导航系统的高容错能力,目前美国空军等机构已将其应用于具有高容错性能的新一代组合导航系统中,发挥了优良的作用。

卡尔曼滤波既可在传感器层或单一导航系统层进行局部融合(测量域融合),也可在组合系统层进行全局融合(信息域融合)。在联邦卡尔曼滤波中,各传感器信息分配系数的取值决定着整个联邦滤波器的性能,精度越高的传感器,信息分配权值就应该越大;反之,精度差的传感器,其权值就应该越小,这样就可以保证系统总体性能的最优。

7.4.3 典型组合导航方式

1. GPS/INS 组合导航

由于 GNSS 的低动态、窄带宽、高精度特性，以及 INS 的高动态、宽频带和误差缓慢漂移等特点，形成了卫星导航与惯性导航的优势互补、取长补短的特性，因此它们的组合方式常常被称为"黄金组合"。目前卫星导航与惯性导航的组合，大多是以 GPS/INS 组合为主，也是目前应用最广泛的一种组合导航方式。

根据 GPS/INS 组合的紧密程度不同，又可以分为松组合、紧组合和超紧组合三种。这些组合方式的主要区别在于其融合或处理的参数或数据处于导航系统的层级不同。如果仅利用系统表面的、直接的输出数据进行组合处理，则称为松组合或浅组合；如果利用或针对系统内部的参数开展融合，则称为深组合，其又包括紧组合和超紧组合两种。下面分别进行介绍。

（1）松组合

松组合属于位置级或信息域的组合。分别取 GPS 和 INS 输出的速度计算其速度差值，输出的位置信息计算其位置差值，作为组合导航系统的输入或观测量；以 INS 的误差方程作为系统方程，通过卡尔曼滤波对 INS 的速度、位置、姿态以及各传感器的误差进行最优估计；根据估计结果对 INS 进行输出补偿或反馈校正，以提高组合系统的测速、定位、可用性、连续性等性能。

（2）紧组合

紧组合属于传感级或测量域的组合。根据 GPS 导航卫星的星历数据计算获得卫星的位置信息；再根据 INS 输出的位置和速度信息，计算得到导航卫星与 INS 输出位置对应的伪距、伪距率，将其与 GPS 接收机测量到的伪距和伪距率做比较，其差值作为组合系统的输入观测量；通过卡尔曼滤波对 INS 的误差和 GPS 接收机的误差进行最优估计，之后再对 INS 进行输出补偿或反馈校正，得到高精度的定位结果。

（3）超紧组合

超紧组合属于误差级或状态域的组合，即利用滤波技术等对 INS 的各种误差进行最优状态估计，同时利用校正后的 INS 的速度信息，辅助调整 GPS 接收机的载波环、码环等的状态参数，从而减小环路的等效带宽，缩小 GPS 接收机在高动态条件或强干扰环境下的捕获与跟踪误差，提高系统的捕获跟踪能力和定位性能。

大多数的无人机导航系统都是采用 GPS/INS 为主导的导航设备。例如，美国的高空长航时"全球鹰"无人侦察机，其导航系统中最重要的导航设备是美国 Kearfott 公司生产的 KN072 型 GPS/INS 导航系统，它通过一个单片集成环路激光陀螺仪，与嵌入式的 C/A 码 GPS 差分接收机相连，可提供 INS/GPS 组合系统或纯惯导系统输出的方位、姿态、速度、位置等信息，是一种成本低、质量轻、效率高的导航设备，可以满足无人机用户的多方面导航需求。

2. 惯导/地形匹配组合导航

将惯性导航与地形匹配导航进行组合，也是一种互补性较强的组合方式。地形匹配导航系统具有自主性、高精度、无积累误差的突出优点，与惯性导航系统结合构成惯性/地形匹配组合导航系统，一方面可以利用地形匹配定位的精确位置信息，消除惯性导航长时间工作的累计误差，提高惯性导航系统的定位精度；另一方面利用惯性导航的短期稳定性，可以解决地形匹配导航偶尔失效的问题,提升组合以后系统的可用性与连续性。

惯导/地形匹配组合导航也可以称为地形辅助惯性导航,在无人机导航中有着良好的应用,已成为无人机导航发展和应用趋势之一。当无人机需要执行诸如测绘、摄影、侦察、监视、对地攻击、毁伤评估等比较复杂的军用、民用任务时,装载的多种图像和高度传感器在完成其基本任务的同时,可继续用于地形匹配导航以及与惯导的组合导航,实现"一机二用"的多功能目标,适应更加复杂多样的实际导航环境。

惯导/地形匹配组合导航技术发展于 20 世纪 70 年代,由于其工作不依赖于任何外部设备,具有自主性高、隐蔽性好、抗干扰能力强等特点,成为弥补惯导固有缺陷、实现无人机高精度自主导航的重要途径。这种组合方式的缺点在于,地形、景象测量设备的分辨能力有限,限制了地形辅助导航的应用范围。比如对于无人机导航而言,只有在低空飞行、天气状态良好时才可以应用,一般是在 500~800 m 以下的范围,随着高分辨影像采集、大功率高度测量等设备的出现,以及对大气污染的逐步治理,对无人机飞行高度的限制会逐渐放宽。总体而言,该组合导航系统能够有效提高无人机的自主导航精度和可用性,已经取得了一定的军事和经济效益,体现了良好的应用价值。

地形辅助导航的基本工作过程如下:

① 在无人机执行飞行任务前,通过地形特征分析确定合理的地形匹配区,并向地形匹配存储器加载任务所需的数字高程基准图或景象匹配数据库以及任务参数。

② 在无人机飞行过程中,首先通过机载惯导系统将无人机引导至匹配区内。

③ 组合系统将本次匹配的数字高程基准图或景象匹配数据库,从数据存储器中调入到系统的工作内存中,并开始地形高程数据的采样,或地面影像数据的采集。

④ 系统同步采集惯导输出的速度和位置数据、气压高度表数据、无线电高度表数据等。

⑤ 将以上数据输入到地形匹配组合导航系统的滤波软件中,进行匹配滤波计算后,输出对惯导系统的校正信息,并获得高精度的定位信息。

可以看出,惯导/地形匹配导航系统的所有工作都是在机载设备上实现的,包括存储基准数字地图或景象匹配数据库,加载地形匹配组合导航软件,采集测量数据并实时处理,进行匹配组合滤波,进行惯导校正和输出定位结果等。因此要求机载设备具有大容量的存储设备,并且要求机载计算机具有较高的计算能力和较快的运算速度。

3. 惯导/多普勒组合导航

惯导/多普勒导航的组合方式,既可以解决多普勒导航精度受地形因素的不利影响,又可以解决惯导自身的积累误差,同时在隐蔽性上二者也可以实现较好的互补,因此在无人机导航中有一定程度的应用。

在惯导/多普勒导航系统中,通过引入卡尔曼滤波器进行信息融合,利用该滤波器输出的参数误差估计值直接去校正惯导输出的导航数据,通过闭环反馈最终得到高精度、高可靠性、高自主性的定位结果。

一种典型的惯导/多普勒组合导航的原理框图如图 7.12 所示,图中采用了将输出校正和反馈校正相结合的校正方式,即在估计过程中首先采用输出校正,等待滤波器稳定之后再进行反馈校正,然后将校正后的导航参数作为系统输出。如果只采用输出校正,那么惯导系统的误差会随时间积累越来越大,这样就会与状态方程的线性化特性相冲突,从而导致滤波发散。而反馈校正是将估计状态引入系统内部进行校正,因卡尔曼滤波存在动态收敛过程,而在此过程中的估计精度不高,内部校正可以减小估计误差,有效避免卡尔曼滤波结果的发散。

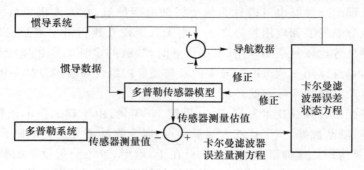

图 7.12 惯导/多普勒组合导航系统原理图

4. 惯导/地磁组合导航

惯导/地磁组合导航又称地磁辅助惯性导航,简称为地磁辅助导航。这种组合的方式具有较好的互补性,既可利用地磁匹配定位的长期稳定性,来弥补惯导系统的误差随时间积累的缺点,又可利用惯导系统的短期高精度特性,来弥补地磁匹配系统易受干扰的不足,两者组合以后具有自主性强、隐蔽性好、成本低、可用范围广等优点,是当前导航领域的一个应用热点,目前在无人机导航上也有一定程度的应用。

无人机惯性/地磁组合导航系统的基本工作步骤如下:

① 根据预先规划好的无人机航迹,把航迹上每段区域内的地磁场匹配特征量绘制成基准图,构成基于航迹的地磁数据库,存储到导航计算机中。

② 当无人机飞越各段区域时,搭载在无人机上的磁测量设备(如地磁探测仪等),实时测量当前位置上的地磁场强度,通过数据处理转化为飞越点的匹配特征量,得到实时的地磁变化图,输入到匹配模块。

③ 利用惯导给出的初步位置,在计算机中将实时地磁图与基准图进行相关匹配,确定无人机的实时匹配位置。

④ 将匹配位置输入到组合导航滤波器中,滤波结果再反馈给惯性导航系统以补偿惯导的积累误差,或者也可以直接把地磁数据和惯导数据输入到滤波器中,进行系统状态的实时估计。

⑤ 导航滤波器输出的位置信息即为载体的当前位置,从而实现无人机高精度导航的目的。

其中在步骤③中,可以进行匹配的地磁特征量有很多,如总磁场强度、水平磁场强度、东向分量、北向分量、垂直分量、磁偏角、磁倾角、磁场梯度等,都可以作为匹配特征量使用。但是如果参与匹配的特征量过多,无疑会增加匹配的复杂度,降低匹配的实时性,因此一般应该选择特征或特征变化比较明显的地磁参量进行匹配,或者根据是否具有较高的匹配精度和匹配捕获概率的原则,选择方便、灵活及实用的匹配方式。

图 7.13 是一种惯性/地磁组合导航系统的工作原理框图,整个组合过程构成了一个大的数据回路,并且在闭环、反馈的模式下工作。其中磁力仪与地磁基准图的数据用于进行地磁匹配定位,定位信息再与惯性传感器的解算数据一起送到组合导航滤波器进行滤波处理,将其输出作为最终的导航定位结果,并反馈给惯性传感器对其进行参数校正。

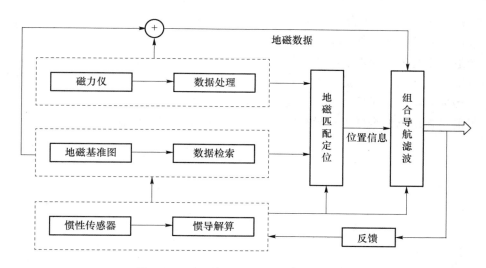

图 7.13　地磁辅助导航系统的工作原理图

从以上工作原理及工作过程可以看出,地磁辅助惯性导航具有以下优势:

① 对地磁的测量不受位置和环境的影响,无论在地上、高空还是水下以及室内室外,无论任何季节、气象气候条件,地磁场都可以被检测到,这无疑为全天候、全地域的组合导航提供了实现基础。

② 惯性导航和地磁导航都是无源导航方式,不会有电磁信号泄漏,这将大大提高载体运动的隐蔽性,因而具有很大的军事应用价值。

③ 作为一种匹配定位方法,地磁导航的误差不会随时间产生累积效应,非常适合与惯性导航系统进行信息融合,并通过组合导航的滤波结果对惯性器件产生的积累误差进行及时修正。

④ 地磁场有多个特征量可以匹配,其中矢量场的特征量,不仅有幅值信息可以利用,而且其方向信息也可作为导航信息的参考,相较于地形匹配、景象匹配等标量数值的匹配算法,可以提供更加丰富的导航参照信息,有利于组合导航滤波器的快速收敛和性能提高。

基于以上优势,地磁辅助惯性导航技术引起国内外研究学者的兴趣,成为无人机导航应用领域的一个热点。相比于其他辅助导航手段,地磁辅助导航完全是被动的,不向外发射任何能量,适合军用平台高隐蔽性的要求,凸显了在这一应用背景下的优势,为军事无人机导航提供了更为广阔的发展空间。当前,惯导/地磁匹配导航在地磁高精度测量技术、地磁数据库构建技术、地磁匹配技术、组合滤波技术等方面还存在一定的不足,需要继续完善和提高,以满足无人机的高性能导航需求。

思　考　题

1. 捷联式惯性导航与平台式惯性系统相比有何优缺点?

2. 当飞行器沿子午线以速度 V_N 向正北飞行,为使惯导平台始终跟踪水平面,应给平台施加多大的指令角速度?其方向指向哪儿?

3. 捷联式惯导系统与平台式惯导系统的主要区别是什么?由相同的惯性器件构成的捷

联式惯导系统的精度会比平台式惯导系统高吗？说明理由。

4．导航子系统由哪几部分组成？

5．导航子系统的主要功能有哪些？

6．导航系统能测量哪些运动参数？

7．何谓惯导系统的对准？惯导系统有哪几种对准方式？

8．目前正在运行的全球卫星导航定位系统有哪些？各有何特点？

参 考 文 献

[1] 巴恩哈德.无人机导论[M].沈林成,吴利荣,牛轶峰,译.北京:国防工业出版社,2014.

[2] 王强,王文敬,杨芳.无人机控制与导航技术[M].西安:西安交通大学出版社,2022.

[3] 唐大全,鹿珂珂.无人机导航与控制[M].北京:北京航空航天大学出版社,2021.

[4] 同济大学数学系.高等数学[M].7版.北京:高等教育出版社,2014.

[5] 郑大钟.线性系统理论[M].2版.北京:清华大学出版社,2009.

[6] 胡寿松.自动控制原理[M].5版.北京:科学出版社,2007.

[7] 钱杏芳,林瑞雄,赵亚楠.导弹飞行力学[M].北京:北京理工大学出版社,2008.

[8] 秦永元.惯性导航[M].北京:科学出版社,2006.

[9] 奥斯汀.无人机系统——设计、开发与应用[M].陈自力,董海瑞,江涛,译.北京:国防工业出版社,2015.

[10] 法尔斯特伦,格里森.无人机系统导论[M].4版.郭正,王鹏,陈清阳,译.北京:国防工业出版社,2015.

[11] 张明廉.飞行控制系统[M].北京:国防工业出版社,1984.

[12] 吴森堂,费玉华.飞行控制系统[M].北京:北京航空航天大学出版社,2005.

[13] 章卫国,李爱军,李广文,等.现代飞行控制系统设计[M].西安:西北工业大学出版社,2009.

[14] 曾庆华,郭振云.无人飞行控制技术与工程[M].北京:国防工业出版社,2011.

[15] 董朝阳,张文强.无人机飞行与控制[M].北京:北京航空航天大学出版社,2020.

[16] 彭冠一.防空导弹武器制导控制系统设计(上)[M].北京:宇航出版社,1996.

[17] 王建明.电机及机床电气控制[M].3版.北京:北京理工大学出版社,2020.

[18] 高晗璎.电机控制[M].哈尔滨:哈尔滨工业大学出版社,2018.

[19] 夏长亮.无刷直流电动机控制系统[M].北京:科学出版社,2009.

[20] 陈志旺.四旋翼飞行器快速上手[M].北京:电子工业出版社,2017.

[21] 陈阳,梁建宏.多旋翼无人机设计[M].北京:北京航空航天大学出版社,2018.

[22] 无人机系统标准化协会.无人机系统术语(试行稿):UASA/T 0001—2015[S].北京:无人机系统标准化协会,2015.

[23] 钟紫萱,吴德海,钟妍,等.北斗卫星导航系统现状与发展前景[J].现代矿业,2022,38(05):43-46+54.

[24] 黄智刚,郑帅勇.无人机通信与导航[M].北京:北京航空航天大学出版社,2020.

[25] 刘智平,毕开波. 惯性导航与组合导航基础[M]. 北京:国防工业出版社,2013.

[26] 刘建业,曾庆化. 导航系统理论与应用[M]. 西安:西北工业大学出版社,2010.

[27] Weston J L, Titterton D H. Modern inertial navigation technology and its application [J]. Electronics & Communication Engineering Journal,2000,12(2):49 – 64.